高等学校计算机基础教育教材

C程序设计实验指导与实用应试教程

（第2版）

廖雪峰　主编

黄惠敏　卓林琳　吴宗大　柳幼松　毕保祥　王俊　副主编

清华大学出版社
北京

内 容 简 介

本书是为 C 程序设计课程编写的实验与应试指导用书,由实验指导和应试指导两部分组成。实验部分包括 12 个实验,每个实验都提供精心设计的调试样例及经典实验题。读者可以先模仿调试样例,然后独立完成实验,通过"模仿—改写—编写—扩展"的上机实践过程,循序渐进地熟悉编程环境,理解和掌握程序设计的思想、方法以及程序调试方法和技巧;实验采用计算机等级考试题型,具有一定的实用性。应试指导部分紧扣考纲、考点、考题 3 个重点,将备考知识点贯穿于对题型的详细讲解,还精心选配了计算机等级考试笔试和上机综合模拟练习,以提高读者等级考试的应试水平。

本书内容丰富、实用性强,可作为面向"新工科"人才培养的任何 C 程序设计课程的辅导教材;既适用于高等学校和各类计算机培训教学,还可供计算机工作者和爱好者及报考各类计算机考试的考生自学参考。

图书在版编目(CIP)数据

C 程序设计实验指导与实用应试教程 / 廖雪峰主编. -- 2 版. -- 北京:清华大学出版社,2024.9. -- (高等学校计算机基础教育教材). -- ISBN 978-7-302-67460-3

Ⅰ. TP312.8

中国国家版本馆 CIP 数据核字第 2024QP7116 号

责任编辑:袁勤勇
封面设计:常雪影
责任校对:李建庄
责任印制:刘　菲

出版发行:清华大学出版社
　　　　网　　　址:https://www.tup.com.cn,https://www.wqxuetang.com
　　　　地　　　址:北京清华大学学研大厦 A 座　　　　邮　　编:100084
　　　　社 总 机:010-83470000　　　　　　　　　　邮　　购:010-62786544
　　　　投稿与读者服务:010-62776969,c-service@tup.tsinghua.edu.cn
　　　　质量反馈:010-62772015,zhiliang@tup.tsinghua.edu.cn
　　　　课件下载:https://www.tup.com.cn,010-83470236
印 装 者:三河市铭诚印务有限公司
经　　销:全国新华书店
开　　本:185mm×260mm　　　　印　张:22.5　　　　字　　数:551 千字
版　　次:2015 年 9 月第 1 版　　2024 年 10 月第 2 版　　印　次:2024 年 10 月第 1 次印刷
定　　价:68.00 元

产品编号:106181-01

　　C语言是一门面向过程的、抽象化的通用高级程序设计语言,兼具高级语言和低级语言的功能,因而得到广泛的应用。C程序设计是高等院校计算机专业及理工科非计算机类专业的一门重要基础课程。同时,C程序设计是一门实践性很强的课程,该课程的学习有其自身的特点,学习者必须通过大量的程序设计实践来提高对程序设计的认知。因此,C程序设计课程的教学重点应该是培养学生的实践编程能力,教材也应适应这种要求。

　　本书集众多长期从事C程序设计教学工作的一线教师的经验和体会,并参考大量的国内外相关文献编写而成。本书由实验指导和应试指导两部分组成,实验部分包括 12 个实验,每个实验都提供精心设计的调试样例及典型实验题(程序修改题、程序填空题、程序设计题和相应的扩展)。读者可以先模仿调试样例,再做实验题,通过"模仿—改写—编写—扩展"的上机实践过程,循序渐进地熟悉编程环境,理解和掌握程序设计的思想、方法以及程序调试方法和技巧;实验采用计算机等级考试题型,具有一定的实用性。最后通过一个综合实验,期望读者能够对C语言编程思想有进一步理解,进而提升实际应用编程能力。此外,为了方便读者,本书还提供了实验题的参考解答。对于比较难的实验题,除了给出提示和注意信息外,还在程序中加了注释,并进行了比较详细的说明,以便读者理解。对于相对简单的题目,只给出了程序代码,给读者留下思考的空间。对有些经典题,还提供了多种参考解答,供读者参考和比较,以启发思路。应试指导部分紧扣考纲、考点、考题 3 个重点,将备考知识点贯穿于对题型的详细讲解中。这部分由 5 章组成:第 1 章详细介绍了顺序查找(线性查找)、选择排序、插入排序、冒泡排序(起泡排序)、折半查找(二分查找)等典型算法的基本思想,并通过实例叙述了算法的具体实现过程,且通过对应的自测题加深对算法的理解和应用;第 2 章对上机常考题进行分类,按题型进行深入、详细的解析,便于考生专项攻克,提高复习效率;第 3 章提供了 3 套上机考试部分模拟试题,并给出了模拟题参考答案;第 4 章分为程序阅读选择题、程序填空选择题和程序设计题,每题都进行了较为透彻的解析,有些题目还给出了流程图,将考点贯穿于知识点的讲解中;第 5 章提供了 3 套笔试模拟预测卷,并给出解答,供考前热身训练。

　　希望广大读者能充分利用本书提供的资源,以提高C程序设计的教学质量。即使没有时间解答本书全部题目,如果能把全部题目的参考解答都看一遍,而且都能看懂,理解不同程序的思路,也会大有裨益,能扩大眼界,丰富知识。

　　应该说明,本书给出的程序参考代码并非是唯一正确解答,甚至不一定是最佳解答。对于同一题可以编出多种代码,我们只是提供了一种或几种参考方案,以期抛砖引玉。

　　本书内容丰富、实用性强,可作为面向"新工科"人才培养的任何C程序设计课程的辅导教材;既适用于高等学校和各类计算机培训教学,还可供计算机工作者和爱好者及报考各类计算机考试的考生自学参考。

本书由廖雪峰担任主编,负责总体策划、拟定编写大纲和最后统稿,并负责编写实验指导部分所有内容和应试指导部分第 1 章部分章节,还负责提供应试指导部分第 2 章和第 4 章的试题库以及对应试指导部分全部内容的校对工作。柳幼松负责应试指导部分第 2 章和第 3 章的编写工作。毕保祥负责应试指导部分第 4 章和第 5 章的编写工作。王俊负责应试指导部分第 1 章部分内容的编写和实验指导部分所有内容的校对工作。吴宗大负责提供综合实验的所有资料。同时参与本书编写工作的还有黄惠敏和卓林琳。

在此衷心感谢编写团队的辛苦付出以及学院领导和同事的大力支持。借此机会,对本书所引用试题的命题教师和相关单位表示真诚的感谢,同时感谢清华大学出版社编辑对本书出版所付出的辛勤劳动。

由于时间仓促,作者水平有限,书中难免会有疏漏和不足之处,敬请读者批评指正,不胜感激。同时感谢读者选择使用本书,在使用本书时若有疑问需要与作者交流,或想索取其他相关资料,请与作者联系。

廖雪峰

2024 年 8 月

目录

第一部分 实 验 指 导

第二部分　应试指导

第一部分 实 验 指 导

实验 ① 熟悉 C 语言集成开发环境

【实验目的】

(1) 熟悉 C 语言集成开发环境 C-Free 3.5。掌握 C-Free 3.5 的启动和退出方法,以及在该集成环境下 C 语言源程序文件的新建、打开、保存和关闭等基本操作;掌握开发一个 C 程序设计的基本步骤,包括源程序编辑、编译、连接和运行。

(2) 理解程序调试的基本思想,熟悉常用的语法错误提示信息,并根据系统提供的错误提示信息修改 C 程序。

(3) 了解 C 程序的基本框架,能够编写简单的 C 程序。

(4) 通过运行简单的 C 程序,初步了解 C 语言源程序的特点。

【实验内容】

1. 调试样例 1

在屏幕上显示短句"This is a C program."。

C 语言源程序如下:

```
#include <stdio.h>
int main()
{   printf("This is a C program.\n");
    return 0;
}
```

以上述 C 语言源程序为例,在 C-Free 3.5 集成环境下,运行一个 C 程序的基本步骤如下所示。

(1) 建立自己的文件夹。在磁盘上新建一个文件夹,如 E:\C_programm,用于存放 C 语言源程序。

(2) 启动 C-Free 3.5。双击桌面上的 C-Free 快捷方式或依次选择"开始"→"所有程序"→C-Free 3.5→C-Free 3.5 菜单命令,进入 C-Free 3.5 集成开发环境(如图 1-1-1 所示)。

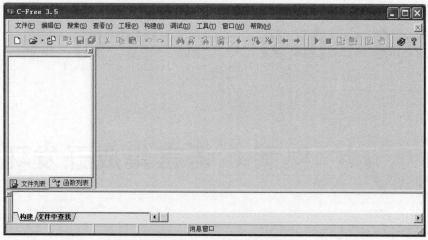

图 1-1-1　C-Free 3.5 启动界面

(3) 新建文件。选择"文件"→"新建"菜单命令或按 Ctrl＋N 键(如图 1-1-2 所示)。新建文件后,再选择"文件"→"另存为"菜单命令(如图 1-1-3 所示)。然后在弹出的"另存为"对话框中的"保存在"下拉列表框中选择用户已经建立的文件夹,如 E:\C_programm;再选择保存类型为"C Files,(*.c)"或".cpp",接着在"文件名(N):"下拉列表框中输入文件名,如"test.c"(见图 1-1-4),最后单击"保存"按钮,在 E:\C_programm 文件夹下就新建了文件 test.c,并显示文件列表窗口、编辑窗口和消息窗口(如图 1-1-5 所示)。这时文件列表窗口显示文件的路径及文件名,编辑窗口和消息窗口均为空。

图 1-1-2　新建源文件

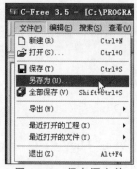

图 1-1-3　保存源文件

(4) 编辑和保存。在编辑窗口中输入源程序或在编辑窗口右击,在弹出的菜单中选择"插入代码模板"→C template 命令(如图 1-1-6 所示),会在编辑区产生如下代码:

```c
#include <stdio.h>
int main(int argc, char * argv[])
{
    return 0;
}
```

修改以上代码,在语句"return 0;"的上面插入语句"printf("This is a C program.\n");",并删除 main 函数括号中的参数(如图 1-1-7 所示),然后选择"文件"→"保存"菜单命令,也可

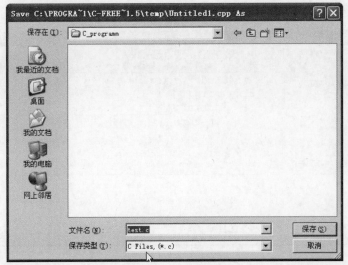

图 1-1-4　文件另存

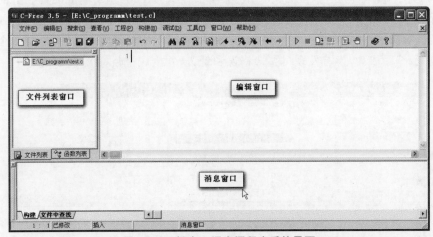

图 1-1-5　新建 C 语言源程序后的界面

图 1-1-6　插入临时代码

实验 1　熟悉 C 语言集成开发环境 —————

以按 Ctrl+S 键或单击工具栏上的"保存"按钮来保存源程序。

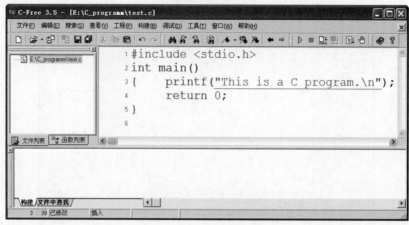

图 1-1-7　编辑源程序

（5）编译。选择"构建"→"编译 test.c"菜单命令或按 F11 键或单击工具栏上的"编译"按钮进行编译（如图 1-1-8 所示）。系统在编译前自动将程序保存，然后开始编译，并在消息窗口中显示编译信息（如图 1-1-9 所示）。在图 1-1-9 所示的消息窗口中出现的"0 个错误，0 个警告"表示编译成功，没有发现（语法）错误和警告，并生成了目标文件 test.o。

图 1-1-8　编译源程序

注意：如果显示错误信息，说明程序中存在语法错误，必须改正。编译有错误，可以双击提示的错误信息，则在源程序中高亮显示错误行，此时应该检查高亮显示所在行或前面行的程序，找出错误并改正。另外，有时一个简单的语法错误，编译系统可能会提示多条错误信息。此时要找出第一条错误信息，改正后重新编译；再找出重新编译后的第一条错误信息，改正后重新编译；依次找出其他错误并改正，直到没有发现错误并能生成目标文件为止。如果显示警告信息，说明这些错误并未影响目标文件的生成，但通常也应该改正。

（6）连接。选择"构建"→"构建 test.c"菜单命令，开始连接，并在消息窗口中显示连接信息（如图 1-1-10 所示）。在图 1-1-10 的消息窗口中出现的"0 个错误，0 个警告"表示连接成功，并生成了可执行文件 text.exe。

（7）运行。选择"构建"→"构建并运行"菜单命令或按 F5 键或单击工具栏上的"运行"按钮（如图 1-1-11 所示），自动弹出运行窗口（如图 1-1-12 所示），显示运行结果"This is a C

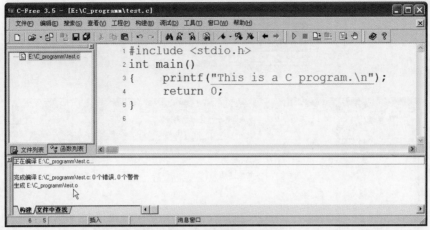

图 1-1-9　编译正确

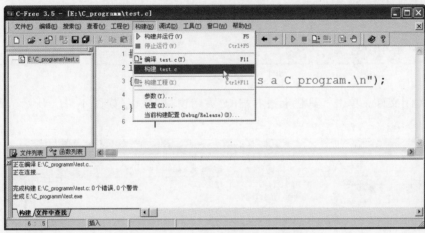

图 1-1-10　连接成功并产生运行文件

program."。其中"Press any key to continue"是系统自动加上的,提示用户可以按任意键退出运行窗口,返回到 C-Free 3.5 编辑窗口。单击工具栏的"停止运行"按钮(如图 1-1-13 所示),或按 Shift+F5 键,或直接单击运行窗口控制按钮中的"关闭"按钮(即图 1-1-12 中鼠标指针所指处),都可关闭运行窗口。

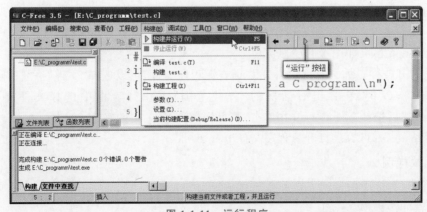

图 1-1-11　运行程序

实验 1　熟悉 C 语言集成开发环境

图 1-1-12　运行窗口

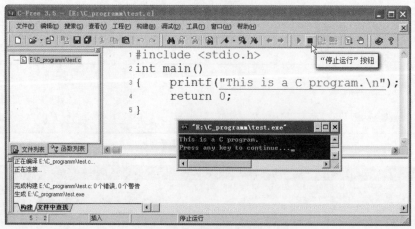

图 1-1-13　关闭运行窗口

（8）关闭文件。单击工具栏上最右端的"关闭窗口"按钮（如图 1-1-14 所示），即可关闭当前文件 test.c。

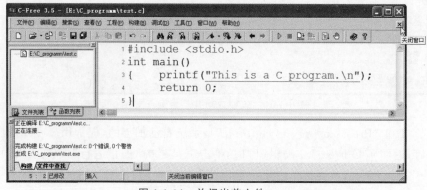

图 1-1-14　关闭当前文件 test.c

（9）查看 C 语言源程序、目标文件和可执行文件的存放位置。经过编辑、编译、连接和运行后，在文件夹 E:\C_programm 中存放着相关文件，即源程序文件 test.c、目标文件 test.o 和可执行文件 test.exe（如图 1-1-15 所示）。

（10）打开文件。如果要再次打开 C 语言源程序文件，可以选择"文件"→"打开"菜单命令或按 Ctrl＋O 键，在弹出对话框的"查找范围"下拉列表框中选择文件夹 E:\C_programm，然后选择文件 test.c，并单击"打开"按钮；或在文件夹 E:\C_programm 中直接双击文件 test.c，都可再次打开源程序文件 test.c。

2. 调试样例 2

改正下列程序中的错误。在屏幕上显示短句"This is a C program."。

有错误的源程序 error1_1.c:

————————————C 程序设计实验指导与实用应试教程（第 2 版）

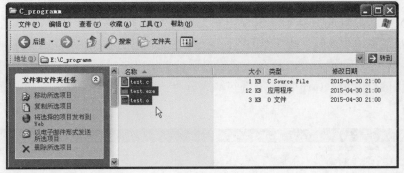

图 1-1-15　文件夹 E:\C_programm

```
#include <stdio.h>
int mian()
{    printf(This is a C program.\n")
     return 0;
}
```

（1）编辑。按照"1.调试样例 1"小节中介绍的步骤(10)，打开源程序 error1_1.c；或按照调试样例 1 的方法新建一个文件并输入程序 error1_1.c。

（2）编译。选择"构建"→"编译 error1_1.c"菜单命令，开始编译。编译后，消息窗口中显示"2 个错误，0 个警告"。

（3）找出错误。在消息窗口双击第一条出错信息，编辑窗口的源程序中就会高亮显示错误行（如图 1-1-16 所示）。一般在高亮显示所在行或前面行，可以找到出错语句。图 1-1-16 中高亮显示的是源程序的第 3 行，其对应的消息窗口中显示"unterminated string or character constant"，出错信息指出字符串或字符常量缺少结束符。出错的原因是使用字符串或字符常量缺少配对的引号，应检查所有字符串是否都使用了成对的双引号，所有字符常量是否都使用了成对的单引号。仔细观察后，发现 This 字符串前少了一个前双引号。

图 1-1-16　程序 error1_1.c 编译产生的错误提示信息

（4）改正错误。在 This 前加上前双引号。

（5）重新编译。因为有些错误往往是前一处错误引起的，所以修改程序错误时，最好先修改第一处错误，且修改后要重新编译。重新编译后，消息窗口中显示"1 个错误，0 个警告"。双击消息窗口中的错误提示信息"parse error before 'return'"，则在编辑窗口的源程序中高亮显示第 4 行（如图 1-1-17 所示），错误提示信息指出在 return 前有语法错误。仔细观察，引起错误的原因是 return 前一条语句缺少分号。改正错误，在 return 前一条语句最后补上一个分号。

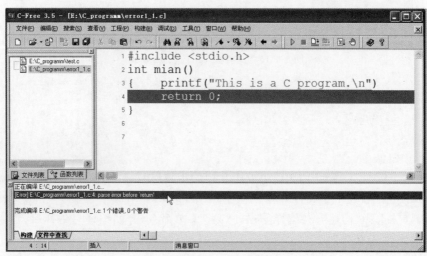

图 1-1-17　重新编译后产生的错误提示信息

（6）再次编译。消息窗口中显示编译正确。

（7）连接。选择"构建"→"构建 error1_1.c"菜单命令，开始连接，并在消息窗口显示连接错误提示信息"undefined reference to 'WinMain@16'"（如图 1-1-18 所示）。错误提示信息指出没有定义参数 WinMain@16，仔细观察后，发现主函数名 main 拼写错误，被误写为mian。

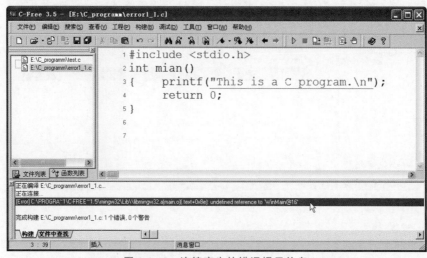

图 1-1-18　连接产生的错误提示信息

C程序设计实验指导与实用应试教程（第 2 版）

(8) 改正错误。把 mian 改为 main 后,重新编译和连接,消息窗口中没有出现错误和警告信息。

(9) 运行。选择"构建"→"构建并运行"菜单命令、按 F5 键或单击工具栏上的"运行"按钮,自动弹出运行窗口(如图 1-1-19 所示),显示运行结果,按任意键返回。

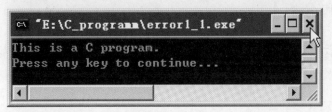

图 1-1-19　改正后的程序 error1_1.c 运行窗口

3. 程序修改题

模仿调试样例 2 的方法,改正下列程序中的错误。在屏幕上显示以下 3 行信息。

```
**************
Very good!
**************
```

有错误的源程序 error1_2.c:

```
#include <stdio.h>
int mian()
{   printf("**************\n");
    printf(" Very good!/n")
    printf("**************\n");
    return 0;
}
```

4. 程序设计题

模仿调试样例 1 的方法,完成下列程序设计题。

(1) 在屏幕上显示短句"One World,One Economic!"。

扩展:如何在屏幕上显示数字、英文字母和汉字等信息? 例如"你是住 B 区 8 栋吗?"

(2) 在屏幕上显示下列网格。

```
+---+---+
|   |   |
+---+---+
```

扩展:如何在屏幕上显示自己设计的名片? 例如:

```
|~~~~~~~~~~~~~~~~~~|
|   My name is XXX  |
|_____|
```

(3) 在屏幕上显示下列由各种字符组成的图案。

```
    A
  B   C
D   E   F
```

【实验结果和分析】

（1）将 C 语言源程序、运行结果写在实验报告上。

（2）分析源程序和运行结果，并将遇到的问题和解决问题的方法写在实验报告上。

实验 2 熟悉 C 语言的基本元素

实验 2

【实验目的】

(1) 掌握 C 语言简单数据类型及不同的数据类型之间的转换规则。

(2) 掌握变量和常量的定义与使用。

(3) 掌握 C 语言的运算符及各种运算符运算规则，以及包含这些运算符的表达式。

(4) 掌握输入函数 scanf() 和 getchar()、输出函数 printf() 和 putchar() 的使用，并能调用 C 语言的数学函数。

(5) 掌握 C 程序的基本结构，并能够编程实现简单的数据处理。

(6) 掌握使用工具栏进行编辑、编译和运行操作的方法，进一步理解编译错误信息的含义，熟悉简单 C 程序的查错方法。

【实验内容】

1. 调试样例

改正下列程序中的错误。输入华氏温度 f，输出对应的摄氏温度 c。转换公式如下：

$$c = \frac{5 \times (f - 32)}{9}$$

有错误的源程序 error2_1.c：

```
#include <stdoi.h>
int main()
{   int c;f;
    printf("Enter f:");
    scanf("%d",f);
    c=5*(f-32)/9;
    printf("f=d, c=%d\n,f,c");
    return 0;
}
```

现在介绍使用工具栏上的按钮完成编辑、编译和运行操作。若工具栏上相应的按钮没有显示，可选择"查看"→"工具条"菜单命令，然后选中相应工具条前的复选框即可显示（如图 1-2-1 所示）。

(1) 打开文件。单击工具栏上的"打开"按钮，在弹出对话框的"查找范围"下拉列表框中找到要打开文件的路径，然后双击文件 error2_1.c，即可打开源程序 error2_1.c。

(2) 编译。单击工具栏上的"编译"按钮，在消息窗口会出现提示信息（如图 1-2-2 所

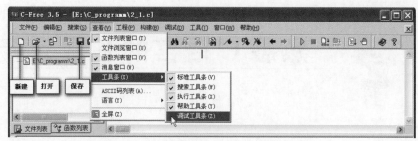

图 1-2-1　C-Free 3.5 工具栏和"查看"菜单

示)。双击消息窗口中的第一条出错信息"stdoi.h:No such file or directory",编辑窗口就高亮显示源程序的第 1 行,出错信息指出没有 stdoi.h 这样的文件或目录。仔细观察后,发现错误原因是 stdoi.h 拼写错误,应将它改为 stdio.h。改正后重新编译,在消息窗口会出现新的提示信息(如图 1-2-3 所示),双击新产生的第一条出错信息"'f'undeclared",编辑窗口会高亮显示源程序的第 3 行,出错信息指出变量 f 没有定义,变量必须先定义后使用。仔细观察后,发现 f 前的分号应该为逗号。将 f 前的分号改为逗号后,重新编译,编译正确。

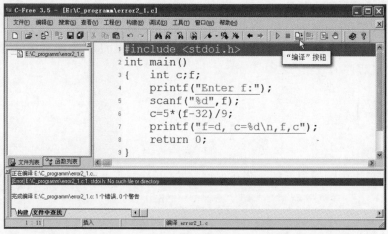

图 1-2-2　程序 error2_1.c 第一次编译产生的错误提示信息

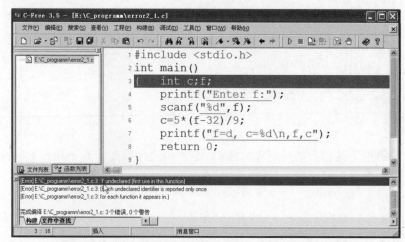

图 1-2-3　程序 error2_1.c 重新编译产生的错误提示信息

C程序设计实验指导与实用应试教程(第 2 版)

（3）连接。选择"构建"→"构建 error2_1.c"菜单命令，开始连接，连接正确。

（4）运行。单击工具栏上的"运行"按钮，在弹出的运行窗口中输入"150"后按 Enter 键，出现系统提示信息（如图 1-2-4 所示），这是地址越界引起的错误。遇到这种现象应该考虑输入变量 f 的输入格式是否正确，本程序应将输入语句改为"scanf("%d",&f);"。修改后再运行程序，发现运行结果为：f=d, c=37814104，结果不符合题目的要求，仔细检查源程序，发现输出函数 printf 中不仅 f=d 的 d 应改为%d，而且 printf 函数中括号内后双引号（"）的位置也错了，应改为"printf("f=%d, c=%d\n",f,c);"。改正后，重新编译、连接和运行，在弹出的运行窗口中仍然输入"150"后按 Enter 键，显示结果与题目要求的结果一致（如图 1-2-5 所示）。单击工具栏上的"停止运行"按钮（如图 1-2-1 所示）返回。

图 1-2-4　系统提示信息

图 1-2-5　改正后的程序 error2_1.c 运行窗口

注意：

① 输入函数 scanf、输出函数 printf 的输入输出参数必须和格式控制字符串中的格式控制说明相对应，即它们的类型、个数和位置都要一一对应，且书写形式也要正确。但在 scanf 函数中，输入参数的形式为：变量名前面要用地址符 &，表示变量在内存中的地址，且变量地址要求有效。

② 顺序结构中常出现的错误一般有：变量定义的位置不正确；定义变量的形式不正确，如语句"int c;f;"；丢分号、大括号、双引号和单引号等；scanf 函数中少写 &；大小写错误等。

扩展：如果华氏温度和摄氏温度都是双精度浮点型数据，应如何修改程序？

注意：输入 double（双精度浮点）型数据一定要使用格式控制说明符%lf，其中的 l 是 long 的首字母，不是数字 1；但输出 double 型数据使用格式控制说明符%lf 和%f 都可以。

2. 程序修改题

模仿以上调试样例的方法，改正下列程序中的错误。

（1）计算某个数 x 的平方 y，并分别以 $y=x*x$ 和 $x*x=y$ 的形式输出 x 和 y 的值。请不要删除源程序中的任何注释。

输出样例（假设 x 的值为 3）：

```
9=3 * 3
3 * 3=9
```

有错误的源程序 error2_2.c：

```
#include <stdio.h>
int main()
{   int y;
    y=x * x
```

```
    printf("%d=%d * %d\n",x);      /* 输出
    printf("d * %d=%d\n",y);
    return 0;
}
```

提示：

① 检查 C 语句是否都由分号结束。

② 注释的方法有两种：一种是块注释,必须用/ * 和 * /配对使用,二者之间为注释内容,可以包含多行;另一种是行注释,注释范围从//起至换行符止。注释部分的内容均不会产生目标代码。

③ 变量必须先定义,并经过初始化后才可使用该变量,否则变量值无法预计。

(2) 输入两个实数,计算并显示这两个实数之和的平方根。

有错误的源程序 error2_3.c：

```
#include <stdio.h>
#include <math>
int main()
{  double x,y,s;
    scanf("%f%f",x,y);
    s=sqrt(x+y);
    printf("s=%f\n",s);
    return 0;
}
```

提示：

① 使用 sqrt 函数计算平方根时,在程序的开头加命令行 ♯ include＜math.h＞引入 math.h 头文件。

② 输入 double 型数据使用格式控制说明符％lf,其中的 l 是 long 的首字母,不是数字 1;但输出 double 型数据使用格式控制说明符％lf 和％f 都可以。

③ 在 scanf 函数中括号内变量 x、y 的前面,要用地址符 ＆,表示变量在内存中的地址。

④ 注意 printf 函数中括号内双引号的位置。

(3) 输入摄氏温度 c,输出对应的华氏温度 f。转换公式如下：

$$f = \frac{9}{5} \cdot c + 32$$

有错误的源程序 error2_4.c：

```
#include <stdio.h>
int main()
{  double c=0,F=0;
    printf("Enter c:");
    scanf("%lf",c);
    f=(9/5) • c+32;
    print("c=%lf,f=%lf\n,c,f");
    return 0;
}
```

提示：

① C 语言是区分大小写的。

② C语言表达式中的乘号必须用"＊"表示。

③ 使用输入输出函数时,各参数的书写形式要正确。

④ 两个整型数相除,其运算结果也是整型。

3. 程序填空题

注意:下列程序中标有①②③④的部分为需要填空的部分。在填空时,先删除填空标志,再根据程序功能填空,然后调试运行程序。在本书的所有程序填空题中,都遵循这一规定。

完善下列程序。将输入的角度转换成弧度。

有待完善的源程序 fill2_1.c:

```
#include <stdio.h>
    ①
int main()
{   int degree;
    float radian;
    printf("Enter degree:");
      ②   ;
    radian=PI * degree/180;
    printf("\n  ③  degrees equal to   ④   radians.\n", degree, radian);
    return 0;
}
```

提示:圆周率 π 在 C 语言中是不合法的标识符,必须定义符号常量(如 PI)或直接用3.1415926 代表圆周率;注意输入输出函数的使用。

4. 程序设计题

(1) 编写程序输出 $5\sin60°+12.5\times3.4+\sqrt{16.88}$ 的值。

要求:不使用变量。

(2) 输入两个整数,计算并输出这两个数的和、差、积、商、余数和平均值。

要求:

① 输入数据前,给出输入提示信息;输入数据占一行,由两个整数组成,数据之间用一个空格隔开。

② 输出为 5 行,分别输出这两个数的和、差、积、商、余数和平均值(取整数部分),并以算术的形式显示。

扩展:如果输入的两个数是 double 型数据,应如何修改程序?题目的要求都能达到吗?

(3) 输入两个点坐标(x1,y1)和(x2,y2),计算并输出两点间的距离。

要求:

① 输入数据前,给出输入提示信息;输入数据占一行,由 4 个 double 型数据组成,分别表示为 x1、y1、x2、y2,数据之间用一个空格隔开。

② 输出为一行,并有输出说明,且结果保留两位小数。

提示:printf 函数的格式控制说明符%f 指定以小数形式输出 double 型数据(保留 6 位小数),而%.2f 则指定输出时保留两位小数。

（4）当 n 为 152 时，计算并输出 n 的个位数字 d1、十位数字 d2 和百位数字 d3 的值。

要求：输出样例为"整数 152 的个位数字是 2，十位数字是 5，百位数字是 1。"。

提示：n 的个位数字 d1 的值是 n%10，十位数字 d2 的值是（n/10)%10，百位数字 d3 的值是 n/100。

扩展：

① 逆序输出任意一个三位正整数的每一位数字，应如何实现？

② 如果 n 是任意一个四位正整数，如何求出它的每一位数字？

③ 输入一个五位正整数，分解出它的每位数字，并将这些数字间隔 3 个-的形式输出。例如，输入 12345，则输出 1---2---3---4---5。应如何实现？

（5）输入一个正整数 n(n 表示分钟数)，通过程序实现把 n 分钟用小时和分钟显示。

要求：

① 输入数据前，给出输入提示信息。

② 输出为一行，并有输出说明，例如，输入"500"，则输出"500 minutes：8 hours and 20 minutes."。

（6）输入两个实数 r 和 h，计算并输出以 r 为底面半径以 h 为高的圆柱体的体积（体积＝底面积×高，底面积＝πr^2）。

要求：

① 输入数据前，给出输入提示信息；输入数据占一行，由两个 double 型数据组成，数据之间用一个空格隔开。

② 输出为一行，并有输出说明，且结果保留两位小数。

③ 调用数学函数 pow() 求幂。

④ 定义符号常量 PI 代表圆周率。

（7）用 getchar 函数读入两个字符给变量 c1、c2，然后分别用 putchar 函数和 printf 函数输出这两个字符。并思考以下问题：

① 变量 c1、c2 应定义为字符型还是整型？或二者皆可？

② 要求输出 c1 和 c2 值的 ASCII 码，应如何处理？用 putchar 函数还是 printf 函数？

③ 整型变量与字符型变量是否在任何情况下都可以互相代替？例如，"char c1,c2;"与"int c1,c2;"是否无条件等价？

要求：

① 输入数据前，给出输入提示信息；输入数据占一行，由两个字符型数据组成，两个数据之间无任何符号。

② 输出为两行，分别用 putchar 函数和 printf 函数输出 c1、c2 这两个字符，并有输出说明。

注意：在用连续两个 getchar 函数输入两个字符时，只要输入了"a"后按 Enter 键，系统就会认为用户已经输入了两个字符。所以应当连续输入"ab"后再按 Enter 键，这样就保证了 c1 和 c2 分别得到字符 a 和 b。

（8）输入两个数字字符并分别存放在字符型变量 a 和 b 中，通过程序将与这两个字符对应的数字相加后输出。例如，输入字符型数字 7 和 5，输出的则是整型数 12。

要求：

① 输入数据前，给出输入提示信息。

② 通过 scanf 函数或 getchar 函数输入字符型变量 a、b 的值，输入数据占一行，由两个字符型数据组成，字符数据之间无任何符号。

③ 输出为一行，并要求输出求和算术式，例如，输出"7+5＝12"。

提示：通过"数字字符-'0'"得到对应数字。

扩展：将连续输入的 4 个数字字符拼成一个整型的数值。如输入 4 个字符分别是'1'、'2'、'4'、'8'，应该得到一个整型数值 1248。应如何编程实现？

（9）输入两个字符，分别存放在变量 x 和 y 中，通过程序交换它们的值。

要求：

① 输入数据前，给出输入提示信息。

② 通过 scanf 函数或 getchar 函数输入字符变量 x、y 的值，输入数据占一行，由两个字符型数据组成，两个数据之间无任何符号。

③ 输出为一行，并有输出说明。

【实验结果和分析】

（1）将 C 语言源程序、运行结果写在实验报告上。

（2）分析源程序和运行结果，并将遇到的问题和解决问题的方法写在实验报告上。

【实验目的】

（1）掌握 C 语言关系运算符和关系表达式、逻辑运算符和逻辑表达式的使用。

（2）熟练掌握各种类型 if 语句的使用方法。

（3）掌握 switch 语句以及其中的 break 语句的使用方法。

（4）掌握条件运算符和条件表达式的使用。

（5）掌握基本输入输出函数的使用，能正确调用 C 语言提供的数学函数（math.h）和常用字符函数（ctype.h）。

（6）掌握简单的单步调试、断点调试和使用 Debug 工具栏调试程序的方法。

【实验内容】

1. 调试样例

使用单步调试、断点调试和 Debug 工具栏调试程序的方法，改正下列程序中的错误。输入参数 a、b、c，求一元二次方程 $ax^2+bx+c=0$ 的根。

有错误的源程序 error3_1.c：

```c
#include <stdio.h>
#include <math.h>
int main()
{   double a,b,c,d;
    printf("Enter a,b,c:");
    scanf("%f%f%f", &a, &b, &c);
    d=b*b-4*a*c;                    /*调试时设置断点*/
    if(a=0)
    {   if(b==0)
        {   if(c==0)
                printf("参数都为 0,方程无意义!\n");
            else
                printf("a 和 b 为 0,c 不为 0,方程不成立\n");
        }
        else
            printf("x=%0.2f\n",-c/b);
    }
    else
        if(d>=0)                    /*调试时设置断点*/
```

```
    {   printf("x1=%0.2f\n", (-b+sqrt(d))/(2 * a));
        printf("x2=%0.2f\n", (-b-sqrt(d))/(2 * a));
    }
    else
    {   printf("x1=%0.2f+%0.2fi\n", -b/(2 * a), sqrt(-d)/(2 * a));
        printf("x2=%0.2f-%0.2fi\n", -b/(2 * a), sqrt(-d)/(2 * a));
    }
    return 0;                        /* 调试时设置断点 */
}
```

（1）打开源程序 error3_1.c，对程序进行
编译和连接，没有出现错误和警告信息。但
运行程序时，在弹出的运行窗口中输入 a、b、c
的值（2.1 8.9 3.5）后按 Enter 键，发现运行结
果（如图 1-3-1 所示）显然错误，说明程序存在
逻辑错误，需要调试修改。

图 1-3-1　程序 error3_1.c 运行窗口

（2）调试步骤如下。

首先介绍断点的使用。断点的作用就是使程序执行到断点处暂停，用户可以观察当前
变量或表达式的值。要设置断点，最方便快捷的方法是将鼠标指针移到代码区中某一条代
码的左边（灰色区域），光标由 I 字形变成黑色圆形断点形状（如图 1-3-2 所示），然后单击，看
到红色断点就设置完成。另一种方法是先将光标移到你想要设置的行，然后单击工具栏上
的"设置/取消断点"按钮（如图 1-3-2 所示）。对于已经设置断点的行，对该行重复进行上面
的设置断点的操作，将取消断点。

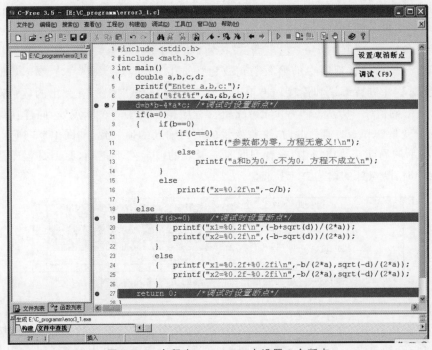

图 1-3-2　在程序 error3_1.c 中设置 3 个断点

① 调试程序开始，设置 3 个断点（如图 1-3-2 所示），具体位置见源程序的注释。

② 单击工具栏上的"调试"按钮或按 F9 键，程序开始调试。一旦程序开始调试，C-Free会自动显示 Debug 工具栏（如图 1-3-3 所示）。

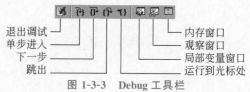

注意：程序开始调试，执行到某一个断点前，这时"调试"按钮的功能变为"继续"。单击该按钮，程序从该断点处继续执行，直到碰到下一个断点。

图 1-3-3　Debug 工具栏

③ 在弹出的运行窗口中输入 a、b、c 的值(2.1 8.9 3.5)后按 Enter 键，程序执行到并停在第一个断点处，单击 Debug 工具栏上的"局部变量窗口"按钮（如图 1-3-3 所示），然后在局部变量窗口（如图 1-3-4 所示）中查看变量 a、b、c 的值，此时，这些变量的值与输入的值不一致。由此可知第一个断点处之前肯定有错误发生，且变量 a、b、c 的取值不正确，应该检查输入函数 scanf 是否正确。仔细检查本程序中的scanf 函数，发现 scanf 函数中 double 型数据的输入格式控制说明符％lf 错写成％f 了。

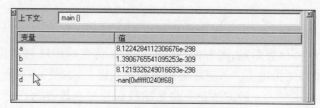

图 1-3-4　局部变量窗口

注意：当程序处于调试停止状态，局部变量窗口将显示当前运行环境下所有局部变量的值。对于源程序 error3_1.c 的程序运行状态，有 3 个局部变量。局部变量窗口如图 1-3-4 所示，其中上下文显示的是当前程序运行的函数环境，包括参数的值。

④ 单击 Debug 工具栏上的"退出调试"按钮（如图 1-3-3 所示）或按 Ctrl＋F9 组合键，结束程序调试。然后将本程序中的输入语句改为"scanf("％lf％lf％lf",＆a,＆b,＆c);"。改正后，重新对程序进行编译和连接。再单击工具栏上的"调试"按钮，在弹出的运行窗口中同样输入 a、b、c 的值(2.1 8.9 3.5)后按 Enter 键。程序执行到第一个断点处，同样在局部变量窗口中查看变量 a、b、c 的值。此时，这些变量的值与输入的值一致（如图 1-3-5 所示）。但在图 1-3-5 所示的局部变量窗口中，查看到此时变量 d 的值显然不正确，原因是程序执行到第一个断点处时，断点处的语句并未执行。

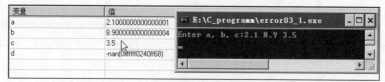

图 1-3-5　局部变量窗口中变量的值与输入的值对照

⑤ 单击 Debug 工具栏上的"下一步"按钮（如图 1-3-3 所示）或按 F8 键后，在图 1-3-6 所示的局部变量窗口中观察到变量 d 的值变为 49.81，此时 d 值是正确的。"下一步"按钮的功能是单步执行，即单击一次执行一行（如图 1-3-6 所示），编辑窗口中的箭头指向某一行，表示程序将要执行该行。单击 Debug 工具栏上的"观察窗口"按钮（如图 1-3-3 所示），即可打

开观察窗口(如图 1-3-6 所示)。右击观察窗口,弹出菜单,选择"添加观察"命令,弹出"添加观察"对话框(如图 1-3-7 所示),在"表达式"文本框输入需要观察的表达式,就可以实时观察该表达式的值。

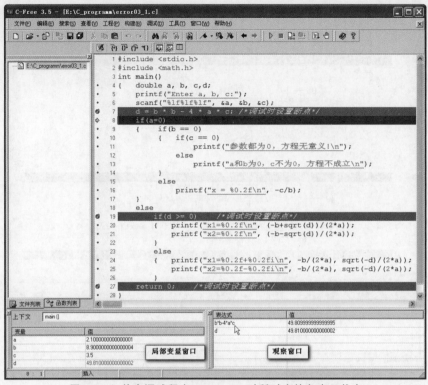

图 1-3-6 单步调试程序 error3_1.c 时所对应的各窗口状态

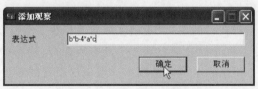

图 1-3-7 "添加观察"对话框

⑥ 继续单击工具栏上的"调试"按钮,程序运行到第二个断点(如图 1-3-8 所示),在局部变量窗口中观察到变量 d 的值是 49.81,说明方程有实根。但发现变量 a 的值发生变化,值变为 0,显然程序有错。仔细分析源程序,发现图 1-3-8 中的第 8 行把 if(a==0)写成 if(a=0)。二者的区别是:if(a==0)表示判断 a 是否等于 0,当 a 的值为 0 时,a==0 表达式的值为 1(表示"真");而 a=0 表达式的值为 0(表示"假"),即 if(a=0)表示把 0 值赋给 a,然后判断 a 值为"假",从而执行 if(a=0)语句的 else 分支语句。因此编写程序时一定要分清是用关系运算符==还是用赋值运算符=。

⑦ 单击 Debug 工具栏上的"退出调试"按钮,结束程序调试,回到编辑状态。修改上述错误后,重新编译和连接。然后单击工具栏上的"调试"按钮,在弹出的运行窗口中同样输入a、b、c 的值(2.1 8.9 3.5)后按 Enter 键,程序执行到第一个断点处,再次单击工具栏上的"调试"按钮,此时变量 a、b、c、d 值均正确。再单击"调试"按钮,程序运行到最后一个断点,运行

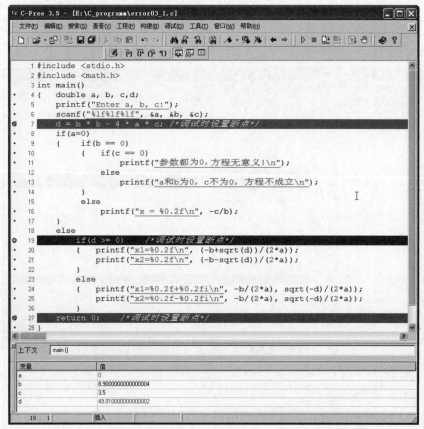

```
C-Free 3.5 - [E:\C_program\error03_1.c]
文件(F) 编辑(E) 搜索(S) 查看(V) 工程(P) 构建(B) 调试(D) 工具(T) 窗口(W) 帮助(H)

1  #include <stdio.h>
2  #include <math.h>
3  int main()
4  {    double a, b, c,d;
5       printf("Enter a, b, c:");
6       scanf("%lf%lf%lf", &a, &b, &c);
7       d = b * b - 4 * a * c;  /*调试时设置断点*/
8       if(a=0)
9       {     if(b == 0)
10            {    if(c == 0)
11                    printf("参数都为0,方程无意义!\n");
12                 else
13                    printf("a和b为0, c不为0, 方程不成立\n");
14            }
15            else
16                printf("x = %0.2f\n", -c/b);
17       }
18       else
19            if(d >= 0)      /*调试时设置断点*/
20            {    printf("x1=%0.2f\n", (-b+sqrt(d))/(2*a));
21                 printf("x2=%0.2f\n", (-b-sqrt(d))/(2*a));
22            }
23            else
24            {    printf("x1=%0.2f+%0.2fi\n", -b/(2*a), sqrt(-d)/(2*a));
25                 printf("x2=%0.2f-%0.2fi\n", -b/(2*a), sqrt(-d)/(2*a));
26            }
27       return 0;       /*调试时设置断点*/
28  }
```

上下文 main()

变量	值
a	0
b	8.9000000000000004
c	3.5
d	49.810000000000002

19 : 1   插入

图 1-3-8   运行到第二个断点处所对应的编辑窗口和局部变量窗口

窗口显示"x1=－0.44,x2=－3.80",符合题目要求。

⑧ 单击 Debug 工具栏上的"退出调试"按钮,结束程序调试,回到编辑状态。将光标分别移到代码区中 3 个断点所在行的左边(灰色区域),光标由 I 字形变成黑色圆形断点形状,然后单击,即可取消断点。将光标分别点到 3 个断点所在行,然后单击工具栏上的"设置/取消断点"按钮(如图 1-3-2 所示),也可取消断点。取消已设置的断点后,再次运行程序,在弹出的运行窗口中输入不同的 a、b、c 值(2.1 3.2 3.5)后按 Enter 键,运行窗口显示"x1=－0.76+1.04i,x2=－0.76－1.04i",符合题目要求。

注意:本程序中 printf 函数中的%0.2f 等价于%.2f,表示输出结果保留两位小数,因输出项的指定宽度为 0,肯定小于数据实际宽度,所以数据整数部分不受指定宽度的限制,应完整输出。另外,为了检查调试后的程序是否正确,根据题意,输入参数至少应该有 5 组:

① a、b、c 都为 0;

② a 和 b 为 0,c 不为 0;

③ a 为 0,b 不为 0,c 任意;

④ a 不为 0,且 a、b、c 满足 $b^2-4ac \geqslant 0$;

⑤ a 不为 0,且 a、b、c 满足 $b^2-4ac < 0$。

请输入不同的参数,观察运行结果是否都符合题目要求。

2. 程序修改题

模仿以上调试样例,使用单步调试和断点调试的方法改正下列程序中的错误。

(1) 输入实数 x,计算并输出下列分段函数 $f(x)$ 的值,输出时保留两位小数。

$$y = f(x) = \begin{cases} \dfrac{1}{x} & x = 10 \\ x & x \neq 10 \end{cases}$$

有错误的源程序 error3_2.c:

```
#include <stdio.h>
int main()
{   double x,y;
    printf("Enter x:\n");
    scanf("=%f",x);
    if (x=10)
    {   y=1/x
    }
    else(x!=10)
    {   y=x;
    }
    printf("f(%.2f)=%.1f"x y);
    return 0;
}
```

提示:

① 语句是否都由分号结束。

② 赋值运算符=与关系运算符==的区别。

③ 使用输入输出函数时,各参数的书写形式要正确,且 scanf 函数的格式控制字符串中尽量不要出现普通字符。若有,在输入数据时也需要原样输入。

④ double 型数据的输入格式控制说明符必须使用％lf,而输出格式控制说明符可以用％f。

(2) 输入三角形的三条边的边长 a、b、c,如果能构成一个三角形,输出面积 area 和周长 perimeter(保留两位小数);否则,输出"These sides do not correspond to a valid triangle"。

在一个三角形中,任意两边之和大于第三边。三角形面积计算公式如下,其中 $s = (a+b+c)/2$。

$$\text{area} = \sqrt{s(s-a)(s-b)(s-c)}$$

有错误的源程序 error3_3.c:

```
#include <stdio.h>
#include <math.h>
int main()
{   double a,b,c;
    double area,perimeter,s;
    printf("Enter 3 sides of the triangle:");
    scanf("%lf%lf%lf",&a, &b, &c);
    if (a+b>c||b+c>a||a+c>b);
        s=(a+b+c)/2;
```

```
            area=sqrt(s*(s-a)*(s-b)*(s-c));
            perimeter=a+b+c;
            printf("area=%.2f;perimeter=%.2f\n",area,perimeter);
        else
            printf("These sides do not correspond to a valid triangle\n");
        return 0;
    }
```

提示：

① 算术运算符、赋值运算符、关系运算符、逻辑运算符参加运算的先后顺序是逻辑非运算符→算术运算符→关系运算符→逻辑与运算符→逻辑或运算符→赋值运算符。注意关系表达式和逻辑表达式的使用。

② 注意逻辑与(&&)运算符和逻辑或(‖)运算符的含义及逻辑运算的规则。

③ if…else 语句中 if 表达式后面不能有分号(;)。

④ if 语句中若包括多条语句，一定要用大括号({})括起来构成复合语句。

扩展：根据输入的三条边长 a、b、c，判断能否构成三角形；若能构成三角形，继续判断该三角形是等边三角形、等腰三角形还是一般三角形。应如何编程实现？

(3) 输入一个字符，判断它是空格字符、数字字符、小写字母、大写字母，还是其他字符。

有错误的源程序 error3_4.c：

```
#include <stdio.h>
int main()
{   char c;
    printf("Enter a character:");
    c=getchar();
    if (c=='')
        printf("This is a space character\n");
    else if (0<=c<=9)
        printf("This is a digit\n");
    else if (c>=a&&c<=z)
        printf("This is a small letter\n");
    else if (c>='A'&&c<='Z')
        printf("This is a capital letter\n");
    else
        printf("This is an other character\n");
    return 0;
}
```

提示：

① 注意空字符('')和空格字符(' ')、数字字符('0')和数字(0)、字符常量('a')和变量(a)的区别。

② C 语言中关系表达式和逻辑表达式的值只有两种结果，要么为"真"(用 1 表示)，要么为"假"(用 0 表示)。因而要想判断一个字符是否为数字字符，if 语句中的表达式必须用 c>='0'&&c<='9'表示。

③ 注意 if…else if 语句、if 语句中的嵌套关系和匹配原则。

扩展：使用 ctype.h 中的函数重做此题。

(4) 下面是进行加、减、乘、除、求余运算的程序。输入一个形式如"运算数 运算符 运算数"的表达式,计算两个整数相应的值,最后输出结果。

有错误的源程序 error3_5.c:

```
#include <stdio.h>
int main()
{   char c;
    int a,b;
    printf("输入 a 运算符 b:");
    scanf("%d%c%d",&a,&c,&b);
    switch(c);
    {   case '+': printf("%d+%d=%d\n",a,b,a+b);break;
        case '-': printf("%d-%d=%d\n",a,b,a-b);
        case '*': printf("%d*%d=%d\n", a,b,a*b);break;
        case '/': if(b!=0) printf("%d/%d=%d\n",a,b,a/b);
            else printf("error!");
            break;
        case '%': if(b!=0) printf("%d%%d=%d\n",a,b,a%b);
            else printf("error!");
            break;
        default: printf("运算符输入错误!\n");
    }
    return 0;
}
```

提示:

① 要利用 printf 函数输出显示符号％必须要有两个％％,其中第一个％是转义字符。注意:％还可作为求余运算符。

② 注意 switch 语句格式及使用方法,包括 switch 语句中表达式后面不能有分号、switch 语句中 break 语句的作用等。

③ 在运行窗口输入数据时应注意:两个整数与运算符之间都应该无任何符号。

扩展:如何用 if…else if 语句实现以上程序功能?要求编写出的程序同样是有较好的健壮性,例如处理输入的运算符为非法情况、除数为 0 等情况。

3. 程序填空题

完善下列程序,然后调试运行程序。

(1) 输入一个小写字母,将字母循环后移 5 个位置后输出,例如 a 变成 f,w 变成 b。

有待完善的源程序 fill3_1.c:

```
#include <stdio.h>
int main()
{   char c;
    c=getchar();
    if (   ①   ) c=c+5;
    else if (c>='v' && c<='z')   ②   ;
    putchar(c);
    return 0;
}
```

提示:注意 if 语句中的嵌套关系和匹配原则,字母循环后移多个位置的逻辑关系。

(2) 输入两个数,输出其中较大的数。

有待完善的源程序 fill3_2.c：

```
#include <stdio.h>
int main()
{   int a,b,max;
    printf("Enter two integers:");
      ①   ;
    max=   ②   ;
    printf("\nmax=   ③   \n", max);
    return 0;
}
```

提示：注意输入输出函数、条件运算符和表达式的使用。

条件运算符由?和:组成,它需要 3 个运算量。结合方向是自右至左。

条件表达式的一般形式是"表达式1? 表达式 2：表达式 3；"。其含义是当表达式 1 的值为非 0 时,以表达式 2 的值作为条件表达式的值,否则,以表达式 3 的值作为条件表达式的值。由于赋值运算符的优先级比条件运算符低,语句"max＝a＞b?a:b;"相当于"max＝(a＞b?a:b);",因此等价于"if(a＞b)max＝a; else max＝b;"。

4. 程序设计题

(1) 输入任意 3 个实数 n1、n2、n3,求其中最大的一个数,输出时保留两位小数。

扩展：

① 如果要在 3 个字符中找出最小的一个,如何修改程序？

② 如果要把这 3 个数按从小到大的顺序输出,应如何编程实现？

(2) 输入一个整数,如果是偶数,则输出"Even number"；如果是奇数,则输出"Odd number"。

扩展：

① 输入两个整数,判断第一个数是否是第二个数的倍数。如果是,则输出"Yes",否则输出"No"。

② (鸡兔同笼)一个笼子里面关了鸡和兔子(鸡有 2 只脚,兔子有 4 只脚,无例外)。已经知道了笼子里面脚的总数 a,问笼子里面至少有多少只动物,至多有多少只动物。

提示：鸡兔同笼问题是笼子里至少有多少只动物,至多有多少只动物。显然,在动物脚总数一定的情况下,要使笼子里的动物数量最多,就要使每只动物的脚数尽可能少,反之一样。所以,当笼子中动物数达到最多时,笼子里的动物应都是鸡；而当笼子中动物数达到最少时,应都是兔子或多只兔子加一只鸡,并且动物脚的数量一定是偶数。也就是说,对于给定的整数 a,如果 a 是奇数,表示没有满足要求的情况出现,则输出"0 0"(第一个数表示最少的动物数,第二个数表示最多的动物数,下同)。如果 a 是 4 的倍数,则输出"a/4 a/2"；如果a 不是 4 的倍数,则输出"a/4＋1 a/2"。

(3) 输入一个整数 n,判断 n 能否被 3、5、7 整除,并输出以下信息之一。

① 能同时被 3、5、7 整除。

② 能被其中两数整除。

③ 能被其中一个数整除。

④ 不能被 3、5、7 任一个数整除。

输入输出样例如下(运行 4 次)。

```
第一次运行：
Enter n:15
能被其中两数整除
第二次运行：
Enter n:14
能被其中一个数整除
第三次运行：
Enter n:105
能同时被 3、5、7 整除
第四次运行：
Enter n:17
不能被 3、5、7 任一个数整除
```

(4) 如果输入一个 1～7 的数字,则输出星期一至星期日的英文单词,否则输出"error"。

(5) 输入五级制成绩(A～E),输出相应的百分制成绩(0～100)区间。五级制成绩对应的百分制成绩区间为 A(90～100)、B(80～89)、C(70～79)、D(60～69)、E(0～59)。

要求：分别用 if 语句和 switch 语句实现。

提示：该程序应该运行 6 次,每次测试一种情况,即分别输入 A、B、C、D、E 和其他字符。

扩展：若要求根据输入的学生成绩,将测试的分数自动转变成对应的等级。例如,输入"93",则输出"A"。应如何编程实现? 同样要求分别用 if 语句和 switch 语句实现。

(6) 输入实数 x,求下列分段函数 $f(x)$ 的值,结果保留 3 位小数。

$$f(x) = \begin{cases} \dfrac{8}{x^2 + x + 1} & -5 \leqslant x < 0 \\[2mm] \dfrac{7}{x^2 + x + 1} & 0 \leqslant x < 5 \\[2mm] \dfrac{2}{x + 8} & 5 \leqslant x < 10 \\[2mm] 0 & x \geqslant 10, x < -5 \end{cases}$$

(7) 输入一个字符,如果是数字字符,则转换成对应的数字后输出,否则输出不是数字字符的提示说明。

输入输出样例如下(运行两次)。

```
第一次运行：
Enter a character: 5
Character: '5' Digit:5
第二次运行：
Enter a character: a
'a' is not the numeric character!
```

扩展：

① 要求用条件运算符和表达式实现以上程序功能。应如何编程实现?

② 输入一个字符。如果是大写字母,则将其转换成对应的小写字母后输出;如果是小写字母,则将其转换成对应的大写字母后输出;否则输出不是字母的提示说明。要求使用字符函数判断和转换。

提示：

① 注意转义字符的输出方法。例如,要想输出显示单引号',必须在 printf 函数中使用\'。

② 使用字符函数判断和转换时,在程序的开头加命令行 ♯ include＜ctype.h＞引入 ctype.h 头文件。

③ 能正确调用 C 语言提供的常用字符函数：isupper(c)判断字符变量 c 是否为大写字母,等价于 if(c＞='A'&&c<='Z')；islower(c)判断 c 是否为小写字母,等价于 if(c＞='a'&&c<='z')；isdigit(c)判断 c 是否为数字,等价于 if(c＞='0'&&c<='9')；tolower(c)表示将 c 中的字母转换成小写字母；toupper(c)表示将 c 中的字母转换成大写字母。

(8) 输入月薪 salary,输出应交的个人所得税 tax(保留两位小数)。按照 2011 年开始实行的《中华人民共和国个人所得税法》,计算公式为：

$$tax=rate\times(salary-3500)-deduction$$

当 salary≤3500 时,rate=0、deduction=0

当 3500＜salary≤5000 时,rate=3%、deduction=0

当 5000＜salary≤8000 时,rate=10%、deduction=105

当 8000＜salary≤12 500 时,rate=20%、deduction=555

当 12 500＜salary≤38 500 时,rate=25%、deduction=1005

当 38 500＜salary≤58 500 时,rate=30%、deduction=2755

当 58 500＜salary≤83 500 时,rate=35%、deduction=5505

当 83 500＜salary 时,rate=45%、deduction=13505

提示：该程序应该运行 8 次,每次测试一种情况。

(9) 根据输入的生日(年 y、月 m、日 d)和今天的日期(年 yt、月 mt、日 dt)计算并输出实足年龄。应如何编程实现？

提示：在以下两种情况下,都需要将计算出的年龄 age(age=yt-y)减 1,才为实足年龄。一是本年还未到出生月,即当前月份(mt)小于生日月份(m)；或者本年已进入生日月份,即当前月份(mt)等于生日月份(m),但还未到出生日,即当前日(dt)小于出生日(d)。

(10) 输入一个年月,计算并输出该年月有多少天。应如何编程实现？

提示：

① 判断闰年的条件是：能被 4 整除但不能被 100 整除,或者能被 400 整除。

② 闰年 2 月份为 29 天,非闰年 2 月份为 28 天。4 月份、6 月份、9 月份、11 月份为 30 天,其他月份为 31 天。

【实验结果和分析】

(1) 将 C 语言源程序、运行结果写在实验报告上。

(2) 分析源程序和运行结果,并将遇到的问题和解决问题的方法写在实验报告上。

循环结构程序设计

实验 4

【实验目的】

(1) 熟练使用 for、while 和 do…while 语句实现循环程序设计。

(2) 理解循环条件和循环体，以及 for、while 和 do…while 语句的异同之处。

(3) 掌握 break 和 continue 语句的使用以及它们之间的区别。

(4) 熟练掌握嵌套循环程序设计。

(5) 掌握含循环结构的一些常用算法。

(6) 掌握运行到光标位置、单步调试、断点调试和用"调试"菜单调试程序的方法。

【实验内容】

1. 调试样例

使用运行到光标位置、单步调试、断点调试和结合"调试"菜单调试程序的方法，改正下列程序中的错误。输入两个正整数 m 和 n，输出它们的最小公倍数和最大公约数。

有错误的源程序 error4_1.c：

```
#include <stdio.h>
int main()
{   int m,n,j,k;                    /* j 表示最小公倍数,k 表示最大公约数 */
    do
    {  printf("Input m:");
       scanf("%d",&m);
       printf("Input n:");
       scanf("%d",&n);
    }while(m<0||n<0)
    j=m;
    while(j/n!=0)                   /* 调试时设置断点 */
      j=j+m;
    k=(m*n)/j;                      /* 调试时设置断点 */
    printf("最小公倍数是%d\n最大公约数是%d\n",j,k);
    return 0;
}
```

(1) 打开源程序 error4_1.c，对程序进行编译，出现的第一条错误提示信息是"parse error before 'j'"。双击该错误提示信息，在编辑窗口的源程序中高亮显示"j=m;"这一行，错误提示信息指出在 j 前有语法错误，仔细观察，引起错误的原因是 do…while 语句中 while 表达式后缺少分号。改正后，重新编译和连接，没有出现错误和警告信息。

（2）调试程序开始，设置两个断点，具体位置见源程序的注释。

（3）选择"调试"→"调试（P）"菜单命令（如图 1-4-1 所示），在弹出的运行窗口中输入"8"和"12"，程序执行到第一个断点处，局部变量窗口显示"m＝8，n＝12，j＝8，k＝2009198181"。若局部变量窗口没有打开，可选择"调试"→"局部变量窗口"菜单命令，即可打开局部变量窗口。

图 1-4-1　"调试"菜单

注意："调试"菜单（如图 1-4-1 所示）包括了图 1-3-3 所示的 Debug 工具栏中的所有功能，用户可以选择使用"调试"菜单或 Debug 工具栏调试程序。

（4）继续选择"调试"→"调试"菜单命令，程序运行到第二个断点处，局部变量窗口显示最小公倍数 j 的值是 8，结果显然错误，因为最小公倍数 j 的值应该是 24，说明第一个断点到第二个断点之间有错误。仔细分析程序，发现循环条件 j/n!＝0 错误，因为只有被 n 整除的 j 才是最小公倍数，循环条件应该是 j％n!＝0。

（5）选择"调试"→"退出调试"菜单命令，停止调试，回到编辑状态。改正错误后，重新编译和连接，并取消第二个断点，再次选择"调试"→"调试"菜单命令重新开始调试。在弹出的运行窗口中同样输入"8"和"12"，程序执行到断点处，停止，然后将光标定位到源程序中"j＝j＋m;"这一行，光标在这一行前闪烁，这就是当前的光标位置（如图 1-4-2 所示）。

（6）选择"调试"→"运行到光标处"菜单命令，程序运行到光标所在行（如图 1-4-3 所示）。在变量窗口中，第一次循环时 j 的值为 8。然后选择"调试"→"下一步"菜单命令，单步执行程序，注意观察编辑窗口左侧的箭头位置和局部变量窗口中各变量的值，重复上述过程，体验 while 循环过程。发现每循环一次，j 的值递增 8，直到当编辑窗口箭头位置变化到下一行时，即 while 循环语句结束后，变量窗口显示最小公倍数 j 的值是 24。

（7）把光标定位到"return 0;"这一行，再选择"调试"→"运行到光标处"菜单命令，程序运行到光标所在的语句行（如图 1-4-4 所示），变量窗口中显示 j 的值是 24，k 的值是 4，

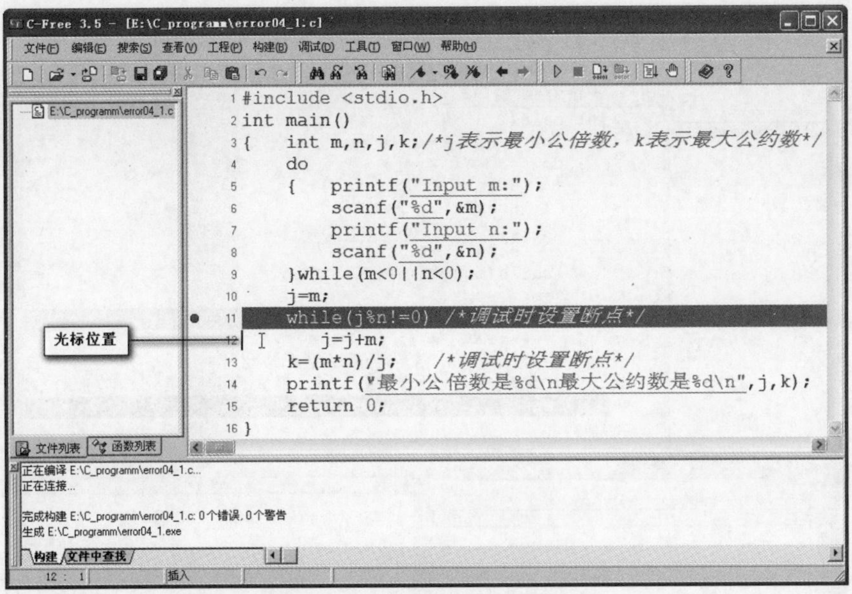

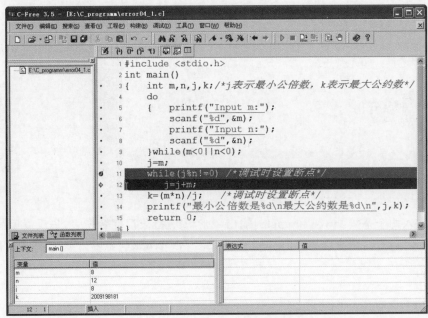

图 1-4-2　光标在程序中的位置

图 1-4-3　程序运行到光标的位置

正确。

（8）选择"调试"→"退出调试"菜单命令，程序结束调试。

2. 程序修改题

模仿以上调试样例，使用运行到光标位置、单步调试、断点调试和结合"调试"菜单调试程序的方法，改正下列程序中的错误。

（1）用 while 语句构成循环，求 10！。

图 1-4-4　程序运行到光标位置,观察变量 j 和 k 的值

有错误的源程序 error4_2.c:

```
#include <stdio.h>
int main()
{   int i;
    long f;
    while(i<=10)
        f=f*i;
        i++;
    printf("10!=%ld",f);
    putchar("\n");
    return 0;
}
```

(2) 输入两个整数 lower 和 upper,输出一张华氏-摄氏温度转换表,华氏温度的取值范围是[lower,upper],每次增加 2℉。转换公式如下(c 表示摄氏温度,f 表示华氏温度)。

$$c = \frac{5 \times (f - 32)}{9}$$

有错误的源程序 error4_3.c:

```
/*输出华氏-摄氏温度转换表*/
#include <stdio.h>
int main()
{   int fahr,lower,upper;              /* fahr 表示华氏度 */
    double celsius;                    /* celsius 表示摄氏度 */
    printf("Enter lower:");
    scanf("%d",&lower);
    printf("Enter upper:");
    scanf("%d",&upper);
```

```
    printf("fahr celsius\n");              /*显示表头*/
    /*温度转换*/
    for(fahr=lower,fahr<=upper,fahr++);
        celsius=5/9*(fahr-32.0);
        printf("%3.0f%6.1f\n",fahr,celsius);
    return 0;
}
```

（3）程序运行时,输入 10 个数,分别输出其中的最大值和最小值。

有错误的源程序 error4_4.c:

```
#include <stdio.h>
int main()
{  float x,max,min; int i;
   for(i=0;i<=10;i++)
   {  scanf("%f",x);
      if(i=1)
      {  max=x;min=x;
      }
      else
      {  if(x>max) max=x;
         if(x<min) min=x;
      }
   }
   printf("%f,%f\n",Max,Min);
   return 0;
}
```

扩展:输入一个正整数 n,再输入 n 个整数,输出绝对值最大的数。应如何编程实现?

（4）程序运行时输入整数 n,输出 n 的各位数字之和。例如,输入 $n=1308$,则输出 12;
$n=-3204$,则输出 9。

有错误的源程序 error4_5.c:

```
#include <stdio.h>
int main()
{  int n,s;
   scanf("%d",&n);
   n<0? -n:n;
   while(n>=0)
   {  s=s+n/10;
      n=n/10;
   }
   printf("%d\n",s);
   return 0;
}
```

（5）程序运行时输入 n,输出 n 的所有质数因子。例如,输入 n 为 60,则输出"60=2*
2*3*5"。

有错误的源程序 error4_6.c:

```
#include <stdio.h>
int main()
```

```
{    int n,i;
     scanf("%f",&n);
     printf("%d=",n);
     n=2;
     while(n>0)
         if(n%i==0)
         {   printf("%d * ",i);
             n=n * i;
         }
         else i++;
     printf("\b \n");
     return 0;
}
```

（6）找出 200 以内的所有完数，并输出其因子。一个数若恰好等于它的各因子之和，即称其为完数。例如，6＝1＋2＋3，其中 1、2、3 为因子，6 为因子和。

有错误的源程序 error4_7.c：

```
#include <stdio.h>
int main()
{   int i,j,s=1;
    for(i=1;i<=200;i++)
    {   for(j=2;j<=i/2;j++)
            if(i/j==0)s=s+j;
            if(s==i)
            {   printf("%d=1",i);
                for(j=2;j<=i/2;j++)
                    if(i/j==0) printf("+%d",j);
                printf("\n");
            }
    }
    return 0;
}
```

3. 程序填空题

完善下列程序，然后调试运行程序。

（1）对 $x=0.0, 0.5, 1.0, 1.5, 2.0, \cdots, 10.0$，求 $f(x)=x^2-5.5x+\sin(x)$ 的最大值。

有待完善的源程序 fill4_1.c：

```
#include <stdio.h>
#include <math.h>
#define   ①    x * x-5.5 * x+sin(x)
int main()
{   float x,max;
    max=   ②  ;
    for(x=0.5;x<=10;   ③   )
        if(f(x)>max)   ④  ;
    printf("%f\n",max);
    return 0;
}
```

（2）运行时输出下列结果。

```
abcdefg
 abcde
  abc
   a
```

有待完善的源程序 fill4_2.c：

```
#include <stdio.h>
int main()
{  int i,j; char k;
   for(i=1;i<=4;i++)
   {  for(j=1;j<i;j++) putchar(' ');
         ①  ;
      for(j=9-2*i;j>0;j--)
      {  k=(char)k++;
         printf("%c", ②  );
      }
      putchar('\n');
   }
   return 0;
}
```

（3）输入 m、n（要求输入的数均大于 0），输出它们的最大公约数。

有待完善的源程序 fill4_3.c：

```
#include <stdio.h>
int main()
{    ①   ;
   while(1)
   {  scanf("%d%d", &m, &n);
      if(m>0 && n>0)  ②   ;
   }
     ③   ;
   while(m%k!=0   ④   n%k!=0) k--;
   printf("%d\n", k);
   return 0;
}
```

（4）循环输入正整数 n（直到输入负数或者 0 结束），计算并显示满足条件 $2m \leqslant n \leqslant 2m+1$ 的 m 值。

有待完善的源程序 fill4_4.c：

```
#include <stdio.h>
#define F (t<=n && t*2>=n)
int main()
{  int m,t,n;
   while(scanf("%d", &n),   ①   )
   {  m=0;   ②   ;
      while(   ③   )
      {    ④   ;
         m++;
      }
      printf("%d  %d\n", n, m);
```

```
        }
    return 0;
}
```

(5) 循环输入若干整数(以 Ctrl＋Z 键结束循环),输出每个数的位数。例如:

```
234
234是3位整数
-1573
-1573是4位整数
2
2是1位整数
^Z
Press any key to continue...
```

有待完善的源程序 fill4_5.c:

```
#include <stdio.h>
int main()
{   int n,m,k;
    while(scanf("%d",&n)!=____①____)
    {   m=n;____②____;
        while(m!=0)
        {   k++;
            ____③____;
        }
        printf("%d是%d位整数\n",____④____);
    }
    return 0;
}
```

4. 程序设计题

(1) 输入一个正整数 n,计算 $1+2+3+\cdots+n$ 的值。

扩展:

① 输入一个正整数 n,计算 $n!(n!=1\times2\times3\times\cdots\times n)$。

② 输入一个正整数 $n(0\leqslant n\leqslant100)$,求 $\sum\limits_{i=n}^{100}i$。

③ 输入一个正整数 n,计算 $1^2+2^2+3^2+\cdots+n^2$ 的值。

④ 输入一个正整数 n,分别计算"$1+\dfrac{1}{3}+\dfrac{1}{5}+\cdots$""$1-\dfrac{1}{4}+\dfrac{1}{7}-\dfrac{1}{10}+\dfrac{1}{13}-\dfrac{1}{16}+\cdots$"

"$1-\dfrac{2}{3}+\dfrac{3}{5}-\dfrac{4}{7}+\dfrac{5}{9}-\dfrac{6}{11}+\cdots$"的前 n 项之和,输出时均保留 3 位小数。

⑤ 输入两个正整数 m 和 $n(m\leqslant n)$,求 $\sum\limits_{i=m}^{n}i$、$\sum\limits_{i=m}^{n}i!$、$\sum\limits_{i=m}^{n}\dfrac{1}{i}$ 和 $\sum\limits_{i=m}^{n}\left(i^2+\dfrac{1}{i}\right)$。

⑥ 输入实数 x 和正整数 n,计算 x^n,不允许调用 pow 函数求幂。

(2) 计算 $1\sim100$(含 100)范围内所有 7 的倍数的数值之和。

扩展:输入一批正整数(以 0 或负数为结束标志),求其中的奇数个数及奇数之和。

(3) 输入一个正整数 n,再输入 n 个学生的数学成绩,判断他们的成绩是否及格。如果成绩低于 60,输出"Fail";否则,输出"Pass"。

扩展：

① 输入一个正整数 n，再输入 n 个学生的百分制成绩，统计各等级成绩的个数。成绩等级分为 5 级，分别为 A(90～100)、B(80～89)、C(70～79)、D(60～69)、E(0～59)。

② 输入一个正整数 n，再输入 n 个字符，统计其中英文字母、空白符(空格、回车、制表符)、数字字符和其他字符的个数。

③ 查询水果的单价。有 4 种水果，苹果(apples)、梨(pears)、橘子(oranges)和葡萄(grapes)，单价分别是 3.00 元/kg、2.50 元/kg、4.10 元/kg 和 10.20 元/kg。在屏幕上显示以下菜单(编号和选项)，用户可以连续查询水果的单价，当查询次数超过 5 次时，自动退出查询；不到 5 次时，用户可以选择退出。当用户输入编号 1～4，显示相应水果的单价(保留一位小数)；输入"0"，退出查询；输入 0～4 之外的其他编号，显示价格为 0。

```
[1] apples
[2] pears
[3] oranges
[4] grapes
[0] exit
```

(4) 计算 2 的平方根、3 的平方根……10 的平方根之和。要求计算结果具有小数点后 10 位有效位数。

扩展：

① 数列第一项为 81，此后各项均为它前 1 项的正平方根，统计该数列前 30 项之和。

② 输出斐波那契(Fibonacci)数列 1,1,2,3,5,8,13,…的前 30 项。此数列的规律是：前两项的值各为 1，从第 3 项起，每一项都是前 2 项的和。要求一行输出 6 项。

③ 输入一个正整数 n，输出 2/1＋3/2＋5/3＋8/5＋…的前 n 项之和，保留两位小数(该数列从第二项起，每一项的分子是前一项分子与分母的和，分母是前一项的分子)。

④ 输入两个正整数 a 和 n，求 $a＋aa＋aaa＋aa…a$(n 个 a)之和。例如，输入"2"和"3"，输出"246(2＋22＋222)"。

(5) 皮球从 height 米的高度自由落下，触地后反弹到原高度的一半，再落下，再反弹，如此反复。皮球在第 n 次反弹落地时，在空中经过的路程是多少？第 n 次反弹的高度是多少？(输出保留一位小数)

扩展：(猴子吃桃问题)猴子第一天摘下若干桃子，当即吃了一半，还不过瘾，又多吃了一个。第二天早上又将剩下的桃子吃掉一半，又多吃了一个。以后每天早上都吃了前一天剩下的一半零一个。到第 10 天早上想再吃时，就只剩下一个桃子了。求第一天共摘多少个桃子？

(6) 在正整数中找出一个最小的、满足条件"被 3、5、7、9 除余数分别为 1、3、5、7"的数。

扩展：

① 计算并显示满足条件 $1.05^n ＜ 10^6 ＜ 1.05^{n+1}$ 的 n 值以及 1.05^n。

② 在中国数学史上，广泛流传着一个"韩信点兵"的故事：韩信是汉高祖刘邦手下的大将，他英勇善战，智谋超群，为汉朝建立了卓越的功劳。据说韩信的数学水平也非常高超，他在点兵的时候，为了知道有多少个士兵，同时又能保住军事机密，便让士兵排队报数：按从 1 至 5 报数，记下最末一个士兵报的数为 1；再按从 1 至 6 报数，记下最末一个士兵报的数为 5；再按从 1 至 7 报数，记下最末一个士兵报的数为 4；最后按从 1 至 11 报数，最末一个士兵

报的数为 10；你知道韩信至少有多少个士兵吗？

（7）输入一个正整数 n，判断它是否为素数（prime，又称质数）。素数是指只能被 1 和自身整除的正整数，最小的素数是 2。

扩展：

① 输入两个正整数 m 和 $n(m \geqslant 1, n \leqslant 500)$，输出 m 到 n 之间的所有素数，每行输出 6 个。

② 形如 $2^n - 1$ 的素数称为梅森数（Mersenne Number）。例如 $2^2 - 1 = 3$、$2^3 - 1 = 7$ 都是梅森数。1722 年，双目失明的瑞士数学大师欧拉证明了 $2^{31} - 1 = 2\ 147\ 483\ 647$ 是一个素数，堪称当时世界上"已知最大素数"的一个记录。输出指数 $n < 20$ 的所有梅森数。

③ 输入两个正整数 m 和 $n(m \geqslant 100, n < 1000)$，输出 m 到 n 之间的所有水仙花数。水仙花数是指各位数字的立方和等于其自身的数。例如，153 的各位数字的立方和是 $1^3 + 5^3 + 3^3 = 153$。

（8）输入一个正整数 n，用 3 种方法分别计算下式的和（保留 4 位小数）。

$$e = 1 + \frac{1}{1!} + \frac{1}{2!} + \frac{1}{3!} + \cdots + \frac{1}{n!}$$

① 使用一重循环，不使用自定义函数。

② 使用嵌套循环。

③ 定义和调用函数 $fact(n)$ 计算 n 的阶乘。

扩展：

① 输入实数 x 和正整数 n，计算多项式 $1 + \frac{x}{1!} + \frac{x^2}{2!} + \frac{x^3}{3!} + \cdots + \frac{x^n}{n!}$ 的和。

② 计算 $1 - \frac{1}{3!} + \frac{1}{5!} - \frac{1}{7!} + \cdots$ 的和直到末项的绝对值小于 10^{-10} 时为止。

③ 输入实数和正数 eps，计算多项式 $1 - x + \frac{x^2}{2!} - \frac{x^3}{3!} + \frac{x^4}{4!} - \frac{x^5}{5!} + \cdots$ 的和，直到末项的绝对值小于 eps 为止。

（9）有若干只鸡和兔在同一个笼子里，从上面数，有 35 个头；从下面数，有 94 只脚。求笼中各有几只鸡和兔？

扩展：

① 已知 $abc + cba = 1333$，其中 a、b、c 均为一位数，求出 a、b、c 分别代表什么数字。

②（百鸡问题）公鸡 5 钱一只，母鸡 3 钱一只，小鸡 1 钱 3 只。若有 100 钱要买 100 只鸡，请问怎么买？

③ 将一笔钱（大于 8 分，小于 1 元，精确到分）换算成 1 分、2 分和 5 分的硬币组合。输入金额，问有几种换算方法？针对每一种换算方法，输出各种面额的硬币数量，要求每种硬币至少有一枚。

④ 统计满足条件 $x^2 + y^2 + z^2 = 2013$ 的所有正整数解的个数（若 a、b、c 是一个解，则 a、c、b 也是一个解）。

（10）输出以下图案：

```
        *
       ***
      *****
     *******
      *****
       ***
        *
```

扩展：输入一个正整数 $n(n<7)$，输出 n 行由大写字母 A 开始构成的三角形字符阵列图形。例如，输入 4，则输出以下 4 行三角形：

```
A B C D
E F G
H I
J
```

（11）输入一个整数，将它逆序输出。例如，输入"123"，输出"321"；输入"-123"，输出"-321"；输入"0"，输出"0"。

扩展：

① 输入一个整数，从高位开始逐位分割并输出它的各位数字。例如，输入"123456"，则输出"1 2 3 4 5 6"。

② 输入一个整数，计算该数的位数 n 并输出该数的低 $n-1$ 位。例如，输入"123456"，则 $n=6$，输出"2 3 4 5 6"。

【实验结果和分析】

（1）将 C 语言源程序、运行结果写在实验报告上。

（2）分析源程序和运行结果，并将遇到的问题和解决问题的方法写在实验报告上。

実验 **5** 函数程序设计

【实验目的】

(1) 熟练掌握函数的声明、定义和调用方法。
(2) 熟练掌握使用函数编写程序的方法。
(3) 掌握函数实参和形参之间传递数据信息的方式,理解返回值的概念。
(4) 掌握局部变量与全局变量在函数中的运用。
(5) 掌握函数的嵌套调用和递归调用的方法。
(6) 掌握单步调试进入函数和跳出函数,以及综合调试的方法。

【实验内容】

1. 调试样例

使用单步调试进入函数和跳出函数以及综合调试的方法,改正下列程序中的错误。根据下式求 π 的值,直到某一项小于 10^{-6}。

$$\frac{\pi}{2} = 1 + \frac{1!}{3} + \frac{2!}{3 \times 5} + \frac{3!}{3 \times 5 \times 7} + \frac{4!}{3 \times 5 \times 7 \times 9} + \cdots + \frac{n!}{3 \times 5 \times \cdots \times (2n+1)}$$

有错误的源程序 error5_1.c:

```
#include <stdio.h>
int main()
{   int i;
    double sum=1,item=1,eps=1e-6;
    for(i=1;item>=eps;i++)
    {   item=fact(i)/multi(2*i+1);          /* 调试时设置断点 */
        sum=sum+item;
    }                                        /* 调试时设置断点 */
    printf("PI=%.5lf\n",sum*2);
    return 0;
}
int fact(int n);
{   int i;
    int res;
    for(i=1;i<=n;i++)
        res=res*i;
    return res;                              /* 调试时设置断点 */
}
```

```
int multi(int n)
{   int i;
    int res=1;
    for(i=3;i<=n;i=i+2)
        res=res * i;
    return res;                              /* 调试时设置断点 */
}
```

(1) 打开源程序 error5_1.c,编译程序,出现的第一条错误提示信息是"implicit declaration of function 'int fact[…]'";第二条错误提示信息是"implicit declaration of function 'int multi[…]'"。双击第一条错误提示信息,则在编辑窗口的源程序中高亮显示"{item=fact(i)/multi(2*i+1);"这一行,错误提示信息指出"与函数'int fact[…]'的隐式声明不相符",该错误是因为使用的函数没有原型声明而产生的。因为自定义函数在主函数之后,所以在主函数之前或在主函数内定义变量之前应对该自定义函数进行函数原型声明。函数原型声明的格式为"类型符 函数名(形式参数);",即在函数首部后加一个分号(形参名可不写)。因而,对于此程序,应在 main 函数之前或在 main 函数内定义变量"int i;"前添加下列两条函数声明语句:"int fact(int n);int multi(int n);"(如图 1-5-1 第 2、3 行所示)。然后重新编译程序,出现的第一条错误提示信息为"parse error before '{'"。双击该错误提示信息,则在编辑窗口的源程序中高亮显示"{ int i;"这一行,错误提示信息指出在{之前有语法错误,仔细观察,引起错误的原因是自定义 fact 函数首部"int fact(int n);"多了一个分号。函数首部行尾不可以使用分号,分号意味着函数定义结束,函数体变成空语句,而真正的函数体成为多余。改正后重新编译和连接,未出现错误和警告信息。

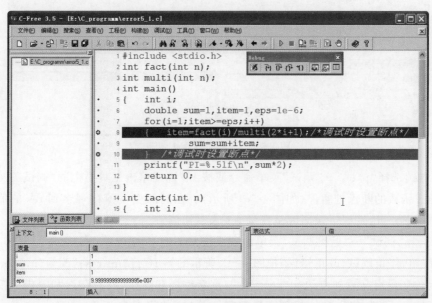

图 1-5-1 程序运行到第一个断点位置

注意:C 语言要求函数定义在前,调用在后;若定义在后,调用在前,必须使用被调函数的原型声明。但实际上返回值类型为整型(int)或字符型(char)时无此要求。

(2) 运行程序,运行结果为 PI=2.000000,结果显然错误,说明程序存在逻辑错误,需要调试修改。

（3）调试程序开始，设置 4 个断点，具体位置见源程序的注释。

（4）选择"调试"→"调试"菜单命令，也可以按 F9 键或单击工具栏上的"调试"按钮，程序运行到第一个断点处暂停（如图 1-5-1 所示）。

（5）选择"调试"→"单步进入"菜单命令，也可以按 F7 键或单击 Debug 工具栏上的"单步进入"按钮，进入函数 fact 调试，箭头表示程序已经运行到函数 fact 内（如图 1-5-2 所示）。

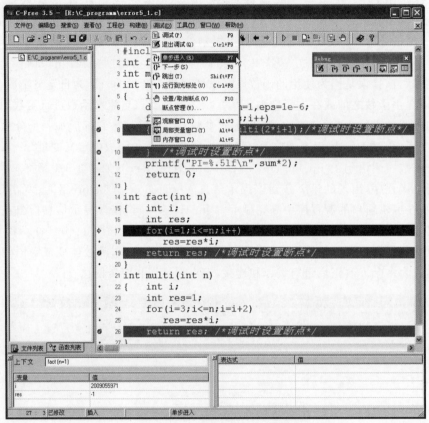

图 1-5-2　进入函数 fact 调试

（6）继续选择"调试"→"调试"菜单命令或按 F9 键或单击工具栏上的"调试"按钮，程序运行到 fact 函数的断点处暂停（如图 1-5-3 所示）。在局部变量窗口观察到 res 的值是−1，不正确。仔细分析，发现错误原因是变量 res 未赋初值。

（7）选择"调试"→"退出调试"菜单命令或按 Ctrl＋F9 键或单击 Debug 工具栏上的"退出调试"按钮，停止调试，改正错误，把图 1-5-3 所示的第 16 行"int res;"改为"int res＝1;"或在 fact 函数变量定义后加上语句"res＝1;"，重新编译和连接，没有错误和警告。按以上步骤，执行到 fact 函数的断点处，局部变量窗口显示 res 的值为 1，正确。

（8）再次选择"调试"→"调试"菜单命令或按 F9 键或单击工具栏上的"调试"按钮，程序执行到 multi 函数的断点处，局部变量窗口显示 res 的值为 3，正确。

（9）现在需要从被调函数返回到主调函数，选择"调试"→"跳出"菜单命令或按 Shift＋F7 键或单击 Debug 工具栏上的"跳出"按钮，程序返回到主调函数。再次单击工具栏上的

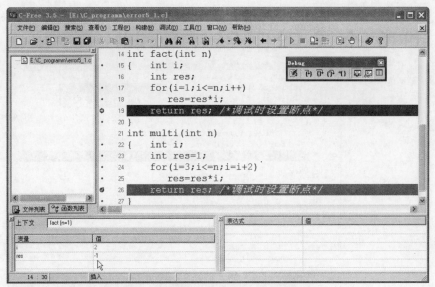

图 1-5-3　程序运行到函数 fact 的断点位置

"调试"按钮,程序执行到 main 函数的第二个断点处,局部变量窗口显示 sum 的值还是 1,而此时 sum 的值应该是 1+1!/3。把鼠标指针指向变量 item(如图 1-5-4 所示),看到 item 的值是 0,而调用函数计算的分子和分母的值均正确,出错原因在于函数的返回值类型是整型,故 1/3 得到 0。

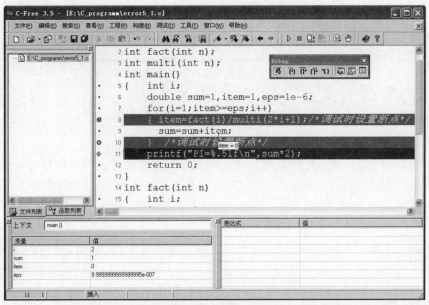

图 1-5-4　鼠标指针指向变量时,自动显示变量的值

注意:变量 item 的值可以在局部变量窗口和观察窗口中查看,通过鼠标指针指向变量来查看变量值的方法更方便。

(10) 单击 Debug 工具栏上的"退出调试"按钮,停止调试,改正错误,把函数 fact 和函数 multi 的类型,以及变量 res 的类型都由 int 改定义为 double(如图 1-5-5 所示),重新编译和连接,没有出现错误和警告信息。

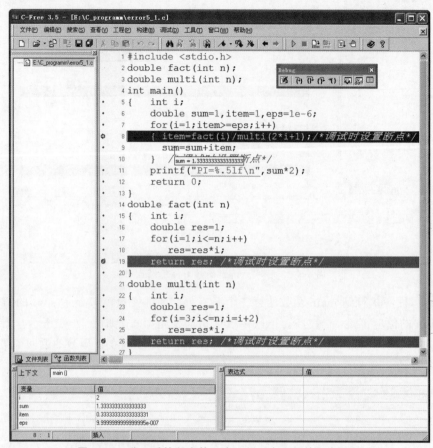

图 1-5-5　改正后的程序第二次运行到主函数的断点位置

(11) 先取消 main 函数中的第二个断点,再单击工具栏上的"调试"按钮 4 次,程序第二次运行到主函数的断点处,变量窗口显示 sum 的值为 1.33333333333333333,这就是 1+1!/3 的值(如图 1-5-5 所示)。

(12) 再次单击工具栏上的"调试"按钮 3 次,程序第三次运行到主函数的断点处,变量窗口显示 sum 的值为 1.46666666666666666,这就是 $1+1!/3+2!/(3*5)$ 的值。

(13) 取消所有断点,在图 1-5-5 所示的 main 函数的第 12 行"return 0;"处设置一个断点。

(14) 单击工具栏上的"调试"按钮,程序运行到断点处暂停,输出"PI=3.14159",运行结果正确。

(15) 单击 Debug 工具栏上的"退出调试"按钮,程序结束调试。

2. 程序修改题

模仿以上调试样例,使用设置断点、运行到断点处和取消断点、单步调试进入函数和跳出函数以及综合调试的方法,改正下列程序中的错误。

(1) 统计 100~999 有多少满足下列要求的整数:各位数字之和是 5,并计算这些整数的和。要求定义并调用函数 is(number)以判断 number 的各位数字之和是否等于 5。

有错误的源程序 error5_2.c：

```
#include <stdio.h>
int is(int number);
int main()
{  int count,i,sum;
   count=0;
   sum=0;
   for(i=100;i<=999;i++)
     if(is(i)=1)
     {  count++;
        sum=sum+i;
     }
   printf("count=%d,sum=%d\n",count,sum);
   return 0;
}
int is(int number)
{  int a,b,c,result,sum;
   a=number/100;
   b=(number/10)/10;
   c=number%10;
   sum=a+b+c;
   if(sum==5) result=1;
   else result=0;
}
```

(2) 输入实数 x 和正整数 n，计算 x^n，要求定义和调用 $mypow(x,n)$ 函数以计算 x^n。

有错误的源程序 error5_3.c：

```
#include <stdio.h>
double mypow(double x,int n)
int main()
{  int n;
   double result,x;
   printf("Enter x,n:");
   scanf("%lf%d",&x,&n);
   result=mypow(x,n);
   printf("result=%f\n",result);
   return 0;
}
double mypow(double x,int n);
{  int i;
   double result;
   result=1;
   for(i=1;i<=n;i++)
       result=result * i;
   return result;
}
```

扩展：循环输入 x、n，调用递归函数以计算 x^n。当输入的 n 小于 0 时，结束循环。

有错误的源程序 error5_4.c：

```
#include <stdio.h>
float f(float x,int n)
```

```
{  if(n==1)
     return 1;
   else
     return f(x,n-1);
}
int main()
{  float y,z; int m;
   while(1)
   {  scanf("%f%d",&y,&m);
      if(m>=0) break;
      z=f(m,y);
      printf("%f\n",z);
   }
   return 0;
}
```

（3）求1!+2!+…+10!，要求定义并调用函数 fact(n) 以计算 n!，函数类型是 double。
有错误的源程序 error5_5.c：

```
#include <stdio.h>
int main()
{  int i;
   double sum;
   for(i=1;i<=10;i++)
       sum=sum+fact(i);
   printf("1!+2!+…+10!=%f\n",sum);
   return 0;
}
double fact(int n)
{  int i;
   double result;
   for(i=0;i<=n;i++)
     fact(n)=fact(i-1) * i;
   return result;
}
```

（4）输入两个整数，分别将其逆向输出，要求定义并调用函数 reverse(n)，它的功能是
返回 n 的逆向值。例如，reverse(123) 的返回值是 321。

有错误的源程序 error5_6.c：

```
#include <stdio.h>
int main()
{  int x,y;
   scanf("%d%d",&x,&y);
   printf("%d 的逆向是%d\n",x,reverse(x));
   printf("%d 的逆向是%d\n",y,reverse(y));
   return 0;
}
int reverse(int n)
{  int m,res;
   res=0;
   if(n<0)m=n;
```

```
    else m=-n;
    while(m==0)
    {   res=res * 10+m/10;
        m=m%10;
    }
    if(n>=0)return res;
    else return -res;
}
```

（5）分别输入两个复数的实部与虚部，用函数实现计算两个复数之积。若两个复数分别为 $c1＝x1＋(y1)i, c2＝x2＋(y2)i$，则 $c1×c2＝(x1×x2－y1×y2)＋(x1×y2+x2×y1)i$。

有错误的源程序 error5_7.c：

```
#include <stdio.h>
float result_r,result_i;                    /* 全局变量,用于存放函数结果 */
int main()
{   float r1,r2,i1,i2;                       /* 两个复数的实、虚部变量 */
    printf("Enter 1st complex number(real and imaginary):");
    scanf("%f%f",&r1,&i1);                   /* 输入第一个复数 */
    printf("Enter 2st complex number(real and imaginary):");
    scanf("%f%f",&r2,&i2);                   /* 输入第二个复数 */
    complex_prod(r1,i1,r2,i2);               /* 求复数的积 */
    printf("product of complex is %f+%fi\n",result_r,result_i);
    return 0;
}
/* 定义求复数的积的函数 */
void complex_prod(float x1,y1,x2,y2);
{   float result_r,result_i;
    result_r=x1 * x2-y1 * y2;
    result_i=x1 * y2+x2 * y1;
    return result_r,result_i;
}
```

提示：全局变量的作用范围从定义处到程序结束，但当函数的局部变量与全局变量同名时，函数内以局部变量为准，全局变量不起作用。

（6）输入一个整数 $n(n\geqslant0)$ 和一个双精度浮点数 x，输出函数 $p(n,x)$ 的值，保留两位小数。

$$P(n,x)=\begin{cases}1 & (n=0)\\x & (n=1)\\((2n-1)×P(n-1,x)-(n-1)×P(n-2,x))/n & (n>1)\end{cases}$$

有错误的源程序 error5_8.c：

```
#include <stdio.h>
int main()
{   int n;
    double x,result;
    printf("Enter n,x:");
    scanf("%d%lf",&n,&x);
    result=p(n,x);
    printf("P(%d,%.2lf)=%.2lf\n",n,x,result);
```

```
    return 0;
}
double p(int n,double x)
{   p(n,x)=((2*n-1)*p(n-1,x)-(n-1)*p(n-2,x))/n;
    return p(n,x);
}
```

3. 程序填空题

完善下列程序,然后调试运行程序。

(1) 调用函数 f,将一个整数首尾倒置。

有待完善的源程序 fill5_1.c:

```
#include <stdio.h>
#include < ___①___ >
long f(long n)
{   long m=fabs(n),y=0;
    while( ___②___ )
    {   y=y*10+m%10;
        ___③___ ;
    }
    return n<0? -y: ___④___ ;
}
int main()
{   printf("%ld\t",f(12345));
    printf("%ld\n",f(-34567));
    return 0;
}
```

扩展:用递归方法实现对一个整数的逆序输出,应如何编程实现?

(2) 数列的第一、二项均为1,此后各项的值均为该项的前两项的和。要求:计算数列第 24 项的值。

有待完善的源程序 fill5_2.c:

```
#include <stdio.h>
long f(int);
int main()
{   printf("%ld\n", ___①___ );
    return 0;
}

___②___
{   if(n==1 || n==2)
        ___③___ ;
    else
        return ___④___ ;
}
```

4. 程序设计题

(1) 给定平面任意两点坐标(x1,y1)和(x2,y2),求这两点之间的距离(保留两位小数)。要求定义和调用函数 dist(x1,y1,x2,y2),计算两点间的距离。例如,若输入的 x1=10, y1=10,x2=200,y2=100,则输出这两点间距离为 210.24。

（2）读入一个整数，统计并输出该数中数字 2 的个数。要求定义并调用函数 countdigit(number,digit)，它的功能是统计整数 number 中数字 digit 的个数。例如，countdigit(10090,0)的返回值是 3。

（3）输入两个正整数 a 和 n，求 $a+aa+aaa+aa\cdots a(n$ 个 $a)$ 之和。要求定义并调用函数 $fn(a,n)$，它的功能是返回 $aa\cdots a(n$ 个 $a)$。例如，$fn(3,2)$ 的返回值是 33。

（4）按下面要求编写程序：

① 定义函数 fun(x)，计算 $x^2-6.5x+2$，函数返回值类型是 double。

② 输出一张函数列表（如下所示），x 的取值范围是 $[-3,+3]$，每次增加 0.5，$y=x^2-6.5x+2$。要求调用函数 fun(x)，计算 $x^2-6.5x+2$。

$$
\begin{array}{cc}
x & y \\
-3.00 & 30.50 \\
-2.50 & 24.50 \\
\vdots & \vdots \\
2.50 & -8.00 \\
3.00 & -8.50
\end{array}
$$

（5）按下面要求编写程序：

① 定义函数 cal_power(x,n)，计算 x 的 n 次幂（即 x^n），函数返回值类型是 double。

② 定义函数 main()，输入 double 类型的数 x 和正整数 n，计算并输出下列算式的值。要求调用函数 cal_power(x，n)，计算 x 的 n 次幂。

$$
s=\frac{1}{x}+\frac{1}{x^2}+\frac{1}{x^3}+\cdots+\frac{1}{x^n}
$$

（6）按下面要求编写程序：

① 定义函数 $f(n)$，计算 $n\times(n+1)\times\cdots\times(2n-1)$，函数返回值类型是 double。

② 定义函数 main()，输入正整数 n，计算并输出下列算式的值。要求调用函数 $f(n)$，计算 $n\times(n+1)\times\cdots\times(2n-1)$。

$$
s=1+\frac{1}{2\times3}+\frac{1}{3\times4\times5}+\cdots+\frac{1}{n\times(n+1)\times\cdots\times(2n-1)}
$$

扩展：

① 若要求计算 $s_1=1+\dfrac{1+2}{2\times3}+\dfrac{1+2+3}{3\times4\times5}+\cdots+\dfrac{1+2+3+\cdots+n}{n\times(n+1)\times\cdots\times(2n-1)}$，应如何编程实现？

② 若要求不使用自定义函数而使用嵌套循环分别计算并输出上式 s 和 s_1 的值，应如何编程实现？

（7）从 n 个不同的元素中，每次取出 k 个不同的元素，不管其顺序合并成一组，称为组合。组合种数计算公式如下：

$$
C_n^k=\frac{n!}{(n-k)!k!}
$$

① 定义函数 fact(n)，计算 n 的阶乘 $n!$，函数返回值类型是 double。

② 定义函数 cal(k,n)，计算组合种数，函数返回值类型是 double，要求调用函数 fact(n) 计算 n 的阶乘。

③ 定义函数 main()，输入正整数 n，输出 n 的所有组合种数 $C_n^k (1 \leqslant k \leqslant n)$，要求调用函数 cal($k$,$n$)计算组合数。

(8) 某客户为购房办理商业贷款，选择了按月等额本息还款法，在贷款本金(loan)和月利率(rate)一定的情况下，住房贷款的月还款额(money)取决于还款月数(month)，计算公式如下。客户打算在 5 到 30 年的范围内选择还清贷款的年限，想得到一张"还款年限-月还款额表"以供参考。

$$money = loan \times \frac{rate(1 + rate)^{month}}{(1 + rate)^{month} - 1}$$

① 定义函数 cal_power(x,n)，计算 x 的 n 次幂(即 x^n)，函数返回值类型是 double。

② 定义函数 cal_money(loan, rate, month)计算月还款额，函数返回值类型是 double，要求调用函数 cal_power(x,n)计算 x 的 n 次幂。

③ 定义函数 main()，输入贷款本金 loan(元)和月利率 rate，输出"还款年限-月还款额表"，还款年限的范围是 5 至 30 年，输出时分别精确到年和元。要求调用函数 cal_money(loan,rate，month)计算月还款额。

(9) 输入两个正整数 m 和 n，统计并输出 m 和 n 之间的素数的个数以及这些素数的和。素数是只能被 1 和自身整除的正整数，最小的素数是 2。要求定义并调用函数 prime(m)，判断 m 是否为素数。当 m 为素数时返回 1，否则返回 0。

扩展：

① 若在本题的基础上再要求同时输出素数，每行输出 3 个，应如何修改程序？若只输出前 3 个素数，应如何修改程序？若要求从第 3 个素数开始才输出，又如何修改程序？

② 若把本题改为：输入任意一个大于或等于 6 的偶数 n，要求将输入的 n 表示为两个素数之和，例如 6＝3＋3,8＝3＋5,10＝3＋7,10＝5＋5,……应如何编程实现？若要求将 6～100 的偶数都表示成两个素数之和，打印时一行打印 5 组，又如何编程实现？

③ 若把本题中的素数改为完数并同时输出完数(完数就是因子和与它本身相等的数，1 不是完数)。要求定义并调用函数 factorsum(number)，它的功能是返回 number 的因子和，例如，factorsum(16)的返回值是 16(1＋2＋3＋4＋6)。应如何编程实现？

④ 若把本题中的素数改为水仙花数并同时输出水仙花数(水仙花数是指一个 3 位自然数，其各位数字的立方和等于该数本身)。要求定义并调用函数 judge(number)，判断 number 的各位数字之立方和是否等于其自身。应如何编程实现？

⑤ 编写一个函数，利用参数传入一个 3 位数 number，找出 101 至 number 之间所有满足下列两个条件的数：它是完全平方数，又有两位数字相同，如 144、676 等，函数返回找出这样的数的个数，并编写主函数。例如，number 为 150 时，函数返回值为 2。

(10) 输入精度 e，用下列公式求 cos$x$ 的近似值，精确到最后一项的绝对值小于 e。要求定义和调用函数 funcos(e,x)，求余弦函数的近似值。

$$\cos x = \frac{x^0}{0!} - \frac{x^2}{2!} + \frac{x^4}{4!} - \frac{x^6}{6!} + \cdots$$

(11) 输入一个正整数 n，将其转换为二进制后输出。要求定义并调用函数 dectobin(n)，它的功能是输出 n 的二进制数。例如，调用 dectobin(10)，输出 1010。

扩展：若要求将其分别转换为八进制和十六进制后输出，应如何修改程序？

（12）输入两个正整数 m 和 n，输出 m 至 n 之间所有的 Fibonacci 数。Fibonacci 数列（第一项起）：1,1,2,3,5,8,13,21,…要求定义并调用函数 fib(n)，它的功能是返回第 n 项 Fibonacci 数。例如，fib(7)的返回值是 13。

【实验结果和分析】

（1）将 C 语言源程序、运行结果写在实验报告上。

（2）分析源程序和运行结果，并将遇到的问题和解决问题的方法写在实验报告上。

实验 **6** 数组程序设计

【实验目的】

(1) 熟练掌握一维数组的定义、引用及应用。
(2) 熟练掌握二维数组的定义、引用及应用。
(3) 熟练掌握字符数组的定义、引用及应用。
(4) 掌握基本的与数组相关的查找与排序算法。
(5) 掌握数组作为函数参数的使用。
(6) 掌握一维数组、二维数组及字符串的调试方法。

【实验内容】

1. 调试样例

使用二维数组的调试方法，改正下列程序中的错误。输入两个正整数 m 和 $n(m \geqslant 1$，$n \leqslant 6)$，然后输入该 m 行 n 列二维数组 a 中的元素，分别求出各行元素之和并输出。

有错误的源程序 error6_1.c：

```
#include <stdio.h>
int main(void)
{   int a[6][6],i,j,m,n,sum;
    printf("Enter m,n:");
    scanf("%d%d",&m,&n);
    printf("Enter array:\n");
    for(i=0;i<m;i++)                        /* 调试时设置断点 */
        for(j=0;i<n;j++)
            scanf("%d",&a[i][j]);
    sum=0;                                  /* 调试时设置断点 */
    for(i=0;i<m;i++)
    {   for(j=0;j<n;j++)
            sum=sum+a[i][j];
        printf("sum of row %d is %d\n",i,sum);  /* 调试时设置断点 */
    }
    return 0;                               /* 调试时设置断点 */
}
```

(1) 打开源程序 error6_1.c，对程序进行编译和连接，没有出现错误和警告信息。

(2) 运行程序，输入"3"和"2"，再输入"6 2 1 −4 13 −2"，运行窗口没有任何输出结果，说明程序有问题。关闭运行窗口，准备调试程序。

（3）调试程序开始，先在语句"sum＝0;"所在行设置一个断点。单击工具栏上的"调试"按钮，运行程序，输入"3"和"2"，再输入"6 2 1 −4 13 −2"，发现运行窗口仍等待数据的输入，并未停留在断点处，出现死循环现象，说明有错误。

（4）单击 Debug 工具栏上的"退出调试"按钮，停止调试，在如图 1-6-1 所示行号为 7 的语句处设置第一个断点，具体位置见源程序的注释。然后单击工具栏上的"调试"按钮，运行程序，依次输入"3"和"2"，程序运行到第一个断点处，在局部变量窗口和观察窗口中都可以查看输入的 m 和 n 的值，均正确（如图 1-6-1 所示）。

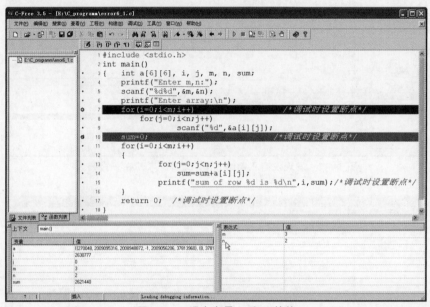

图 1-6-1　观察变量 m 和 n 的值

（5）单击 Debug 工具栏上的"下一步"按钮 3 次，在运行窗口中输入"6"后按 Enter 键，此时输入的为 a[0][0]，右击观察窗口，弹出菜单，选择"添加观察"命令，在弹出的对话框中输入"a[0][0]"，查看变量 i、j、a[0][0] 的值，正确。单击"下一步"按钮两次，输入"2"后按 Enter 键，此时输入的为 a[0][1]，查看变量 i、j、a[0][1] 的值，正确。再次单击"下一步"按钮两次，输入"1"后按 Enter 键，此时输入的为 a[1][0]，查看变量 i、j、a[1][0] 的值，发现 a[1][0] 的值不是输入的 1，而是随机值（如图 1-6-2 所示）。另外，变量 i 仍然为 0，并没有按照预想的增 1，开始下一轮外循环。仔细分析程序，原来第二条 for 语句有问题，循环条件控制语句应该是 j＜n，而源代码误写为 i＜n，导致内循环为死循环，所以程序才一直需要输入。

（6）找出问题后，单击"退出调试"按钮，停止调试，将"for(j＝0;i＜n;j＋＋)"改为"for(j＝0;j＜n;j＋＋)"后，重新编译和连接，没有错误和警告。

（7）重新开始调试。取消前两个断点，在语句"printf("sum of row %d is %d\n",i,sum);"所在行设置第三个断点，单击工具栏上的"调试"按钮，输入数据后程序运行到断点处，观察窗口显示输入数据正确（如图 1-6-3 所示），且计算出第一行元素的和为 8，正确。

（8）再次单击"调试"按钮，程序运行到断点处，此时已经计算出第二行元素的和 sum 为 5（如图 1-6-4 所示），程序错误，正确应该为 −3。

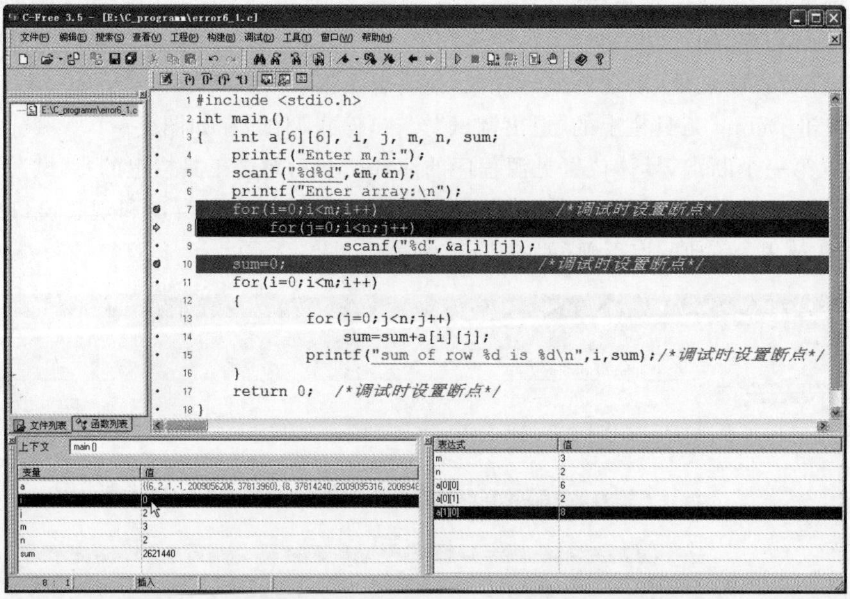

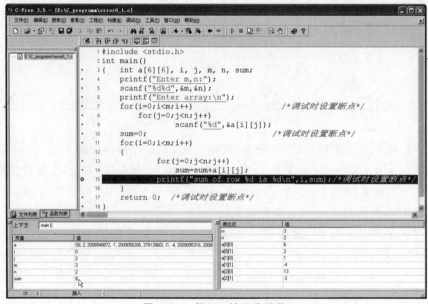

图 1-6-2　发现没有正确给 a[1][0] 赋值，j 却在一直增大

图 1-6-3　数组 a 被正确赋值

（9）通过分析发现，求第二行元素之和时，sum 的初始值并不等于 0，而是第一行元素的和。单击 Debug 工具栏上的"退出调试"按钮，停止调试，把"sum＝0;"移到第一个 for 循环内，重新编译和连接。

（10）重新开始调试，单击工具栏上的"调试"按钮，输入数据后程序运行到断点处，观察 sum 值为 8，正确；再次单击"调试"按钮，观察 sum 值为－3，正确；再次单击"调试"按钮，观察 sum 值为 11，正确（如图 1-6-5 所示）。

（11）取消设置的第 3 个断点，然后在语句"return 0;"所在行设置一个断点。

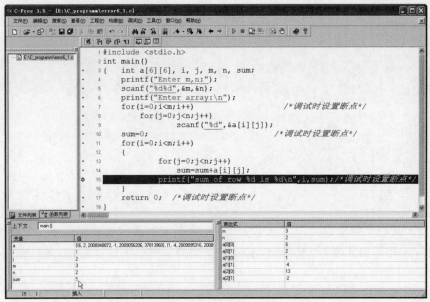

图 1-6-4　sum 计算不正确

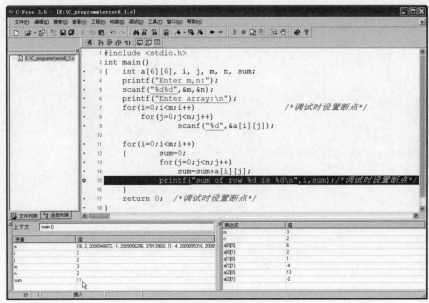

图 1-6-5　sum 计算正确

（12）单击工具栏上的"调试"按钮，在运行窗口中输入数据后，程序运行到断点处暂停，运行结果正确。

（13）单击 Debug 工具栏上的"退出调试"按钮，程序结束调试。

2. 程序修改题

模仿以上调试样例，改正下列程序中的错误。

（1）显示两个数组中数值相同的元素。

有错误的源程序 error6_2.c：

```
#include <stdio.h>
int main()
{  int i;
   int a[6]={1,3,5,7,9,11};
   int b[7]={2,5,7,9,12,16,3};
   for(i=0;i<=6;i++)
   {  for(j=0;j<7;j++)
          if(a[i]=b[j]) break;
      if(j>=7)
      printf("%d ",a[i]);
   }
   printf("\n");
   return 0;
}
```

（2）设 a 是一个整型数组，n 和 x 都是整数，数组 a 中各元素的值互异。在数组 a 的元素中查找与 x 相等的元素，如果找到，输出 x 在数组 a 中的下标位置；如果没有找到，输出"没有找到与 x 相等的元素！"。

有错误的源程序 error6_3.c：

```
#include <stdio.h>
int main()
{  int i,n,x,a[10];
   printf("输入数组元素的个数：");
   scanf("%d",&n);
   printf("输入数组中的%d 个元素：",n);
   for(i=0;i<n;i++)
       scanf("%d",a[i]);
   printf("输入 x：");
   scanf("%d",&x);
   for(i=0;i<n;i++)
       if(a[i]!=x) break;
   if(i!=n)
       printf("没有找到与%d 相同的元素！\n",x);
   else
       printf("和%d 相同的元素是 a[%d]=%d\n",x,i,a[i]);
   return 0;
}
```

（3）用选择法对 10 个整数按升序排序。

有错误的源程序 error6_4.c：

```
#include <stdio.h>
#define N 10
int main()
{  int i,j,min,temp;
   int a[N]={5,4,3,2,1,9,8,7,6,0};
   printf("排序前：");
   for(i=0;i<n;i++)
       printf("%4d",a[i]);
   putchar('\n');
   for(i=0;i<N-1;i++)
```

```
{   min=0;
    for(j=i+1;j<N;j++)
        if(a[j]>a[min]) min=j;
    temp=a[min];a[min]=a[i];a[i]=temp;
}
printf("排序后:");
for(i=0;i<N;i++) printf("%4d",a[i]);
putchar("\n");
}
```

（4）输入一个正整数 n(0＜n＜9)和一组(n 个)有序的整数,再输入一个整数 x,把 x 插入这组数据中,使该组数据仍然有序。

有错误的源程序 error6_5.c：

```
#include <stdio.h>
int main()
{   int i,j,n,x,a[n];
    printf("输入数据的个数 n: ");
    scanf("%d",&n);
    printf("输入%d个整数: ",n);
    for(i=0;i<n;i++)
    scanf("%d",&a[i]);
    printf("输入要插入的整数: ");
    scanf("%d",&x);
    for(i=0;i<n;i++)
    {   if(x>a[i]) continue;
        j=n-1;
        while(j>=i)
        {   a[j]=a[j+1];
            j++;
        }
        a[i]=x;
        break;
    }
    if(i==n) a[n]=x;
    for(i=0;i<n+1;i++)
        printf("%d ",a[i]);
    putchar('\n');
    return 0;
}
```

提示：先找到插入点,从插入点开始,所有的数据顺序后移,然后插入数据;如果插入点在最后,则直接插入(说明插入的数排在该组数据的最后)。

（5）输入两个字符串 s1 和 s2 后,将它们首尾相连。

有错误的源程序 error6_6.c：

```
#include <stdio.h>
int main()
{   char s1[80],s2[40]; int j;
    int i;
    printf("Input the first string:");
    gets(s1);
```

```
    printf("Input the second string:");
    gets(s2);
    while(s1[i]!=0)
        i++;
    for(j=0;s2[j]!='\0';j++)
        s1[j]=s2[j];
    s1[i+j]=\0;
    puts(s1);
    return 0;
}
```

（6）输入一个字符串，将其中所有的非英文字母的字符删除后输出。

有错误的源程序 error6_7.c：

```
#include <stdio.h>
#include <ctype.h>
#include <string.h>
int main()
{  char str[81];int i,flag;
   get(str);
   for(i=0;str[i]!='\0';)
   {  flag=tolower(str[i])>='a'&&tolower(str[i])<='z';
      flag=not flag;
      if(flag)
      {  strcpy(str+i+1,str+i);
         break;
      }
      i++;
   }
   printf("%s\n",str);
   return 0;
}
```

（7）输入一个以回车结束的字符串（少于 80 个字符），将它的内容逆序输出。例如，ABCD 输出为 DCBA。

有错误的源程序 error6_8.c：

```
#include <stdio.h>
int main()
{  int i,k,temp;
   char str[];
   printf("Input a string:");
   i=0;
   while((str[i]=getchar())!='\n')
       i++;
   str[i]='\0';
   k=i-1;
   for(i=0;i<k;i++)
   {  temp=str[i];
      str[i]=str[k];
      str[k]=temp;
      k++;
   }
```

```
    for(i=0;str[i]!='\0';i++)
      putchar(str[i]);
    printf("\n");
    return 0;
}
```

(8) 输入一个以回车结束的字符串(少于 80 个字符),把字符串中的所有数字字符
('0'~'9')转换为整数,去掉其他字符。例如,字符串 3a56bc 转换为整数后是 356。

有错误的源程序 error6_9.c:

```
#include <stdio.h>
#include <string.h>
int main()
{  int i,s;
   char str[80];
   i=0;
   while((str[i]=getchar())!="\n")
      i++;
   str[i]='\0';
   for(i=0;i<80;i++)
      if(str[i]<='0'||str[i]>='9')
         s=s*10+str[i];
   printf("%d\n",s);
   return 0;
}
```

(9) 输入两个正整数 m 和 n(m≥1,n≤6),然后输入该 m 行 n 列二维数组 a 中的元素,
将该二维数组 a 中的每个元素向右移一列,最后一列换到第一列,移动后的数组存到另一个
二维数组 b 中,按矩阵形式输出 b。

有错误的源程序 error6_10.c:

```
#include <stdio.h>
int main()
{  int a[6][6],b[6][6],i,j,m,n;
   printf("Enter m,n:");
   scanf("%d%d",&m,&n);
   printf("Enter array:\n");
   for(i=0;i<m;i++)
      for(j=0;j<n;j++)
         scanf("%d",&a[i][j]);
   for(i=0;i<m;i++)
      for(j=0;j<n-1;j++)
         b[i][j]=a[i][j];
   for(i=0;i<n;i++)
      b[i][0]=a[i][n];
   printf("New array:\n");
   for(i=0;i<m;i++)
      for(j=0;j<n;j++)
         printf("%4d",b[i][j]);
      printf("\n");
   return 0;
}
```

(10) 输入 n(小于 10 的正整数),输出如下形式的数组。

输入 n 等于 5 时,数组为:

```
1 0 0 0 0
2 1 0 0 0
3 2 1 0 0
4 3 2 1 0
5 4 3 2 1
```

输入 n 等于 6 时,数组为:

```
1 0 0 0 0 0
2 1 0 0 0 0
3 2 1 0 0 0
4 3 2 1 0 0
5 4 3 2 1 0
6 5 4 3 2 1
```

有错误的源程序 error6_11.c:

```c
#include <stdio.h>
int main()
{   int a[9][9]={{0}},i,j,n;
    while(scanf("%d",n),n<1||n>9);
    for(i=0;i<n;i++)
    {   for(j=0;j<i;j++)
        a[i][j]=i-j;
    }
    for(i=0;i<n;i++)
    {   for(j=0;j<n;j++)
            printf("%3d",&a[i][j]);
        putchar('\n');
    }
    return 0;
}
```

3. 程序填空题

完善下列程序,然后调试运行程序。

(1) 输入 10 个数到数组 a 中,计算并显示所有元素的平均值,以及其中与平均值相差最小的数组元素值。

有待完善的源程序 fill6_1.c:

```c
#include <stdio.h>
#include <math.h>
int main()
{   double a[10],v=0,x,d; int i;
    printf("Input 10 numbers: ");
    for(i=0;i<10;i++)
    {   scanf("   ①   ", &a[i]);
        v=v+   ②   ;
    }
    d=   ③   ; x=a[0];
```

```
    for(i=1;i<10;i++)
        if(fabs(a[i]-v)<d) d=fabs(a[i]-v), ___④___ ;
    printf("%.4f  %.4f\n",v,x);
    return 0;
}
```

（2）显示数据：在数组 a 中存在，而在数组 b 中不存在的数；以及在数组 b 中存在，而在数组 a 中不存在的数。

有待完善的源程序 fill6_2.c：

```
#include <stdio.h>
int main()
{  int a[6]={2,5,7,8,4,12},b[7]={3,4,5,6,7,8,9},i,j,k;
    for(i=0;i<6;i++)
    {  for(j=0;j<7;j++) if( ___①___ ) break;
        if( ___②___ ) printf("%d ",a[i]);
    }
    putchar('\n');
    for(i=0;i<7;i++)
    {  for(j=0;j<6;j++) if(b[i]==a[j]) ___③___ ;
        if(j==6) printf("%d ", ___④___ );
    }
    putchar('\n');
    return 0;
}
```

（3）调用函数 f，从字符串中删除所有的数字字符。

有待完善的源程序 fill6_3.c：

```
#include <stdio.h>
#include <string.h>
#include < ___①___ >
int f(char s[])
{  ___②___ ;
    while(s[i]!='\0')
        if(isdigit(s[i])) ___③___ (s+i,s+i+1);
        ___④___ i++;
}
int main()
{  char str[80];
    gets(str); f(str); puts(str);
    return 0;
}
```

（4）输入一个不超过 80 个字符的字符串，将其中的大写字母转换为小写字母；小写字母转换为大写字母；空格符转换为下画线。输出转换后的字符串。

有待完善的源程序 fill6_4.c：

```
#include <stdio.h>
#include < ___①___ >
int main()
{  char s[81];int i;
    ___②___ ;
```

```
    for(i=0;   ③   ;i++)
    {   if(isupper(s[i]))
            s[i]=s[i]+32;
        else
            if(islower(s[i]))
                s[i]=s[i]-32;
        if(   ④   ) s[i]='_';
    }
    puts(s);
    return 0;
}
```

4. 程序设计题

(1) 输入一个正整数 $n(1<n\leqslant10)$，再输入 n 个整数，按与输入相反的顺序输出这些整数。

(2) 输入一个正整数 $n(1<n\leqslant10)$，再输入 n 个整数，输出最大值及其下标(设最大值唯一，下标从 0 开始)。

扩展：当数组中出现两个或两个以上元素的值相等且均为最大值时，若要求给出数组中所有最大元素及其下标，应如何修改程序？

(3) 输入一个正整数 $n(1<n\leqslant10)$，再输入 n 个整数，将最小值与第一个数交换，最大值与最后一个数交换，然后输出交换后的 n 个数(设最大值和最小值都是唯一的，且数组下标从 0 开始)。

(4) 输入一个正整数 $n(1<n\leqslant10)$，再输入 n 个整数，将它们从大到小排序后输出。

(5) 输入一个正整数 $n(1<n\leqslant6)$，再读入 n 阶矩阵 a，计算该矩阵除副对角线、最后一列和最后一行以外的所有元素之和(副对角线为从矩阵的右上角至左下角的连线)。

(6) 输入一个正整数 $n(1<n\leqslant6)$ 和 n 阶矩阵 a 中的元素，如果 a 是上三角矩阵，输出"YES"；否则，输出"NO"(上三角矩阵，即主对角线以下的元素都为 0，主对角线为从矩阵的左上角至右下角的连线)。

(7) 输入一个正整数 $n(1\leqslant n\leqslant6)$，再输入一个 n 行 n 列的矩阵，统计并输出该矩阵中非零元素的个数。

(8) 输入两个正整数 m 和 $n(1\leqslant m\leqslant6,1\leqslant n\leqslant6)$，然后输入矩阵 $a(m$ 行 n 列)中的元素，计算和输出所有元素的平均值，再统计和输出大于平均值的元素的个数。

(9) 输入日期(年、月、日)，输出它是该年的第几天。

(10) 输入一个字符，再输入一个以回车结束的字符串(少于 80 个字符)，在字符串中查找该字符。如果找到，则输出该字符在字符串中所对应的最大下标(下标从 0 开始)；否则输出"Not Found"。

(11) 输入一个以回车结束的字符串(少于 80 个字符)，统计并输出其中大写辅音字母的个数(大写辅音字母：除 A、E、I、O、U 以外的大写字母)。

(12) 输入一个以回车结束的字符串(少于 80 个字符)，将其中的大写字母用下面列出的对应大写字母替换，其余字符不变，输出替换后的字符串。

```
原字母    对应字母
  A   →    Z
  B   →    Y
  C   →    X
  D   →    W
      ⋮
  X   →    C
  Y   →    B
  Z   →    A
```

【实验结果和分析】

（1）将 C 语言源程序、运行结果写在实验报告上。

（2）分析源程序和运行结果，并将遇到的问题和解决问题的方法写在实验报告上。

实验 7 指针程序设计

【实验目的】

（1）理解地址和指针的基本概念，以及指针的声明与使用。

（2）认识指针与数组间的关系，以及掌握使用指针处理数组的方法。

（3）掌握指向字符串的指针变量的定义和使用方法。

（4）掌握指针作为函数参数的使用。

（5）理解指针数组与指向指针的指针（二级指针）的概念，掌握指针数组的基本应用和编程方法。

（6）掌握指针作为函数返回值的编程方法。

【实验内容】

1. 调试样例

改正下列程序中的错误。输入 5 个字符串，输出其中最大的字符串。

有错误的源程序 error7_1.c：

```c
#include <stdio.h>
#include <string.h>
int main()
{   int i;
    char str[80],max[80];
    printf("Input 5 strings:\n");
    scanf("%s",str);
    max=str;
    for(i=1;i<5;i++)
    {   scanf("%s",str);
        if(max<str)                  /* 调试时设置断点 */
            max=str;
    }
    printf("Max is: %s \n",max);
    return 0;                        /* 调试时设置断点 */
}
```

（1）打开源程序 error7_1.c，编译程序，出现的第一条错误提示信息是"incompatible types in assignment"（如图 1-7-1 所示）。双击该错误提示信息，则在编辑窗口的源程序中高亮显示"max=str;"这一行，错误提示信息指出"分配类型不匹配"，该错误是因为使用数组类型互相赋值而产生的。因为数组名作为右值使用时，自动转换成指向数组首元素的指针。此程序中的 max＝str 表达式中，max 和 str 都是数组类型的变量，但是 str 作为右值使用，自动转换成指针类型，左值仍是数组类型，所以编译器报出如上错误提示信息。将字符串存放在数组中时，要调用函数 strcpy。因而改正方法为：把此程序中如图 1-7-1 所示的第 8 行和第 12 行语句"max＝str；"都改为"strcpy(max,str)；"。改正后重新编译和连接，没有出现错误和警告信息。

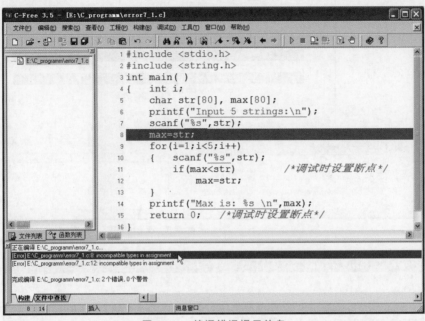

图 1-7-1　编译错误提示信息

（2）运行程序，在运行窗口中输入"Wang Li Zhu Liao Liu"后按 Enter 键，运行结果为"Max is：Liu"。运行结果显然错误，说明程序存在逻辑错误，需要调试修改。

（3）调试程序开始，先在语句"if(max＜str)"所在行设置一个断点。再单击工具栏上的"调试"按钮，运行程序，在运行窗口中输入"Wang"和"Li"，程序运行到断点处，然后单击 Debug 工具栏上的"下一步"按钮两次，执行 if 内的语句，在局部变量窗口和观察窗口中都可以看到变量 max 被改写为 Li（如图 1-7-2 所示），说明 if 表达式的值为真。但是，显然字符串 Wang 大于 Li，故 if 表达式的值应该为假。问题出在比较操作上，字符串的比较需要调用函数 strcmp，不能使用＜。

（4）找出问题后，单击 Debug 工具栏上的"退出调试"按钮，停止调试，把"max＜str"改为"strcmp(max,str)＜0"后，重新编译和连接，没有错误和警告信息。

（5）单击工具栏上的"调试"按钮，重新开始调试，输入"Wang"和"Li"，程序运行到断点处，再单击 Debug 工具栏上的"下一步"按钮两次，没有进入 if 内执行交换语句，说明比较过程正确（如图 1-7-3 所示）。

（6）再次单击 Debug 工具栏上的"退出调试"按钮，停止调试。

（7）取消断点，然后在语句"return 0；"所在行设置一个断点。

（8）单击工具栏上的"调试"按钮，在运行窗口中输入"Wang Li Zhu Liao Liu"后按 Enter 键，程序运行到断点处暂停，输出"Max is：Zhu"，运行结果正确。

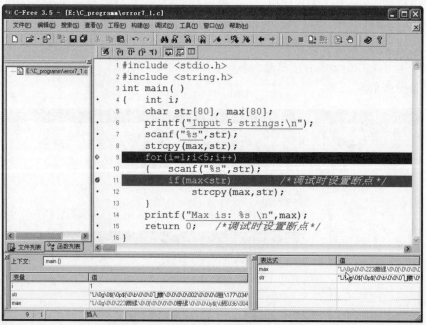

图 1-7-2　执行了对 max 的赋值，赋值错误

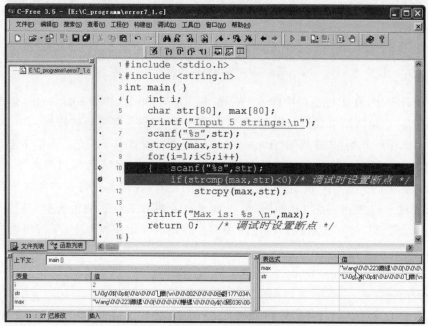

图 1-7-3　修改后运行正确

（9）单击 Debug 工具栏上的"退出调试"按钮，程序结束调试。

2. 程序修改题

模仿以上调试样例，改正下列程序中的错误。

（1）利用指针指向两个整型变量，并通过指针运算找出两个数中的最大值，输出到

—————— C 程序设计实验指导与实用应试教程（第 2 版）

屏幕。

有错误的源程序 error7_2.c：

```
#include <stdio.h>
#include <string.h>
int main()
{   int max,x,y, * pmax, * px, * py;
    scanf("%d%d",&x,&y);
    * px=&x;
    * py=&y;
    * pmax=&max;
    * pmax=&px;
    if(pmax<py)
        pmax=py;
    printf("max=%d\n",max);
    return 0;
}
```

(2) 有 n 个整数组成的数组,使数组各数顺序向后循环移动 m 个位置($m<n$)。编写一个函数实现以上功能,在主函数中输入 n 个整数并输出调整后的 n 个整数。

有错误的源程序 error7_3.c：

```
#include <stdio.h>
void mov(int * ,int,int);
int main()
{   int m,n,i,a[80], * p;
    printf("Input n, m:");
    scanf("%d%d",&n,&m);
    for(p=a,i=0;i<n;i++)
        scanf("%d",&p++);
    mov(a,n,m);
    printf("After moved: ");
    for(i=0;i<n;i++)
        printf("%5d",a[i]);
    return 0;
}
void mov(int * x,int n,int m)
{   int i,j;
    for(i=0;i<m;i++)
    {   for(j=n-1;j>0;j--)
            x[j]=x[j-1];
        x[0]=x[n-1];
    }
}
```

(3) 函数 strc 的作用是将字符串 s 连接到字符串 t 的尾部。编写一个程序,在主函数中输入两个字符串 s 和 t,调用函数 strc 完成字符串的连接。

有错误的源程序 error7_4.c：

```
#include <stdio.h>
void strc(char s,char t);
int main()
```

```
{   char s[80],t[80];
    gets(s);
    gets(t);
    strc(s,t);
    puts(t);
    return 0;
}
void strc(char s,char t)
{   while( * t!='\0')
        t++;
    while( * t= * s)
        ;
}
```

（4）输入若干有关颜色的英文单词（单词数小于 20，每个单词不超过 10 个字母），每行一个，以♯作为输入结束的标志，对这些单词按长度从小到大排序后输出。

在编写程序时，采用这样的设计思路：用动态分配的方式处理多个字符串的输入，用指针数组组织这些字符串并排序。

有错误的源程序 error7_5.c：

```
#include <stdio.h>
#include <stdlib.h>
#include <string.h>
int main()
{   int i,j,n=0;
    char * color[20],str[10],temp[10];
    printf("请输入颜色名称,每行一个,#结束输入: \n");
    scanf("%s",str);                        / * 动态输入 * /
    while(str[0]!='#')
    {   color[n]=(char * )malloc(sizeof(char) * (strlen(str)+1));
        strcpy(color[n],str);
        n++;
        scanf("%s",str);
    }
    for(i=1;i<n;i++)                        / * 排序 * /
        for(j=0;j<n-i;j++)
            if(strcmp(color[j],color[j+1])>0)
            {   temp=color[j];
                color[j]=color[j+1];
                color[j+1]=temp;
            }
    printf("已按长度从小到大排序后的颜色名称为: \n");
    for(i=0;i<n;i++)
        printf("%s ",color[i]);
    printf("\n");
    return 0;
}
```

（5）输入一首藏头诗（七绝），要求取出每句的第一个汉字（一个汉字占两字节）并连接在一起形成一个字符串输出。例如，

输入：一叶轻舟向东流

帆梢轻握杨柳手

　　　　风纤碧波微起舞

　　　　顺水任从雅客悠

输出：一帆风顺

有错误的源程序 error7_6.c：

```
#include <stdio.h>
#include <stdlib.h>
char * change(char * s[]);
int main()
{  int i;
   char poem[4][20], * p[4];
   printf("请输入藏头诗：\n");
   for(i=0;i<4;i++)
   {  scanf("%s",poem[i]);
      p[i]=poem[i];
   }
   printf("%s\n",change(poem));
   return 0;
}
char * change(char * s[])
{  int i;
   char * t=(char *)malloc(9 * sizeof(char));
   for(i=0;i<4;i++)
   {  t[2 * i]=s[i][0];
      t[2 * i+1]= * (s+i)+1;
   }
   return t;
}
```

3. 程序填空题

完善下列程序，然后调试运行程序。

(1) 输入 3 个整数，按照由小到大的顺序输出这 3 个数。

有待完善的源程序 fill7_1.c：

```
#include <stdio.h>
void swap(___①___)                    /* 交换两个数的位置 */
{  int temp;
   temp= * pa; * pa= * pb; * pb=temp;
}
int main()
{  int a,b,c,temp;
   scanf("%d%d%d",&a,&b,&c);
   if(___②___) swap(&a,&b);
   if(b>c) swap(___③___);
   if(___④___) swap(&a,&b);
   printf("%d,%d,%d\n",a,b,c);
   return 0;
}
```

　　(2) 数组 x 中原有数据为 1、−2、3、4、−5、6、−7，调用函数 f 后数组 x 中数据为 1、3、4、6、0、0、0，输出结果为 1　3　4　6。

　　有待完善的源程序 fill7_2.c：

```
#include <stdio.h>
void f(int * a,    ①    )
{  int i,j;
   for(i=0;    ②    ; )
     if(a[i]<0)
     {  for(j=i;j< * m-1;j++)    ③    ;
        a[ * m-1]=0; ( * m)--;
     }
     else i++;
}
int main()
{   int i,n=7,x[7]={1,-2,3,4,-5,6,-7};
     ④    ;
    for(i=0;i<n;i++) printf("%5d",x[i]);
    printf("\n");
    return 0;
}
```

（3）调用函数 f，计算 $x=1.7$ 时的多项式的值。

代数多项式为 $1.1+2.2x+3.3x^2+4.4x^3+5.5x^4$。

有待完善的源程序 fill7_3.c：

```
#include <stdio.h>
float f(float * ,float,int);
int main()
{   float b[5]={1.1,2.2,3.3,4.4,5.5};
    printf("%f\n",f(    ①    ));
    return 0;
}
float f(    ②    )
{   float y=    ③    ,t=1; int i;
    for(i=1;i<n;i++) { t=t * x; y=y+a[i] * t; }
        ④
}
```

4. 程序设计题

（1）在数组中查找指定元素。输入一个正整数 $n(1<n\leqslant10)$，然后输入 n 个整数存入数组 a 中，再输入一个整数 x，在数组 a 中查找 x。如果找到，则输出相应的最小下标（下标从 0 开始），否则输出"Not Found"。要求定义并调用函数 search(int list[],int n,int x)，它的功能是在数组 list 中查找元素 x，若找到，则返回相应的最小下标，否则返回"-1"，参数 n 代表数组 list 中元素的数量。

（2）输入一个正整数 $n(1<n\leqslant10)$，然后输入 n 个整数，将这 n 个数按从小到大的顺序输出。要求自定义函数 void sort(int a[],int n)，对数组 a 中的元素升序排列。

扩展：输入 n 个整数，然后根据提示选择输入"A"或者"D"，如果输入"A"，将这 n 个数按从小到大的顺序输出；如果输入"D"，则按从大到小的顺序输出。若要实现此功能，应如何编程实现？

（3）有 $n(n<50)$ 个人围成一圈，按顺序从 1 到 n 编号。从第一个人开始报数，报数 3 的人退出圈子，下一个人从 1 开始重新报数，报数 3 的人退出圈子。如此循环，直到留下最

后一个人。问留下来的人的编号。例如,输入"5",则输出"4"。

扩展:若把题中的"问留下来的人的编号"改为"请按退出顺序输出退出圈子的人的编号。"例如,输入"5",则输出"3 1 5 2 4"。应如何修改程序?

(4) 找出最长的字符串。输入 5 个字符串,输出其中最长的字符串。输入字符串调用函数 scanf("%s",str)。若最长的字符串不止一个,则输出最先输入的字符串。

扩展:若要求输出所有最长字符串,应如何修改程序?

(5) 删除字符串中的字符。输入一个字符串 s,再输入一个字符 c,将字符串 s 中出现的所有 c 字符删除。要求定义并调用函数 delchar(s,c),它的功能是将字符串 s 出现的所有字符 c 删除。

(6) 字符串复制。输入一个字符串 t 和一个正整数 m,将字符串 t 中从第 m 个字符开始的全部字符复制到字符串 s 中,再输出字符串 s。要求用字符指针定义并调用函数 strmcpy(s,t,m),它的功能是将字符串 t 中从第 m 个字符开始的全部字符复制到字符串 s 中。

(7) 编程判断输入的一串字符是否为回文。所谓回文,是指顺读和倒读都一样的字符串。如 XYZYX 和 xyzzyx 都是回文。

(8) 输入一个月份,输出对应的英文名称,要求用指针数组表示 12 个月的英文名(January, February, March, April, May, June, July, August, September, October, November, December)。

(9) 定义一个指针数组,将表 1-7-1 的星期信息组织起来,输入一个字符串,在表中查找。若存在,输出该字符串在表中的序号,否则输出"−1"。

(10) 输入一个正整数 $n(n<10)$,然后输入 n 个字符串,输出其中最长字符串的有效长度。要求自定义函数 int max_len (char * s[],int n),用于计算有 n 个元素的指针数组 s 中最长的字符串的长度。

(11) 输入两个字符串,输出连接后的字符串。要求自定义函数 char * str_cat(char * s,char * t),将字符串 t 复制到字符串 s 的末端,并且返回字符串 s 的首地址。

(12) 输入一个字符串后再输入两个字符,输出此字符串中从与第一个字符匹配的位置开始到与第二个字符匹配的位置结束的所有字符。用返回字符指针的函数实现。

表 1-7-1　星期

Sunday
Monday
Tuesday
Wednesday
Thursday
Friday
Saturday

【实验结果和分析】

(1) 将 C 语言源程序、运行结果写在实验报告上。

(2) 分析源程序和运行结果,并将遇到的问题和解决问题的方法写在实验报告上。

【实验目的】

（1）掌握结构体类型及变量的定义和使用，以及结构体的简单嵌套应用。

（2）掌握结构体类型数组的定义和使用。

（3）掌握结构体变量和结构体数组作为函数参数的应用。

（4）掌握结构体类型指针的定义以及结构体指针作为函数参数的应用。

（5）掌握单向链表的概念和建立方法，以及单向链表的基本操作。

（6）掌握枚举类型变量的定义及应用。

【实验内容】

1. 调试样例

改正下列程序中的错误。输入一个正整数 n（$3 \leqslant n \leqslant 10$），再输入 n 个职员的信息（如表 1-8-1 所示）。要求输出每位职员的姓名和实发工资（实发工资＝基本工资＋浮动工资－支出）。

表 1-8-1　工资表

姓名	基本工资	浮动工资	支出
zhao	240.00	400.00	75.00
qian	360.00	120.00	50.00
zhou	560.00	150.00	80.00

有错误的源程序 error8_1.c：

```c
#include <stdio.h>
int main()
{   struct emp
    {   char name[10];
        float jbgz,fdgz,zc;
    };
    emp s[10];
    int i,n;
    printf("n=");
    scanf("%d",&n);
    for(i=0;i<n;i++)
```

```
        scanf("%s%f%f%f",s[i].name, &s[i].jbgz, &s[i].fdgz, &s[i].zc);
    for(i=0;i<n;i++)                /* 调试时设置断点 */
        printf("%s,实发数: %.2f\n",s[i].name,s[i].jbgz+s[i].fdgz-s[i].zc);
    return 0;
}                                   /* 调试时设置断点 */
```

(1) 打开源程序 error8_1.c,编译程序,出现的第一条错误提示信息是"'emp' undeclared [first use in this function]"(如图 1-8-1 所示)。双击该错误提示信息,则在编辑窗口的源程序中高亮显示"emp s[10];"这一行。错误提示信息指出"首次出现在此函数中的'emp'没有定义"。仔细观察,引起错误的原因是在此程序中定义结构体类型变量时,结构体名 emp 前缺少关键字 struct。因而,改正方法为:在如图 1-8-1 所示的第 7 行 emp 前添加 struct。改正错误后重新编译和连接,没有出现错误和警告信息。

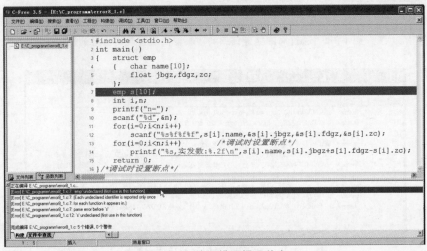

图 1-8-1　编译错误提示信息

(2) 开始调试程序,先设置两个断点。具体位置见源程序的注释。再单击工具栏上的"调试"按钮,运行程序,在运行窗口中依次输入"3""zhao 240 400 75""qian 360 120 50""zhou 560 150 80",程序运行到第一个断点处暂停,右击观察窗口,弹出菜单,选择"添加观察"命令,在弹出的对话框中输入"s[0]",再按此方法,添加观察结构数组 s 中的 s[1] 和 s[2] 元素值(如图 1-8-2 所示);或在局部变量窗口中右击结构数组 s,在弹出的菜单中选择"监视/修改"命令,显示监视窗口(如图 1-8-3 所示),经查看,各元素值与输入的数据一致,说明第一个断点之前的语句都是正确的。

(3) 单击工具栏上的"调试"按钮,程序运行到第二个断点,运行窗口显示的结果符合题目的要求。

(4) 单击 Debug 工具栏上的"退出调试"按钮,程序结束调试。

2. 程序修改题

模仿以上调试样例,改正下列程序中的错误。

(1) 建立一个有 $n(3 < n \leqslant 10)$ 个学生成绩的结构记录,包括学号、姓名和三门成绩,输出总分最高学生的姓名和总分。例如,

输入:5。

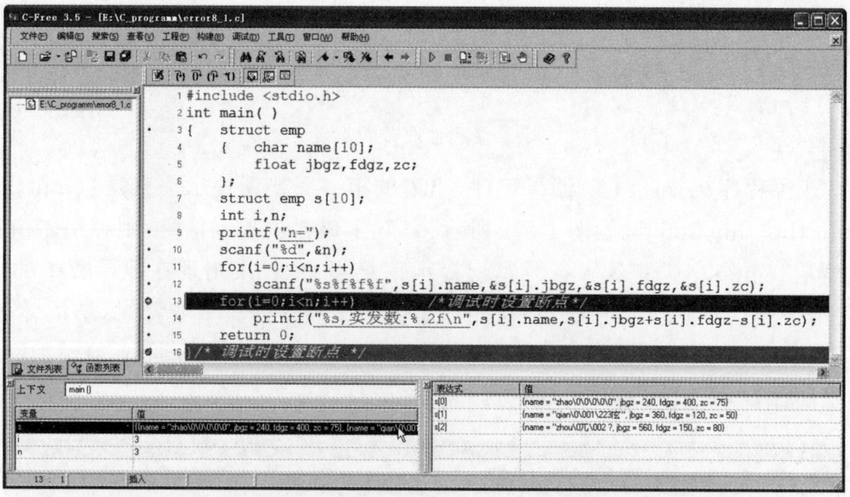

图 1-8-2　通过局部变量窗口和观察窗口观察结构变量的值

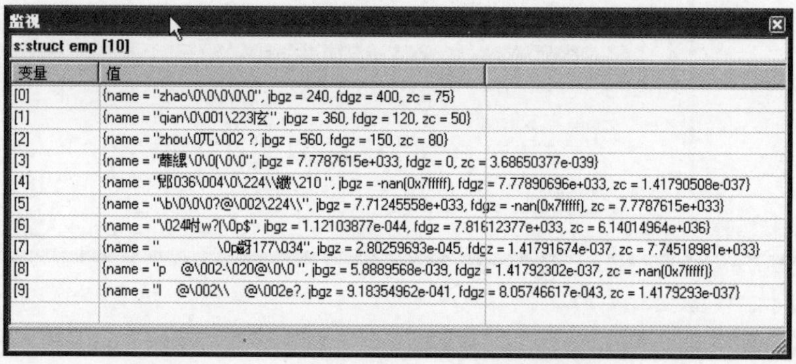

图 1-8-3　通过监视窗口观察结构变量的值

1 黄岚 78 83 75

2 王海 76 80 77

3 沈强 87 83 76

4 张枫 92 88 78

5 章盟 80 82 75

输出：总分最高的学生是：张枫，258 分。

有错误的源程序 error8_2.c：

```
#include <stdio.h>
int main()
{   struct students
    {   int number;
        char name[20];
        int score[3];
        int sum;
    };
    int i,j,k,n,max=0;
    printf("n=");
    scanf("%d",&n);
```

```
    for(i=0;i<n;i++)
    {   scanf("%d%s",&student[i].number,student[i].name);
        for(j=0;j<3;j++)
        {   scanf("%d",&student[i].score[j]);
            student[i].sum+=student[i].score[j];
        }
    }
    k=0;max=student[0].sum;
    for(i=1;i<n;i++)
        if(max<student[i].sum)
        {   max=student[i].sum;
            k=i;
        }
    printf("总分最高的学生是：%s,%d分\n",student[k].name,student[k].sum);
    return 0;
}
```

（2）输入 n，再输入 n 个点的平面坐标，则输出那些距离坐标原点不超过 5 的点的坐标值。

有错误的源程序 error8_3.c：

```
#include <stdio.h>
#include <math.h>
#include <stdlib.h>
int main()
{   int i,n;
    struct axy {float x,y;};
    struct axy a;
    scanf("%d",n);
    a=(struct axy*) malloc(n*sizeof(struct axy));
    for(i=0;i<n;i++)
        scanf("%f%f",&a[i].x,&a[i].y);
    for(i=1;i<=n;i++)
        if(sqrt(pow(a[i].x,2)+pow(a[i].y,2))<=5)
        {   printf("%f,",a[i].x);
            printf("%f\n",a+i->y);
        }
    return 0;
}
```

（3）输入若干学生的信息（学号、姓名、成绩），当输入学号为 0 时结束，用单向链表存储这些学生信息后，再按顺序输出。

有错误的源程序 error8_4.c：

```
#include <stdio.h>
#include <stdlib.h>
#include <string.h>
struct stud_node
{   int num;
    char name[20];
    int score;
    struct stud_node * next
};
```

```
int main()
{   struct stud_node * head, * tail, * p;
    int num, score;
    char name[20];
    int size=sizeof(struct stud_node);
    head=tail=NULL;
    printf("Input num, name and score:\n");
    scanf("%d", &num);
    /* 建立单向链表 */
    while(num!=0)
    {   p=malloc(size);
        scanf("%s%d", name, &score);
        p->num=num;
        strcpy(p->name, name);
        p->score=score;
        p->next=NULL;
        tail->next=p;
        tail=p;
        scanf("%d", &num);
    }
    /* 输出单向链表 */
    for(p=head; p->next!=NULL; p=p->next)
        printf("%d %s %d\n", p->num, p->name, p->score);
    return 0;
}
```

（4）输入若干学生的学号（共 7 位，其中第 2、3 位是专业编号），以♯作为输入结束的标志，将其生成一个链表，统计链表中专业为计算机（编号为 02）的学生人数。

有错误的源程序 error8_5.c：

```
#include <stdio.h>
#include <stdlib.h>
#include <string.h>
struct node
{   char code[8];
    struct node * next
};
int main()
{   struct node * head, * p;
    int i, n, count;
    char str[8];
    int size=sizeof(struct node);
    head=NULL;
    gets(str);
    /* 按输入数据的逆序建立链表 */
    while(strcmp(str, "#")!=0)
    {   p=(struct node *)malloc(size);
        strcpy(p->code, str);
        head=p->next;
        head=p;
        gets(str);
    }
    count=0;
```

```
    for(p=head;p->next!=NULL;p=p->next)
        if(p->(code[1])=='0'&&p->(code[2])=='2')
            count++;
    printf("%d\n",count);
    return 0;
}
```

3. 程序填空题

完善下列程序,然后调试运行程序。

(1) 以下程序的功能是计算 4 位学生的平均成绩,保存在结构中,然后列表输出这些学生的信息。

有待完善的源程序 fill8_1.c:

```
#include <stdio.h>
struct STUDENT
{  char name[16];
   int math;
   int english;
   int computer;
   int average;
};
void GetAverage(struct STUDENT * pst)                /* 计算平均成绩 */
{  int sum=0;
   sum =   ①   ;
   pst->average =sum/3;
}
int main()
{  int i;
   struct STUDENT st[4]={{"Jessica",98,95,90},{"Mike",80,80,90},
                          {"Linda",87,76,70},{"Peter",90,100,99}};
   for(i=0;i<4;i++)
       GetAverage(   ②   );
   printf("Name\tMath\tEnglish\tCompu\tAverage\n");
   for(i=0;i<4;i++)
       printf("%s\t%d\t%d\t%d\t%d\n",st[i].name,st[i].math,st[i].english,
                                      st[i].computer,st[i].average);
   return 0;
}
```

(2) 调用函数 f,求 a 数组中最大值与 b 数组中最小值的差。

有待完善的源程序 fill8_2.c:

```
#include <stdio.h>
enum FLAG {positive=1,negative=-1};
float f(float * x,int n,enum FLAG flag)
{  float y; int i;
    ①
   for(i=1;i<n;i++) if(flag * x[i]>flag * y) y=x[i];
   return y;
}
```

```
int main()
{   float a[6]={3,5,9,4,2.5,1},b[5]={3,-2,6,9,1};
    printf("%.2f\n",f(a,6,positive)-  ②  );
    return 0;
}
```

4. 程序设计题

(1) 时间换算。用结构类型表示时间内容(要求以时:分:秒的形式表示),输入一个时间数值,再输入一个秒数 n($n<60$),以时:分:秒的格式输出该时间再过 n 秒后的时间值(超过 24 点从 0 点重新开始计时)。

扩展:用结构指针作为函数的方式完成此题的功能。其中,要求编写一个 void 型的自定义函数实现时间的运算。该函数包含两个参数。参数 1 是结构指针,参数 2 是秒数。应如何编程实现?

(2) 计算平均成绩。建立一个学生的结构记录,包括学号、姓名和成绩。输入正整数 n($n<10$),然后输入 n 个学生的基本信息,要求计算并输出他们的平均成绩(保留两位小数)。

(3) 输入 4 个整数 a1、a2、b1、b2,分别表示两个复数的实部与虚部。利用结构变量求解两个复数的积:(a1+a2i)×(b1+b2i),乘积的实部为 a1×b1-a2×b2,虚部为 a1×b2+a2×b1。例如,输入"3 4 5 6";输出(3+4i)×(5+6i)=-9+38i。

(4) 输入正整数 n($n<10$),然后输入 n 本书的名称和定价并存入结构数组中,从中查找定价最高和最低的书的名称和定价,并输出。

(5) 通讯录排序。建立一个通讯录的结构记录,包括姓名、生日、电话号码。输入 n($n<10$)个朋友的信息,再按他们的年龄从大到小的顺序依次输出其信息。

(6) 输入若干学生信息(包括学号、姓名和成绩),输入学号为 0 时输入结束,建立一个单向链表,再输入一个成绩值,将成绩大于或等于该值的学生信息输出。

(7) 输入若干正整数(输入-1 为结束标志),要求按输入数据的逆序建立一个链表并输出。

(8) 输入若干正整数(输入-1 为结束标志),并建立一个单向链表,将其中的偶数值节点删除后输出。

【实验结果和分析】

(1) 将 C 语言源程序、运行结果写在实验报告上。

(2) 分析源程序和运行结果,并将遇到的问题和解决问题的方法写在实验报告上。

【实验目的】

（1）理解位运算的概念和掌握位运算符（<<、>>、&、|、^、~）的使用。

（2）掌握通过位运算实现对某些位的操作。

【实验内容】

1. 调试样例

改正下列程序中的错误。将一个 char 型数的高 4 位和低 4 位分离，分别输出。例如，输入"22"（二进制为 00010110），输出为"1"和"6"。

有错误的源程序 error9_1.c：

```c
#include <stdio.h>
int main()
{   char a,b1,b2,c;
    scanf("%d",&a);
    b1=a<<4;              /* b1 存放高 4 位 */
    c=~(~0<<4);           /* 调试时设置断点 */
    b2=a|c;               /* b2 存放低 4 位 */
    printf("%d,%d",b1,b2);
    return 0;             /* 调试时设置断点 */
}
```

（1）打开源程序 error9_1.c，对程序进行编译和连接，没有出现错误和警告提示信息。然后运行程序，在弹出的运行窗口输入"22"，则输出"96,31"。运行结果不符合题目要求，说明程序存在逻辑错误，需要调试修改。

（2）开始调试程序，先设置两个断点。具体位置见源程序的注释。再单击工具栏上的"调试"按钮，运行程序，在运行窗口中输入"22"后，程序运行到第一个断点处暂停，在局部变量窗口和观察窗口中查看变量的值。经查看，变量 a 的值与输入的数据一致，但变量 b1 的值为 96，不符合题目要求（如图 1-9-1 所示），说明输入函数 scanf 是正确的，从而可推出此程序中的语句"b1=a<<4;"是错误的。根据题意，b1 存放高 4 位，如果左移 4 位，则高 4 位均移出了，所以应该是右移 4 位。

（3）找出问题后，单击 Debug 工具栏上的"退出调试"按钮，停止调试。然后把"b1=a<<4;"改为"b1=a>>4;"后，重新编译和连接，没有出现错误和警告提示信息。

（4）单击工具栏上的"调试"按钮，重新开始调试，仍然输入"22"，程序运行到第一个断

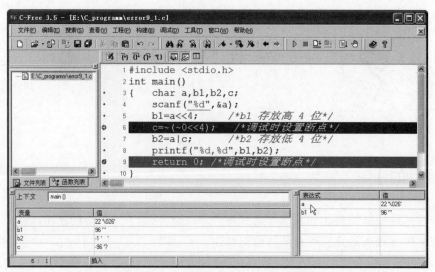

图 1-9-1　观察变量的值,a 正确,b1 错误

点处暂停。此时,在局部变量窗口和观察窗口中都可以查看到 a 的值为 22,b1 的值为 1,正确。再单击 Debug 工具栏上的"下一步"按钮两次,在局部变量窗口和观察窗口中查看到 b2 的值为 31(如图 1-9-2 所示),不符合题目要求。通过分析发现,变量 c 是一个高 4 位为 0、低 4 位为 1 的数。又根据题意,b2 存放低 4 位,和 1 进行相或运算可以置 1,和 0 进行相或运算可以保持不变,那么变量 a 和一个高 4 位为 0、低 4 位为 1 的数进行相或运算,其结果是变量 a 的高 4 位不变,低 4 位置 1,这个结果并不是变量 a 的低 4 位。在 C 语言中,和 1 进行相与运算可以保持不变,和 0 进行相与运算可以清零,那么变量 a 和一个高 4 位为 0、低 4 位为 1 的数进行相与运算,其结果是变量 a 的高 4 位清零,低 4 位不变,这个结果才是变量 a 的低 4 位。因此,应该将此程序中的"b2＝a|c;"改为"b2＝a&c;"。

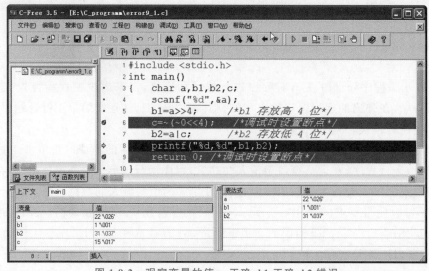

图 1-9-2　观察变量的值,a 正确,b1 正确,b2 错误

（5）找出问题后,再次单击 Debug 工具栏上的"退出调试"按钮,停止调试。改正错误

———————— C 程序设计实验指导与实用应试教程(第 2 版)

后,重新编译和连接,没有出现错误和警告提示信息。

(6) 单击工具栏上的"调试"按钮,重新开始调试程序,在运行窗口中仍然输入"22"后,程序运行到第一个断点处暂停,然后再次单击"调试"按钮,程序运行到第二个断点处,运行窗口中显示"1,6",运行结果正确。

(7) 单击 Debug 工具栏上的"退出调试"按钮,程序结束调试。

2. 程序修改题

模仿以上调试样例,改正下列程序中的错误。

(1) 将十进制的整数以十六进制的形式输出。

有错误的源程序 error9_2.c:

```
#include <stdio.h>
int DtoH(int n)
{   int k=n&0xf;
    if(n>>4!=0) DtoH(n>>4);
    if(k<=10)
        putchar(k+'0');
    else
        putchar(k-10+a);
}
int main()
{   int a[4]={28,31,255,378},i;
    for(i=0;i<4;i++)
    {   printf("%d-->",a[i]);
        printf("%s",DtoH(a[i]));
        putchar('\n');
    }
    return 0;
}
```

(2) 输入一个整数 mm 作为密码,将字符串中的每个字符与 mm 进行一次按位异或运算,进行加密,输出被加密后的字符串(密文)。再将密文中的每个字符与 mm 进行一次按位异或运算,输出解密后的字符串(明文)。

有错误的源程序 error9_3.c:

```
#include <stdio.h>
int main()
{   char a[]="a2 汉字";
    int mm,i;
    printf("请输入密码:");
    scanf("%d",mm);
    for(i=0;a[i]!='\0';i++)      /*各字符与 mm 进行一次按位异或运算*/
        a[i]=a[i]^mm;
    puts(a);
    /*各字符与 mm 再进行一次按位异或运算*/
    for( ;a[i]!='\0';i++)
        a[i]=a[i]^mm^mm;
    puts(a);
    return 0;
}
```

(3) 逐个显示字符串中各字符的机内码。提示：英文字母的机内码首位为 0,汉字的每个字节首位为 1。程序正确运行后,显示如图 1-9-3 所示。

图 1-9-3　程序显示结果

有错误的源程序 error9_4.c:

```
#include <stdio.h>
int main()
{ char a[7]='a2汉字';
  int i,j,k;
  for(i=0;i<strlen(a);i++)
  { printf("a[%d]的机内码为: ",i);
    for(j=1;j<=8;j++)
    { k=a[i]&0x80;
      if(k!=0) putchar('1');
      else putchar(0);
      a[i]=a[i]>>1;
    }
    printf("\n");
  }
  return 0;
}
```

3. 程序填空题

完善下列程序,然后调试运行程序。
(1) 输入一个正整数 x,将其转换为二进制形式输出。假设用两字节存放一个整数。
有待完善的源程序 fill9_1.c:

```
#include <stdio.h>
int main()
{ int x,mask,i;
  char c;
  printf("Input integer data:\n");
  scanf("%d",x);
  printf("%d=",x);
  mask=  ①  ;              /* 构造一个最高位为 1,其余各位为 0 的整数 */
  for(i=1;i<=16;i++)
  { c=x&mask?'1':'0';
    putchar(c);                /* 最高位为 1 则输出 1,否则输出 0 */
      ②  ;                  /* 将次高位移到最高位 */
    if(i%4==0)putchar(' ');    /* 4 位一组用空格分开 */
  }
  printf("Bit\n");
  return 0;
}
```

(2) 输入 4 个整数,通过函数 Dec2Bin 的处理,返回字符串,显示每个整数的机内码(二进制,补码)。

有待完善的源程序 fill9_2.c:

```
#include <stdio.h>
void Dec2Bin(long m, char s[])
{   int i, k;
    for(i=0; i<32; i++)
    {   k=m & 0x80000000;
        if(k!=0) s[i]='1'; else ____①____ ;
            ____②____ ;                /* m 左移 1 位 */
    }
}
int main()
{   char a[33]=""; long n; int i;
    for(i=1; i<=4; i++)
    {   scanf("%ld", &n);
            ____③____ ;
            ____④____ ;
    }
    return 0;
}
```

4. 程序设计题

(1) 假设字符型变量 a 中存放的值为 11000001(二进制值),完成以下各功能。

① 要求将 a 的最高位置 0,其余的位不变。

② 要求将 a 的各位置 0。

③ 要求将 a 的低两位置 1,其余的位不变。

④ 要求将 a 的高 4 位不变,低 4 位翻转。

(2) 从一个正整数 a 中把从右端开始的第 4~7 位取出来。

(3) 循环移位。要求将 a 进行右循环移 n 位,即将 a 中原来左端(16−n)位右移 n 位,原来右端 n 位移到最左面 n 位。假设用两字节存放一个短整数(short int 型)。

【实验结果和分析】

(1) 将 C 语言源程序、运行结果写在实验报告上。

(2) 分析源程序和运行结果,并将遇到的问题和解决问题的方法写在实验报告上。

实验 **10** 文件程序设计

【实验目的】

（1）理解文件、缓冲文件系统及文件类型指针的基本概念。

（2）掌握文件的使用方法以及文件生成、文件读入的处理方法。

（3）掌握文件的打开（fopen）和关闭（fclose）操作与文件的基本读写操作（fgetc、fputc、fscanf、fprintf、fgets、fputs 等）。

（4）掌握文件的状态检测（feof 等）与文件的定位方法（rewind、fseek 等）。

（5）掌握文本文件中字符串输入输出的方法。

（6）掌握使用 fread 和 fwrite 函数进行文件数据块输入输出的方法。

【实验内容】

1. 调试样例

改正下列程序中的错误。从键盘输入一行字符，写到文件 a.txt 中。

有错误的源程序 error10_1.c：

```
#include <stdio.h>
#include <stdlib.h>
int main()
{  char ch;
   FILE fp;
   if((fp=fopen("a.txt","w"))!=NULL)
   {  printf("Can't Open File!");
      exit(0);
   }
   while((ch=getchar())!='\n')           /* 调试时设置断点 */
       fputc(ch,fp);
   fclose(fp);
   return 0;
}                                        /* 调试时设置断点 */
```

（1）打开源程序 error10_1.c，编译程序，出现以下错误提示信息（如图 1-10-1 所示）。

双击第一条错误提示信息，则在编辑窗口的源程序中高亮显示 fopen 所在行，即图 1-10-1 所示的第 6 行，错误提示信息指出 fp 不是指针，而函数 fopen() 的类型是指针，赋值号两侧运算符的类型不匹配。双击第二条错误提示信息，则在编辑窗口的源程序中高亮显示 fputc 所在行，如图 1-10-1 所示的第 11 行，错误提示信息指出 fp 不是指针，而函数

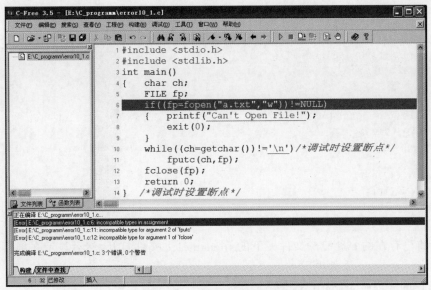

图 1-10-1　编译错误提示信息

fputc()要求第二个参数 fp 为指针。分析以上错误提示信息,都是由错误定义变量 fp 引起。因而,改正方法为:将"FILE fp;"改为"FILE * fp;"。改正错误后重新编译和连接,没有出现错误和警告信息。

（2）开始调试程序,设置两个断点。具体位置见源程序的注释。

（3）单击工具栏上的"调试"按钮,程序并不是运行到第一个断点处暂停,而是运行结束。说明判断文件打开是否正确的表达式写错了,仔细分析,发现如图 1-10-1 所示的第 6 行中把"＝＝"误写成了"！＝"。

（4）找出问题后,单击 Debug 工具栏上的"退出调试"按钮,停止调试。然后把"！＝"改为"＝＝",重新编译和连接,没有出现错误和警告提示信息。

（5）再单击工具栏上的"调试"按钮,重新开始调试,程序运行到第一个断点处,说明文件打开正确。

（6）取消第一个断点。再单击工具栏上的"调试"按钮,输入"Welcome",程序运行到第二个断点处。

（7）打开文件 a.txt,文件的内容是 Welcome,符合题目要求。

（8）单击 Debug 工具栏上的"退出调试"按钮,结束调试。

2. 程序修改题

模仿以上调试样例,改正下列程序中的错误。

（1）把从键盘输入的字符依次输出到一个名为 filename.c 的磁盘文件中（用@作为文本结束标志）,同时在屏幕上显示这些字符。

有错误的源程序 error10_2.c:

```
#include <stdio.h>
#include <stdlib.h>
int main()
```

```
{   FILE fp;
    char ch;
    if((fp=fopen("filename.c","w"))==NULL)
    {   printf("Can't Open File!");
        exit(0);
    }
    printf("请输入一串字符,按@ 结束: \n");
    while((ch=getchar())!='@ ')
    {   fputc(ch,fp);
        putchar(ch);
    }
    printf("\n");
    fclose(fp);
    return 0;
}
```

（2）将已存在的 e 盘 xxx 文件夹下的 filename1.c 文件打开,然后显示在屏幕上,再将其复制到 filename2.c 文件中。

有错误的源程序 error10_3.c:

```
#include <stdio.h>
#include <stdlib.h>
int main()
{   FILE * fpin, * fpout;
    if((fpin=fopen("e:\\xxx\\filename1.c","r"))==NULL)
    {   printf("Can't Open File!");
        exit(0);
    }
    if((fpout=fopen("filename2.c","w"))==NULL)
    {   printf("Can't Open File!");
        exit(0);
    }
    while(!feof(fpin))
        putchar(fgetc(fpin));
    rewind(fpin);
    while(feof(fpin))
        fputc(fgetc(fpin),fpout);
    fclose(fpin);
    fclose(fpout);
    return 0;
}
```

（3）文件 Int_Data.dat 中存放了若干整数,将文件中的所有数据相加,并把累加和写入该文件的最后。

此程序没有键盘输入和屏幕输出信息。

① 文件 Int_Data.dat 中的初始数据:

```
10 15 20 50 100 200 220 280 300
```

② 程序运行后,文件 Int_Data.dat 中的数据:

```
10 15 20 50 100 200 220 280 300 1195
```

有错误的源程序 error10_4.c:

```
#include <stdio.h>
#include <stdlib.h>
int main()
{   FILE fp;
    int n, sum;
    if((fp=fopen("b.txt","r"))==NULL)
    {   printf("Can't Open File!");
        exit(0);
    }
    while(fscanf(fp,"%d",&n)==EOF)
        sum=sum+n;
    fprintf(fp," %d",sum);
    fclose(fp);
    return 0;
}
```

提示：

① 在运行程序前，应该首先建立文件 Int_Data.dat。

② 运行程序时，不需要从键盘输入数据，也没有屏幕输出。

③ 程序运行后，再打开文件 Int_Data.dat，检查数据是否正确。

④ 每次运行程序，都会将文件 Int_Data.dat 中所有数据累加和写入该文件的最后，由于读写操作针对同一个文件 Int_Data.dat，故每次运行的结果都不同。

(4) 从键盘输入 5 个职员的数据，写入一个文件中，再读取这 5 个职员的数据并显示在屏幕上。

有错误的源程序 error10_5.c：

```
#include <stdio.h>
#include <stdlib.h>
struct empl
{   char name[12];
    int num;
    int age;
}employee[5];
int main()
{   FILE fp1, * fp2;
    int i;
    if((fp1=fopen("in.txt","wb"))==NULL)
    {   printf("Can't Open File!");
        exit(0);
    }
    printf("Input data:\n");
    for(i=0;i<5;i++)                  /* 将输入数据存入数组中 */
        scanf("%s%d%d",employee[i].name,&employee[i].num,&employee[i].age);
    for(i=0;i<5;i++)                  /* 将数组中的数据写入文件中 */
        fwrite(employee,sizeof(struct empl),1,fp1);    /* 一次写一个数据块 */
    fclose(fp1);
    if((fp2=fopen("in.txt","rb"))==NULL)
    {   printf("Can't Open File!");
        exit(0);
    }
```

```
    for(i=0;i<5;i++)                    /*将文件中的信息读取到数组中*/
        fread(employee,sizeof(struct empl),1,fp2)
    printf("\nname\tnumber\tage\n");
    for(i=0;i<5;i++)
        printf("%s\t%5d\t%d\n",employee[i].name,employee[i].num,employee[i]
.age);
    fclose(fp2);
    return 0;
}
```

3. 程序填空题

完善下列程序,然后调试运行程序。

(1) 从键盘输入若干学生的成绩(整型),用−1 结束,调用 fprintf 函数,按格式将学生的成绩写入磁盘文件 e:\b.txt 中。然后调用 fscanf 函数,按格式读取该文件中的学生成绩,并在终端屏幕输出最高成绩。

有待完善的源程序 fill10_1.c:

```
#include <stdio.h>
#include <stdlib.h>
int main()
{   FILE * fp;
    int a,max;
    if((fp=fopen("e:\\b.txt","w"))==NULL)
    {   printf("Can't Open File!");
        exit(0);
    }
    scanf("%d",&a);
    while(   ①   )                      /*只要输入的整数不等于−1,循环继续*/
    {   ②   ;                           /*将成绩按指定格式写到 fp 所指文件中*/
        scanf("%d",&a);
    }
    if(fclose(fp))
    {   printf("Can't close the File!");
        exit(0);
    }
    if((fp=fopen("e:\\b.txt","r"))==NULL)
    {   printf("Can't Open File!");
        exit(0);
    }
    max=0;                              /*将 max 的初值设为最小成绩*/
    while(   ③   )                      /*如果不是文件尾,继续循环*/
    {   ④   ;                           /*从 fp 所指文件中读取值,存到 a 中*/
        printf("%4d",a);
        if(max<a)max=a;
    }
    printf("\nmax=%d\n",max);
    if(fclose(fp))
```

```
    {   printf("Can't close the File!");
        exit(0);
    }
    return 0;
}
```

（2）将字符串 apple、grape、pear 写入磁盘文件 e：\c.txt 中，然后从该文件中读出，并显示到终端屏幕。

有待完善的源程序 fill10_2.c：

```
#include <stdio.h>
#include <stdlib.h>
int main()
{   FILE * fp;
    char a[][80]={"apple","grape","pear"},strout[80];
    int i;
    if((fp=fopen("e:\\c.txt","w"))==NULL)
    {   printf("Can't Open File!");
        exit(0);
    }
    for(i=0;i<3;i++)
        ____①____ ;                    /* 将字符串写到 fp 所指文件中 */
    if(fclose(fp))
    {   printf("Can't close the File!");
        exit(0);
    }
    if((fp=fopen("e:\\c.txt","r"))==NULL)
    {   printf("Can't Open File!");
        exit(0);
    }
    i=0;
    while(  ____②____ )               /* 如果不是文件尾,继续循环 */
    {   ____③____ ;                   /* 从 fp 所指文件中读取字符串,存到 strout 数组中 */
        ____④____ ;                   /* 将字符串显示到终端屏幕 */
    }
    if(fclose(fp))
    {   printf("Can't close the File!");
        exit(0);
    }
    return 0;
}
```

4. 程序设计题

（1）分别统计一个文本文件中字母、数字及其他字符的个数。要求：通过先写（将文本先写到文件 a.txt 中）、再读文件的方式统计。

（2）从键盘输入若干实数（以特殊数值－1 结束），写到文本文件 b.txt 中。

（3）从键盘输入以下 5 个学生的学号、姓名，数学、语文和英语成绩，写到文本文件 c.txt中；再从文件中取出数据，计算每个学生的总分和平均分，并将结果显示在屏幕上。

学号	姓名	数学	语文	英语	总分	平均分
30508001	令狐冲	81	75	82	238	79
30508002	林平之	87	68	85	240	80
30508003	岳灵珊	73	84	80	237	79
30508004	郑盈盈	76	81	74	231	77
30508005	田伯光	83	75	71	229	76

提示：程序运行后,打开文本文件 c.txt,检查写入文件中的数据是否正确。

（4）编写一个程序,比较两个文本文件的内容是否相同,并输出两个文件中第一次出现不同字符内容的行号及列值。

（5）读取一个指定的文本文件,显示在屏幕上。如果有大写字母,则改成小写字母再输出,并统计行数。根据回车符统计文件的行数,要处理的文件名通过键盘输入字符串来指定。

【实验结果和分析】

（1）将 C 语言源程序、运行结果写在实验报告上。
（2）分析源程序和运行结果,并将遇到的问题和解决问题的方法写在实验报告上。

使用工程组织多个文件

【实验目的】

(1) 了解工程的基本概念。

(2) 掌握分别使用文件包含和工程文件组织多个程序文件的方法。

(3) 了解结构化程序设计的基本概念与思想。

(4) 掌握结构化程序设计的方法。

【实验内容】

1. 调试样例

改正下列程序中的错误。设计一个常用圆形体体积的计算器,采用命令方式输入"1""2""3",分别选择计算球体、圆柱体、圆锥体的体积,并输入计算所需要的相应参数。该计算器可支持多次反复计算,只要输入"1""2""3",即选择计算 3 种体积,如果输入其他数字,将结束计算。

本例一共包含 5 个函数,它们的调用关系为: main()函数调用 cal()函数,cal()函数调用 vol_ball()函数、vol_cylind()函数和 vol_cone()函数。采用 3 个文件模块方式实现: error11_1_main.c、error11_1_cal.c、error11_1_vol.c,其中 error11_1_vol.c 包含 3 个函数 vol_ball()、vol_cylind()、vol_cone()。

有错误的源程序文件由以下 3 个文件构成。

文件 error11_1_main.c:

```
/* 常用圆形体的体积计算器,1: 计算球体,2: 计算圆柱体,3: 计算圆锥体 */
#include <stdio.h>
#include <math.h>
#include "error11_1_cal.c";          /* 增加文件包含,连接相关函数 */
#include "error11_1_vol.c";          /* 增加文件包含,连接相关函数 */
#define PI 3.141592654
int main()
{  int sel;
   /* 循环选择计算圆形体的体积,直到输入非 1~3 的数字为止 */
   while(1)                          /* 永久循环,通过循环体中的 break 语句结束循环 */
   {  printf(" 1-计算球体体积");
      printf(" 2-计算圆柱体体积");
      printf(" 3-计算圆锥体体积");
      printf(" 其他-退出程序运行 \n");
```

```
        printf("请输入计算命令: ");                /* 输入提示 */
        scanf("%d",&sel);
        if(sel<1||sel>3)                          /* 输入非 1~3 的数字,循环结束 */
            break;
        else                                      /* 输入 1~3 的数字,调用 cal()函数 */
            cal(sel);
    }
    return 0;
}
```

文件 error11_1_cal.c:

```
/* 常用圆形体体积计算器的主控函数 */
void cal(int sel)
{   double vol_ball();                            /* 函数声明 */
    double vol_cylind();
    double vol_cone();
    switch(sel)
    {   case 1:printf("球体体积为: %.2f\n",vol_ball()); break;
        case 2:printf("圆柱体体积为: %.2f\n",vol_cylind()); break;
        case 3:printf("圆锥体体积为: %.2f\n",vol_cone()); break;
    }
}
```

文件 error11_1_vol.c:

```
/* 计算球体体积 v=4/3*PI*r*r*r */
double vol_ball()
{   double r;
    printf("请输入球体的半径: ");
    scanf("%lf",&r);
    return (4.0/3.0*PI*r*r*r);
}
/* 计算圆柱体体积 v=PI*r*r*h */
double vol_cylind()
{   double r,h;
    printf("请输入圆柱体的底圆半径和高: ");
    scanf("%lf%lf",&r,&h);
    return (PI*r*r*h);
}
/* 计算圆锥体体积 v=PI*r*r*h/3 */
double vol_cone()
{   double r,h;
    printf("请输入圆锥体的底圆半径和高: ");
    scanf("%lf%lf",&r,&h);
    return (PI*r*r*h/3.0);
}
```

2. 实现方式 1: 文件包含方式

(1) 把 3 个源程序复制到同一个文件目录中。

(2) 使用 C-Free 打开 error11_1_main.c,进行编译连接。

(3) 编译后共有 2 个错误,0 个警告(如图 1-11-1 所示)。双击消息窗口中的第一条错误提示信息"4:'#include' expects "FILENAME" or <FILENAME>",则在编辑窗口的源程序 error11_1_main.c 中高亮显示第 4 行"♯include "error11_1_cal.c";"。双击消息窗口中的第二条错误提示信息"5:'♯include' expects "FILENAME" or <FILENAME>",则在编辑窗口的源程序 error11_1_main.c 中高亮显示第 5 行"♯include "error11_1_vol.c";"。仔细观察以上错误提示信息,发现都是由编译预处理 include 行尾多了分号(;)引起的。编译预处理 include 是命令,不是 C 语句,不能有分号。

编译错误改正:去掉如图 1-11-1 所示的第 4 行"♯include "error11_1_cal.c";"和第 5 行"♯include "error11_1_vol.c";"的行尾分号(;)。

图 1-11-1　编译错误提示信息

(4) 修改后重新编译,仍有编译错误,此时,消息窗口共呈现 7 个错误,0 个警告。双击第一条错误提示信息"'PI' undeclared",则在编辑窗口的源程序 error11_1_vol.c 中高亮显示"return (4.0/3.0 * PI * r * r * r);"所在行,错误提示信息指出 PI 没有定义。

分析:文件包含的作用是把所指定的文件插入 include 所在的位置,因此♯define PI 3.141592654 宏定义位于几个函数之后,而函数中又要用到 PI,所以就出现了 PI 先使用后定义的情况。

错误改正:把如图 1-11-1 所示的文件 error11_1_main.c 的第 6 行"♯define"放到第 4 行"♯include "error11_1_cal.c""前。

(5) 改正错误后重新编译和连接,没有出现错误和警告信息。运行程序得到正确结果(如图 1-11-2 所示)。

3. 实现方式 2:工程文件方式

通过工程将以上 3 个源程序连接起来,建立工程的方法如下。

(1) 建立工程:打开 C-Free,选择"工程"→"新建"菜单命令,打开如图 1-11-3 所示的对话框。在"新建工程"对话框中先选定位置(如 E:\C_programm),再填入工程名称(如 proj1),然后选择工程类型为"空的工程",最后单击"确定"按钮,C-Free 就创建了一个空的工程(如图 1-11-4 所示)。

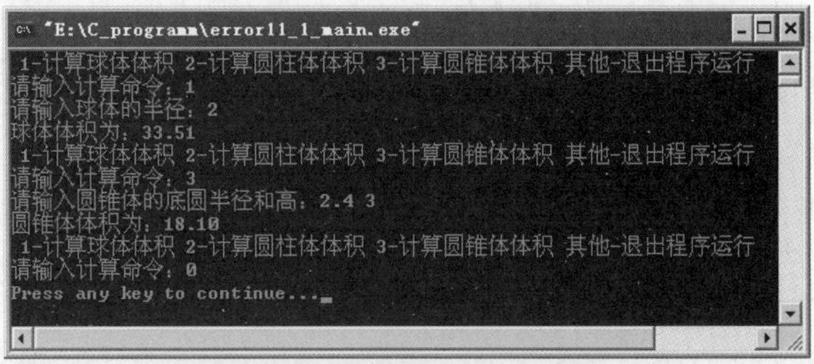

图 1-11-2　改正后的程序运行窗口

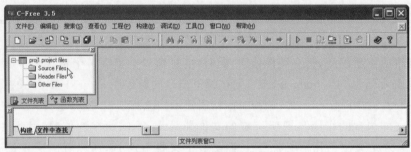

图 1-11-3　建立工程

图 1-11-4　空的工程

（2）添加源程序：把以上 3 个源程序文件添加到工程中，只要右击如图 1-11-4 所示的 Source Files 文件夹，在出现的菜单中选择"往文件夹添加文件"命令，就可以将这 3 个文件选择进工程，添加这 3 个文件后的文件树如图 1-11-5 中左侧文件列表窗口所示。

注意：如果想添加头文件到工程，则可以右击 Header Files 文件夹，将想要的头文件添加到工程中。也可以将所有这些文件夹删除，建立自己想要的文件夹，使用自己的管理方式。在打开工程的情况下，新建一个文件，并不自动添加到工程中，而是必须先保存这个文件，再用上面的方法将文件添加到工程中。

（3）查看源程序：双击图 1-11-5 左侧文件列表窗口中的文件 error11_1_main.c，窗口右侧即显示源程序，然后删除如图 1-11-5 所示的第 4、第 5 行的文件包含。用同样的方式可以任意打开其他的源程序。

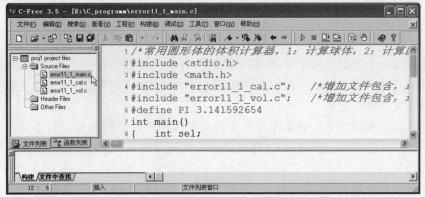

图 1-11-5　添加文件后的文件树并查看 error11_1_main.c 源程序

（4）构建运行工程：单击工具栏上的"运行"按钮，C-Free 将编译工程所包含的文件。编译后，出现如图 1-11-6 所示的错误提示信息。

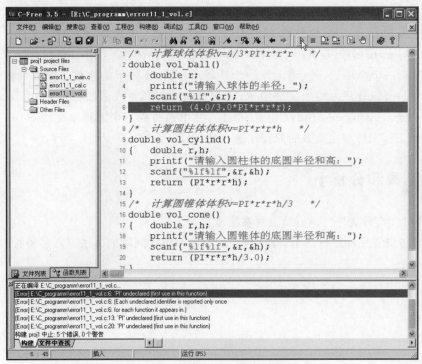

图 1-11-6　编译工程错误提示信息

分析：由于工程文件方式是对各源程序单独编译，然后在连接时再合并起来，因此 error11_1_cal.c、error11_1_vol.c 中缺少 #include <stdio.h> 和 #define PI 3.141592654 等将无法通过独立的编译。同时 main() 中没有对 cal() 进行声明，所以出现了编译错误。

错误改正：在源程序 error11_1_cal.c、error11_1_vol.c 头上增加以下内容。

```
#include <stdio.h>
#include <math.h>
#define PI 3.141592654
```

（5）重新构建运行工程，编译没有错误和警告信息；然后连接所有的目标文件，生成一个独立的 EXE 程序；最后自动运行这个程序，运行结果符合题目要求。

注意：

- 在编写一个大型的程序时，常常不是把所有的函数都写在一个文件中，而是先将一个或几个函数分别建立在一个源程序文件中，再使用文件包含或工程文件将这些源程序文件组织起来。
- 文件包含和工程文件是实现多文件模块程序的两种不同途径。其中文件包含是在程序编译连接时，把相应的文件模块插入其对应的 ♯include 位置，拼接后生成可执行代码，它是标准 C 语言提供的功能——编译预处理。而工程文件方式先对各源程序进行单独编译，然后连接，它不是 C 语言本身的功能，是语言系统（如 C-Free）提供的功能。在实际使用中，通常把一些统一的定义、声明或符号常量内容，组成头文件（.h 类型），以文件包含的方式实现。而函数模块往往采用工程文件连接，但实现时要考虑到每个源程序是单独编译的，必要的定义、声明与说明不可缺少。

4. 程序设计题

（1）输入 $n(1<n<10)$ 个整数，统计其中素数的个数。要求程序由两个文件组成。在一个文件中编写 main 函数，在另一个文件中编写素数判断的函数。使用文件包含的方式实现。

（2）编制一个简单加、减、乘运算的计算器，输入计算式子的格式为整数常量＋运算符＋整数常量。要求程序由两个文件组成，把加、减、乘运算写成函数：int add(int a,int b)，int minus(int a,int b)，multiply(int a,int b)，并单独写成一个源程序文件 cal.c，分别使用文件包含和工程文件与主函数的源程序进行连接。

【实验结果和分析】

（1）将 C 语言源程序、运行结果写在实验报告上。

（2）分析源程序和运行结果，并将遇到的问题和解决问题的方法写在实验报告上。

实验 12 综合程序设计

【实验目的】

(1) 掌握程序设计的综合方法,能综合应用各种数据类型实现较复杂数据的存储。

(2) 进一步熟悉模块化编程思想和原则,熟悉应用程序的基本开发过程。

(3) 培养和锻炼对具有一定复杂度和规模的问题的分析与求解能力。

(4) 培养良好的 C 程序设计风格与代码规范意识。

【实验内容】

1. 基于结构体数组编程

基于结构体数组,编写一个简易的"学生电子通讯录管理系统"。该系统要实现的主要功能说明如下。

(1) 学生电子通讯录管理:输入功能和输出功能。

输入功能是指:通过键盘输入,创建一个学生个人通讯信息结构体数组,作为学生通讯录。学生个人通讯信息包括学号(字符串)、姓名(字符串)、性别(字符型,取值 F 或 M)、生日(结构体,包括年月)、手机号码(字符串)等。要求对用户输入的个人信息进行有效性检查。输出功能是指:在显示器上输出系统中学生通讯录的所有信息。

(2) 学生电子通讯录管理:查找功能。

查找功能是指:在学生个人通讯信息结构体数组上实现查找功能,可以进行学号模糊查找、姓名模糊查找、手机号码模糊查找、性别精确查找以及生日范围查找等,然后在显示器上输出查找到的学生信息。

(3) 学生电子通讯录管理:插入功能和删除功能。

插入功能是指:通过键盘输入一个学生的个人通讯信息,插入系统中的学生通讯录中。删除功能是指:基于查找模块,删除系统中的学生个人通讯信息。

(4) 学生电子通讯录管理:排序功能。

排序功能是指:在学生个人通讯信息结构体数组上实现查找功能,可以根据学号、姓名、性别、手机号码及生日进行排序,然后在显示器上输出排序后的通讯录。

(5) 学生电子通讯录管理:保存功能和创建功能。

保存功能是指:通过文件写操作,按一定格式,将学生通讯录保存到外部文件。创建功能是指：通过文件读操作，根据外部的学生通讯录文件，创建学生通讯录。

思考：如果不用数组，能够用其他的数据结构实现类似系统吗？

2．基于结构体链表

基于结构体链表，重新设计"学生电子通讯录管理系统"，要求重新设计后的系统应用以下功能。

（1）链表应用：输入功能。

基于用户键盘输入，创建学生个人通讯信息链表，要求对用户输入的个人信息进行有效性检查。

（2）链表应用：输出功能。

在以上设计的基础上，设计链表输出函数。

（3）链表应用：查找功能。

在以上设计的基础上，设计链表查找函数。要求可以进行学号模糊查找、姓名模糊查找、手机号码模糊查找、性别精确查找及生日范围查找等，然后在显示器上输出查找到的学生信息。

（4）链表应用：插入功能。

在以上设计的基础上，设计节点插入函数。

（5）链表应用：删除功能。

在以上设计的基础上，基于查找函数，设计节点删除函数，要求能够根据查找的结果删除相应的节点，然后在显示器上显示删除后的链表内容。

（6）链表应用：排序功能。

在以上设计的基础上，设计链表排序函数。要求可以根据学号、姓名、性别、手机号码及生日进行排序，然后在显示器上输出排序后的通讯录。

（7）链表应用：保存功能。

在以上设计的基础上，设计链表保存到外部文件的函数。

（8）链表应用：创建功能。

在以上设计的基础上，设计基于外部文件创建链表的函数。

【实验结果和分析】

（1）将 C 语言源程序、运行结果写在实验报告上。

（2）总结：主要介绍程序的完成情况，重点、难点及解决方法，有待改进之处，以及有何收获、体会等。

实验参考答案

实验 1 参考答案

3. 程序修改题

有错误的源程序 error1_2.c 改正后的代码为：

```c
#include <stdio.h>
int main()
{  printf("*************\n");
   printf("   Very good!\n");
   printf("*************\n");
   return 0;
}
```

4. 程序设计题

（1）

```c
#include <stdio.h>
int main()
{  printf("One World,One Economic!\n");
   return 0;
}
```

扩展：

```c
#include <stdio.h>
int main()
{  printf("你是住 B 区 8 栋吗？\n");
   return 0;
}
```

（2）

```c
#include <stdio.h>
int main()
{  printf("+---+---+\n");
   printf(" |   |   |\n");
   printf(" +---+---+\n");
   return 0;
}
```

与以上源程序等价的代码为：

```
#include <stdio.h>
int main()
{  printf("+---+---+\n|   |   |\n+---+---+\n");
   return 0;
}
```

扩展：

```
#include <stdio.h>
int main()
{  printf("|~~~~~~~~~~~~|\n");
   printf("| My name is XXX |\n");
   printf("|_____|\n");
   return 0;
}
```

（3）

```
#include <stdio.h>
int main()
{  printf("   A\n");
   printf("  B  C\n");
   printf("D  E  F\n");
   return 0;
}
```

实验 2 参考答案

2. 程序修改题

（1）有错误的源程序 error2_2.c 改正后的代码为：

```
#include <stdio.h>
int main()
{  int x=3,y;
   y=x*x;
   printf("%d=%d*%d\n",y,x,x);           /*输出*/
   printf("%d*%d=%d\n",x,x,y);
   return 0;
}
```

（2）有错误的源程序 error2_3.c 改正后的代码为：

```
#include <stdio.h>
#include <math.h>
int main()
{  double x,y,s;
   scanf("%lf%lf",&x,&y);
   s=sqrt(x+y);
   printf("s=%f\n",s);
   return 0;
}
```

（3）有错误的源程序 error2_4.c 改正后的代码为：

```
#include <stdio.h>
int main()
{   double c=0, f=0;
    printf("Enter c:");
    scanf("%lf", &c);
    f=(9.0/5) * c+32;
    printf("c=%lf, f=%lf\n", c, f);
    return 0;
}
```

3. 程序填空题

① #define PI 3.1415926   ② scanf("%d", &degree);   ③ %d   ④ %f

4. 程序设计题

(1)

```
#include <stdio.h>
#include <math.h>
int main()
{   printf("%lf\n", 5 * sin(60 * 3.14159/180)+12.5 * 3.4+sqrt(16.88)");
    return 0;
}
```

(2)

```
#include <stdio.h>
int main()
{   int n1,n2;                                  /*定义变量*/
    printf("Enter n1 & n2:");                   /*输入提示*/
    scanf("%d%d", &n1, &n2);                     /*输入整数 n1 和 n2*/
    /*若要求单独输入两个整数,则应将以上两条语句改为如下 4 条语句:
    printf("Enter n1:");
    scanf("%d", &n1);
    printf("Enter n2:");
    scanf("%d", &n2); */
    printf("%d+%d=%d\n", n1, n2, n1+n2);          /*求两数之和*/
    printf("%d-%d=%d\n", n1, n2, n1-n2);          /*求两数之差*/
    printf("%d * %d=%d\n", n1, n2, n1 * n2);      /*求两数之积*/
    printf("%d/%d=%d\n", n1, n2, n1/n2);          /*求两数之商*/
    printf("%d%%%d=%d\n", n1, n2, n1%n2);         /*求余,要显示"%"符号,必须"%%"*/
    printf("(%d+%d)/2=%d\n", n1, n2, (n1+n2)/2);  /*求平均值(取其整数部分)*/
    return 0;
}
```

扩展:

```
#include <stdio.h>
int main()
{   double n1, n2;
    printf("Enter n1 & n2:");
    scanf("%lf%lf", &n1, &n2);                    /*输入 double 型变量的值要用格式声明符%lf*/
    printf("%.0f+%.0f=%.0f\n", n1, n2, n1+n2);
    printf("%.0f-%.0f=%.0f\n", n1, n2, n1-n2);
    printf("%.0f * %.0f=%.0f\n", n1, n2, n1 * n2);
```

```
        printf("%.0f/%.0f=%.0f\n",n1,n2,n1/n2);
        printf("(%.0f+%.0f)/2=%.0f\n",n1,n2,(n1+n2)/2);
        return 0;
}
```

注意：求余符号％两边的数必须是整数，所以若 n1 和 n2 是 double 型数据，则无法求余。

（3）

```
#include <stdio.h>
#include <math.h>
int main()
{   double x1,y1,x2,y2,d;
    printf("Enter x1 y1 x2 y2:");
    scanf("%lf%lf%lf%lf",&x1,&y1,&x2,&y2);
    d=sqrt(pow((x1-x2),2)+pow((y1-y2),2));
    printf("两点间的距离 d=%.2f\n",d);
    return 0;
}
```

（4）

```
#include <stdio.h>
int main()
{   int n=152,d1,d2,d3;
    d1=n%10;
    d2=(n/10)%10;
    d3=n/100;
    printf("整数%d的个位数字是%d,十位数字是%d,百位数字是%d\n",n,d1,d2,d3);
    return 0;
}
```

扩展：

①

```
#include <stdio.h>
int main()
{   int n,d1,d2,d3;
    printf("请输入一个三位正整数 n:");
    scanf("%d",&n);
    d1=n%10;
    d2=(n/10)%10;
    d3=n/100;
    printf("此三位正整数 n 逆序为:%d%d%d\n",d1,d2,d3);
    return 0;
}
```

②

```
#include <stdio.h>
int main()
{   int n,d1,d2,d3,d4;
    printf("请输入一个四位正整数 n:");
    scanf("%d",&n);
```

```
    d1=n%10;
    d2=(n/10)%10;
    d3=(n/100)%10;
    d4=n/1000;
    printf("整数%d的个位为%d,十位为%d,百位为%d,千位为%d\n",n,d1,d2,d3,d4);
    return 0;
}
```

③

```
#include <stdio.h>
int main()
{   int n,d1,d2,d3,d4,d5;
    printf("请输入一个五位正整数 n:");
    scanf("%d",&n);
    d1=n%10;
    d2=(n/10)%10;
    d3=(n/100)%10;
    d4=(n/1000)%10;
    d5=(n/10000);
    printf("%d---%d---%d---%d---%d\n",d5,d4,d3,d2,d1);
    return 0;
}
```

(5)

```
#include <stdio.h>
int main()
{   int n,h,m;                        /*n为输入的分钟数,h表示小时数,m表示分钟数*/
    printf("Enter n: ");              /*输入提示*/
    scanf("%d",&n);                   /*输入n的值*/
    h=n/60;                           /*计算小时数*/
    m=n%60;                           /*计算分钟数*/
    printf("%d minutes:%d hours and %d minutes.\n",n,h,m);  /*按要求输出*/
    return 0;
}
```

(6)

```
#include <stdio.h>
#include <math.h>
#define PI 3.1415926
int main()
{   double r,h,v;                          /*定义变量*/
    printf("请输入底面半径 r,圆柱高 h:");    /*输入提示*/
    scanf("%lf%lf",&r,&h);                  /*按要求输入数据*/
    v=PI*pow(r,2)*h;                        /*计算圆柱体体积*/
    printf("圆柱体体积为:%.2f\n",v);          /*按要求输出圆柱体体积*/
    return 0;
}
```

(7)

```
#include <stdio.h>
int main()
{   char c1,c2;
```

```
    printf("请输入两个字符 c1,c2:");
    c1=getchar();
    c2=getchar();
    /*以上两条语句等价于 scanf("%c%c",&c1,&c2);*/
    printf("用 putchar 语句输出结果为:");
    putchar(c1);
    putchar(c2);
    /*以上两条 putchar()语句等价于 printf("%c%c",c1,c2);*/
    putchar('\n'); /*此行等价于 printf("\n");*/
    /*以上 3 条 putchar()语句等价于 printf("%c%c\n",c1,c2);*/
    printf("用 printf 语句输出结果为:");
    printf("%c%c\n",c1,c2);
    return 0;
}
```

回答思考问题:

① c1 和 c2 可以定义为字符型或整型,二者皆可。

② 可以用 printf 函数输出,在 printf 函数中用%d 格式符,即"printf("%d,%d\n",c1, c2);"。

③ 字符型变量在计算机内占 1 字节,而整型变量占 2 或 4 字节。因此整型变量在可输出字符的范围内(ASCII 码为 0~255 的字符)是可以与字符数据互相转换的。如果整数在此范围外,不能代替。

(8)

```
#include <stdio.h>
int main()
{   char a='\0',b='\0';
    int sum=0;                /*定义变量并对变量赋初值,整型变量清 0,字符型变量赋予空字符*/
    printf("Enter a,b: ");    /*输入提示*/
    scanf("%c%c",&a,&b);      /*此行等价于 a=getchar();b=getchar();*/
    sum=(a-'0')+(b-'0');      /*计算两个字符对应的数字之和*/
    printf("%c+%c=%d\n",a,b,sum);    /*按要求输出*/
    return 0;
}
```

扩展:

```
#include <stdio.h>
int main()
{   char a='\0',b='\0',c='\0',d='\0'; int n=0;
    printf("Enter a,b,c,d: ");
    scanf("%c%c%c%c",&a,&b,&c,&d);
    n=(a-'0')*1000+(b-'0')*100+(c-'0')*10+(d-'0');
    printf("输入 4 个数字字符:\'%c\'、\'%c\'、\'%c\'、\'%c\',则输出其对应的整型数值为%d
\n",a,b,c,d,n);          /*要想输出显示单引号',必须在 printf 函数中使用转义字符\'*/
    return 0;
}
```

(9)

```
#include <stdio.h>
int main()
```

```
{   char x='\0',y='\0',t='\0';           /* 定义字符型变量并对其赋予空字符 */
    printf("Enter x,y: ");               /* 输入提示 */
    scanf("%c%c",&x,&y);                 /* 此行等价于 x=getchar();y=getchar(); */
    printf("Before:x=%c,y=%c\n",x,y);    /* 输出交换前输入的 x、y 值 */
    t=x;x=y;y=t;                         /* 交换 x、y 字符的值 */
    printf("After:x=%c,y=%c\n",x,y);     /* 输出交换后的 x、y 值 */
    return 0;
}
```

实验 3 参考答案

2. 程序修改题

（1）有错误的源程序 error3_2.c 改正后的代码为：

```
#include <stdio.h>
int main()
{   double x,y;
    printf("Enter x:\n");
    scanf("%lf",&x);   /* 此行可以是 scanf("=%lf",&x);但输入数据前也要先输入等号 */
    if(x==10)
    {   y=1/x;
    }
    else
    {   y=x;
    }
    printf("f(%.2f)=%.2f",x,y);
    return 0;
}
```

（2）有错误的源程序 error3_3.c 改正后的代码为：

```
#include <stdio.h>
#include <math.h>
int main()
{   double a,b,c;
    double area,perimeter,s;
    printf("Enter 3 sides of the triangle:");
    scanf("%lf%lf%lf",&a,&b,&c);
    if(a+b>c&&b+c>a&&a+c>b)
    {   s=(a+b+c)/2;
        area=sqrt(s*(s-a)*(s-b)*(s-c));
        perimeter=a+b+c;
        printf("area=%.2f;perimeter=%.2f\n",area,perimeter);
    }
    else
        printf("These sides do not correspond to a valid triangle\n");
    return 0;
}
```

扩展：

```
#include <stdio.h>
```

```
#include <math.h>
int main()
{  int a,b,c;
   printf("Enter 3 sides of the triangle:");
   scanf("%d%d%d",&a,&b,&c);
   if(a+b>c&&b+c>a&&a+c>b)
   {  if(a==b||b==c||a==c)
      if(a==b&&b==c)
          printf("等边三角形\n");
      else
          printf("等腰三角形\n");
      else
          printf("一般三角形\n");
   }
   else
      printf("不能构成三角形\n");
   return 0;
}
```

（3）有错误的源程序 error3_4.c 改正后的代码为：

```
#include <stdio.h>
int main()
{  char c;
   printf("Enter a character:");
   c=getchar();
   if(c==' ')
      printf("This is a space character\n");
   else if('0'<=c&&c<='9')
      printf("This is a digit\n");
   else if(c>='a'&&c<='z')
      printf("This is a small letter\n");
   else if(c>='A'&&c<='Z')
      printf("This is a capital letter\n");
   else
      printf("This is an other character\n");
   return 0;
}
```

扩展：

```
#include <stdio.h>
#include <ctype.h>
int main()
{  char c;
   printf("Enter a character:");
   c=getchar();
   if(c==' ')
      printf("This is a space character\n");
   else if(isdigit(c))              /* 等价于 else if('0'<=c&&c<='9') */
      printf("This is a digit\n");
   else if(islower(c))              /* 等价于 else if(c>='a'&&c<='z') */
      printf("This is a small letter\n");
   else if(isupper(c))              /* 等价于 else if(c>='A'&&c<='Z') */
```

```
        printf("This is a capital letter\n");
    else
        printf("This is an other character\n");
    return 0;
}
```

（4）有错误的源程序 error3_5.c 改正后的代码为：

```
#include <stdio.h>
int main()
{   char c;
    int a,b;
    printf("输入 a 运算符 b:");
    scanf("%d%c%d",&a,&c,&b);
    switch(c)
    {   case '+': printf("%d+%d=%d\n",a,b,a+b);break;
        case '-': printf("%d-%d=%d\n", a,b,a-b);break;
        case '*': printf("%d*%d=%d\n", a,b,a*b);break;
        case '/': if(b!=0) printf("%d/%d=%d\n",a,b,a/b);
            else    printf("error!");
            break;
        case '%': if(b!=0) printf("%d%%%d=%d\n",a,b,a%b);
            else    printf("error!");
            break;
        default: printf("运算符输入错误!\n");
    }
    return 0;
}
```

3. 程序填空题

（1）① c>='a' && c<='u'或 c>='a' && c<'v'   ② c=c−'v'+'a';或 c=c−21;

（2）① scanf("％d％d",&a,&b)   ② a>b?a:b 或 a<b?b:a   ③ ％d

4. 程序设计题

（1）

```
#include <stdio.h>
int main()
{   double n1,n2,n3,max;
    printf("Input n1, n2, n3:");
    scanf("%lf%lf%lf",&n1,&n2,&n3);
    max=n1;                        /* max 内存放 n1 的值 */
    if(max<n2)max=n2;              /* max 内存放 n1、n2 中较大的值 */
    if(max<n3)max=n3;              /* max 内存放 n1、n2、n3 中最大的值 */
    printf("n1=%.2f,n2=%.2f,n3=%.2f,max=%.2f\n",n1,n2,n3,max);
    return 0;
}
```

扩展：

①

```
#include <stdio.h>
int main()
```

```
{   char n1,n2,n3,min;
    printf("Input n1, n2, n3:");
    scanf("%c%c%c",&n1,&n2,&n3);
    min=n1;                        /* min 内存放 n1 的值 */
    if(min>n2)min=n2;              /* min 内存放 n1、n2 中较小的值 */
    if(min>n3)min=n3;              /* min 内存放 n1、n2、n3 中最小的值 */
    printf("n1=%c,n2=%c,n3=%c,min=%c\n",n1,n2,n3,min);
    return 0;
}
```

②

```
#include <stdio.h>
int main()
{   double n1,n2,n3,t;
    printf("Input n1, n2, n3:");
    scanf("%lf%lf%lf",&n1,&n2,&n3);
    printf("Before:n1=%.2f,n2=%.2f,n3=%.2f\n",n1,n2,n3);
    if(n1>n2)                      /* 执行 if 语句后,n2 内存放 n1 和 n2 中较大数 */
    { t=n1;n1=n2;n2=t; }
    if(n2>n3)                      /* 执行 if 语句后,n3 内存放 3 数中最大数 */
    { t=n2;n2=n3;n3=t; }
    if(n1>n2)                      /* 执行 if 语句后,n2 内存放 3 数中次大数 */
    { t=n1;n1=n2;n2=t; }
    printf("After:n1=%.2f,n2=%.2f,n3=%.2f\n",n1,n2,n3);
    return 0;
}
```

(2)

```
#include <stdio.h>
int main()
{   int n;
    printf("请输入 1 个整数: ");
    scanf("%d",&n);
    if(n%2==0)                     /* 如果 n 的值是偶数 */
        printf("Even number\n");   /* 输出 Even number */
    else
        printf("Odd number\n");    /* 输出 Odd number */
    return 0;
}
```

扩展:

①

```
#include <stdio.h>
int main()
{   int n1,n2;
    printf("请输入两个整数: ");
    scanf("%d%d",&n1,&n2);
    if(n1%n2==0)                       /* 如果 n1 是 n2 的倍数 */
        printf("Yes\n");               /* 输出 Yes */
    else
        printf("No\n");                /* 输出 No */
```

```c
    return 0;
}
```

②

```c
#include <stdio.h>
int main()
{   int a;
    printf("请输入笼子里面动物脚的总数 a: ");
    scanf("%d",&a);
    /*当笼子中动物数达到最多时,笼子里的动物应都是鸡;而当笼子中动物数达到最少时,应都
    是兔子或多只兔子加一只鸡,并且动物脚的个数一定是偶数*/
    if(a%2!=0)                      /*a 非偶数,表示没有满足要求的情况出现*/
        printf("0 0\n");
    else if(a%4!=0)                 /*a 不是 4 的倍数*/
        printf("%d %d\n",a/4+1,a/2);
    else                            /*a 是 4 的倍数*/
        printf("%d %d\n",a/4,a/2);
    return 0;
}
```

(3)

```c
#include <stdio.h>
int main()
{   int n;
    printf("请输入一个整数 n: ");
    scanf("%d",&n);
    if(n%3==0&&n%5==0&&n%7==0) printf("%d 能同时被 3、5、7 整除\n",n);
    if(n%3==0&&n%5==0&&n%7!=0||n%3==0&&n%5!=0&&n%7==0||n%3!=0&&n%5==0&&n%7==0)
    printf("%d 能被 3、5、7 其中两数整除\n",n);
    if(n%3==0&&n%5!=0&&n%7!=0||n%3!=0&&n%5==0&&n%7!=0||n%3!=0&&n%5!=0&&n%7==0)
    printf("%d 能被 3、5、7 其中一个数整除\n",n);
    if(n%3!=0&&n%5!=0&&n%7!=0) printf("%d 不能被 3、5、7 任一个数整除\n",n);
    return 0;
}
```

(4)

```c
#include <stdio.h>
int main()
{   int n;
    printf("请输入 1~7 的数字: ");
    scanf("%d",&n);
    switch(n)
    {   case 1:printf("Monday\n");break;
        case 2:printf("Tuesday\n");break;
        case 3:printf("Wednesday\n");break;
        case 4:printf("Thursday\n");break;
        case 5:printf("Friday\n");break;
        case 6:printf("Saturday\n");break;
        case 7:printf("Sunday\n");break;
        default:printf("error\n");break;
```

```
    }
    return 0;
}
```

（5）

用 if 语句实现此题的代码如下：

```
#include <stdio.h>
int main()
{   char grade;
    printf("Input Grade:");
    scanf("%c",&grade);                /* 或 grade=getchar(); */
    if(grade=='A'||grade=='a') printf("%c 对应的百分制成绩区间是 90~100\n",
    grade);
    else if (grade=='B'||grade=='b')printf("%c 对应的百分制成绩区间是 80~89\n",
    grade);
    else if (grade=='C'||grade=='c')printf("%c 对应的百分制成绩区间是 70~79\n",
    grade);
    else if (grade=='D'||grade=='d')printf("%c 对应的百分制成绩区间是 60~69\n",
    grade);
    else if (grade=='E'||grade=='e')printf("%c 对应的百分制成绩区间是 0~59\n",grade);
    else printf("数据输入错误\n");
    return 0;
}
```

用 switch 语句实现此题的代码如下：

```
#include <stdio.h>
int main()
{   char grade;
    printf("Input Grade:");
    scanf("%c",&grade);                /* 或 grade=getchar(); */
    switch(grade)
    {   case 'A':case 'a':printf("%c 对应的百分制成绩区间是 90~100\n",grade);break;
        case 'B':case 'b':printf("%c 对应的百分制成绩区间是 80~89\n",grade);break;
        case 'C':case 'c':printf("%c 对应的百分制成绩区间是 70~79\n",grade);break;
        case 'D':case 'd':printf("%c 对应的百分制成绩区间是 60~69\n",grade);break;
        case 'E':case 'e':printf("%c 对应的百分制成绩区间是 0~59\n",grade);break;
        default: printf("数据输入错误\n");
    }
    return 0;
}
```

扩展：

用 if 语句实现此题的代码如下：

```
#include <stdio.h>
int main()
{   int grade;
    printf("Enter grade: ");
    scanf("%d",&grade);
    if(grade<60) printf("百分制%d 对应的五级制成绩为%c\n",grade,'E');
    else if(grade<70) printf("百分制%d 对应的五级制成绩为%c\n",grade,'D');
    else if(grade<80) printf("百分制%d 对应的五级制成绩为%c\n",grade,'C');
```

```
    else if(grade<90) printf("百分制%d对应的五级制成绩为%c\n",grade,'B');
    else if(grade<=100) printf("百分制%d对应的五级制成绩为%c\n",grade,'A');
    return 0;
}
```

用 switch 语句实现此题的代码如下：

```
#include <stdio.h>
int main()
{   int grade;
    printf("Enter grade:");
    scanf("%d",&grade);
    switch(grade/10)
    {   case 9:case 10:printf("百分制%d对应的五级制成绩为%c\n",grade,'A');break;
        case 8:printf("百分制%d对应的五级制成绩为%c\n",grade,'B');break;
        case 7:printf("百分制%d对应的五级制成绩为%c\n",grade,'C');break;
        case 6:printf("百分制%d对应的五级制成绩为%c\n",grade,'D');break;
        case 5:case 4:case 3:case 2:case 1:
        case 0:printf("百分制%d对应的五级制成绩为%c\n",grade,'E');break;
    }
    return 0;
}
```

(6)

```
#include <stdio.h>
int main()
{   double x,y;
    printf("Enter x:");
    scanf("%lf",&x);
    if(x<-5)  y=0;
    else if(x<0) y=8/(x*x+x+1);
    else if(x<5) y=7/(x*x+x+1);
    else if(x<10) y=2/(x+8);
    else y=0;
    printf("x=%.3f,f(%.3f)=%.3f\n",x,x,y);
    return 0;
}
```

(7)

```
#include <stdio.h>
int main()
{   char ch='\0';
    printf("Input a character:");
    ch=getchar();
    if(ch>='0'&&ch<='9') printf("Character:\'%c\' Digit:%d\n",ch,ch-'0');
    else printf("\'%c\' is not the numeric character!\n",ch);
    return 0;
}
```

扩展：

①

```
#include <stdio.h>
```

```
int main()
{   char ch='\0';
    printf("Input a character:");
    ch=getchar();
    ch>='0'&&ch<='9'? printf("Character:\'%c\' Digit:%d\n",ch,ch-'0'):
    printf("\'%c\'is not the numeric character!\n",ch);
    return 0;
}
```

②

```
#include <stdio.h>
#include <ctype.h>
int main()
{   char ch='\0';
    printf("Input a character:");
    ch=getchar();                    //等价于 scanf("%c",&ch);
    printf("The input character is %c,",ch);
    if(isupper(ch))
    {   ch=tolower(ch);
        printf("The corresponding lowercase letter is %c\n",ch);
    }
    else if(islower(ch))
    {   ch=toupper(ch);
        printf("The corresponding uppercase letter is %c\n",ch);
    }
    else printf("It is not the capital letter!\n");
    return 0;
}
```

(8)

```
#include <stdio.h>
int main()
{   double salary,rate,deduction;
    printf("Enter the salary: ");
    scanf("%lf",&salary);
    if(salary<=3500){rate=0.0;deduction=0;}
    else if(salary<=5000) {rate=0.03;deduction=0;}
    else if(salary<=8000) {rate=0.1;deduction=105;}
    else if(salary<=12500){rate=0.2;deduction=555;}
    else if(salary<=38500){rate=0.25;deduction=1005;}
    else if(salary<=58500){rate=0.3;deduction=2755;}
    else if(salary<=83500){rate=0.35;deduction=5505;}
    else {rate=0.45;deduction=13505;}
    printf("tax=%.2f\n",rate * (salary-3500)-deduction);
    return 0;
}
```

(9)

```
#include <stdio.h>
int main()
{   int y,m,d,yt,mt,dt,age;
    printf("输入生日(年 y、月 m、日 d)和今天的日期(年 yt、月 mt、日 dt)");
```

```
    scanf("%d%d%d%d%d%d",&y,&m,&d,&yt,&mt,&dt);
    age=yt-y;
    if(mt<m)age--;
    else if(mt==m&&dt<d)age--;
    printf("实足年龄为%d\n",age);
    return 0;
}
```

(10)

```
#include <stdio.h>
int main()
{   int year=0,month=0,days=0;
    printf("Input year & month:");
    scanf("%d%d",&year,&month);
    switch(month)
    {   case 1:
        case 3:
        case 5:
        case 7:
        case 8:
        case 10:
        case 12: days=31;break;
        case 4: case 6: case 9: case 11:days=30;break;
        case 2: days=28;
            if(year%4==0&&year%100!=0||year%400==0)      /*判断闰年的条件*/
                days=days+1;                              /*等价于 days++;*/
            break;
    }
    printf("year:%d month:%d days:%d\n",year,month,days);
    return 0;
}
```

实验 4 参考答案

2. 程序修改题

(1) 有错误的源程序 error4_2.c 改正后的代码为：

```
#include <stdio.h>
int main()
{   int i=1;
    long f=1;
    while(i<=10)
    {   f=f * i;
        i++;
    }
    printf("10!=%ld",f);
    putchar('\n');                /* 将 putchar("\n")改为 putchar('\n')或 printf("\n") */
    return 0;
}
```

(2) 有错误的源程序 error4_3.c 改正后的代码为：

```c
#include <stdio.h>
int main()
{   int fahr,lower,upper;
    double celsius;
    printf("Enter lower:");
    scanf("%d",&lower);
    printf("Enter upper:");
    scanf("%d",&upper);
    printf("fahr celsius\n");
    for(fahr=lower;fahr<=upper;fahr=fahr+2)
    {   celsius=5 * (fahr-32.0)/9;
        printf("%3d%6.1f\n",fahr,celsius);
    }
    return 0;
}
```

（3）有错误的源程序 error4_4.c 改正后的代码为：

```c
#include <stdio.h>
int main()
{   float x,max,min; int i;
    for(i=1;i<=10;i++)
    {   scanf("%f",&x);
        if(i==1)
        {   max=x;min=x; }
        else
        {   if(x>max) max=x;
            if(x<min) min=x;
        }
    }
    printf("%f,%f\n",max,min);
    return 0;
}
```

扩展：

```c
/* 输入一个正整数 n,再输入 n 个整数,输出绝对值最大的数 */
#include <stdio.h>
#include <math.h>
int main()
{   int n,i,x,max;
    printf("Enter n:");
    scanf("%d",&n);
    printf("Enter %d integers:",n);
    for(i=1;i<=n;i++)
    {   scanf("%d",&x);
        if(i==1) max=x;
        else if(abs(x)>abs(max)) max=x;
    }
    printf("绝对值最大的数是%d\n",max);
    return 0;
}
```

（4）有错误的源程序 error4_5.c 改正后的代码为：

```c
#include <stdio.h>
int main()
{   int n,s=0;
    scanf("%d",&n);
    n=n<0?-n:n;
    while(n>0)
    {   s=s+n%10;
        n=n/10;
    }
    printf("%d\n",s);
    return 0;
}
```

(5) 有错误的源程序 error4_6.c 改正后的代码为：

```c
#include <stdio.h>
int main()
{   int n,i;
    scanf("%d",&n);
    printf("%d=",n);
    i=2;
    while(n>1)
        if(n%i==0)
        {   printf("%d * ",i);
            n=n/i;
        }
        else i++;
    printf("\b \n");
    return 0;
}
```

(6) 有错误的源程序 error4_7.c 改正后的代码为：

```c
#include <stdio.h>
int main()
{   int i,j,s=1;
    for(i=1;i<=200;i++)
    {   s=1;
        for(j=2;j<=i/2;j++)
            if(i%j==0)s=s+j;
            if(s==i)
            {   printf("%d=1",i);
                for(j=2;j<=i/2;j++)
                    if(i%j==0) printf("+%d",j);
                printf("\n");
            }
    }
    return 0;
}
```

3. 程序填空题

(1) ① f(x)   ② f(0.0)   ③ x=x+0.5 或 x+=0.5   ④ max=f(x)

(2) ① k='a'   ② k-1

(3) ① int m,n,k   ② break   ③ k=m>n?n:m 或 k=m<n?m:n 或 k=m 或 k=n

④ ‖

(4) ① n>0　　② t=1　　③ !F　　④ t=t*2 或 t=2*t 或 t*=2

(5) ① EOF 或−1　　② k=0　　③ m=m/10 或 m/=10　　④ n,k

4. 程序设计题

(1)

```
#include <stdio.h>
int main()
{  int n,i,sum=1;
   printf("Enter n(n≥1):");
   scanf("%d",&n);
   for(i=2;i<=n;i++)
       sum=sum+i;
   printf("1+2+…+%d=%d\n",n,sum);
   return 0;
}
```

扩展：

①

```
#include <stdio.h>
int main()
{  int n,i;
   double p=1;
   printf("Enter n(n≥1):");
   scanf("%d",&n);
   for(i=2;i<=n;i++)
       p=p*i;
   printf("1×2×…×%d=%.0f\n",n,p);
   return 0;
}
```

②

```
#include <stdio.h>
int main()
{  int n,i,sum=0;
   printf("Enter n(0≤n≤100):");
   scanf("%d",&n);
   for(i=n;i<=100;i++)
       sum=sum+i;
   printf("sum=%d\n",sum);
   return 0;
}
```

③

```
#include <stdio.h>
int main()
{  int n,i;
   double p=0;
   printf("Enter n(n≥1):");
   scanf("%d",&n);
```

```
    for(i=1;i<=n;i++)
        p=p+i * i;
    printf("p=%.0f\n",p);
    return 0;
}
```

④

```
#include <stdio.h>
int main()
{   int n,i,t1=1,t2=1;
    double s1=1.0,s2=1.0,s3=1.0,sign=1.0;
    printf("Enter n(n≥1):");
    scanf("%d",&n);
    for(i=2;i<=n;i++)
    {   t1=t1+2;
        s1=s1+1.0/t1;
        sign=-sign;
        t2=t2+3;
        s2=s2+sign/t2;
        s3=s3+i * sign/t1;
    }
    printf("s1=%.3f,s2=%.3f,s3=%.3f\n",s1,s2,s3);
    return 0;
}
```

⑤

```
#include <stdio.h>
int main()
{   int m,n,i,j;
    double s1=0.0,s2=0.0,s3=0.0,s4=0.0,p;
    printf("Enter m & n(m≤n):");
    scanf("%d%d",&m,&n);
    for(i=m;i<=n;i++)
    {   s1=s1+i;
        p=1.0;
        for(j=1;j<=i;j++)
            p=p * j;
        s2=s2+p;
        s3=s3+1.0/i;
        s4=s4+i * i+1.0/i;
    }
    printf("s1=%.0f,s2=%.0f,s3=%.3f,s4=%.3f\n",s1,s2,s3,s4);
    return 0;
}
```

⑥

```
#include <stdio.h>
int main()
{   int n,i;
    double x,p=1.0;
    printf("Enter x & n(n≥1):");
    scanf("%lf%d",&x,&n);
```

```
    for(i=1;i<=n;i++)
        p=p*x;
    printf("%f 的%d 次方是%f\n",x,n,p);
    return 0;
}
```

（2）

```
#include <stdio.h>
int main()
{   int i,sum=0;
    for(i=1;i<=100;i++)
        if(i%7==0) sum=sum+i;
    printf("sum=%d\n",sum);
    return 0;
}
```

扩展：

```
#include <stdio.h>
int main()
{   int num,c=0,sum-0;
    printf("Input integers:");
    scanf("%d",&num);
    while(num>0)
    {   if(num%2!=0) {c++;sum+=num;}
        scanf("%d",&num);
    }
    printf("c=%d,sum=%d\n ",c,sum);
    return 0;
}
```

（3）

```
#include <stdio.h>
int main()
{   int i,n; double grade;
    printf("Enter n(n≥1):");
    scanf("%d",&n);
    for(i=1;i<=n;i++)
    {   printf("Enter grade: ");
        scanf("%lf",&grade);
        if(grade<60.0) printf("Fail\n");
        else printf("Pass\n");
    }
    return 0;
}
```

扩展：

①

```
#include <stdio.h>
int main()
{   int i,n,grade,a=0,b=0,c=0,d=0,e=0;
    printf("Enter n(n≥1): ");
```

```c
    scanf("%d",&n);
    printf("Enter %d grades:",n);
    for(i=1;i<=n;i++)
    {   scanf("%d",&grade);
        if(grade<60)e++;
        else if(grade<70)d++;
        else if(grade<80)c++;
        else if(grade<90)b++;
        else if(grade<=100)a++;
    }
    printf("The number of A(90~100):%d\n",a);
    printf("The number of B(80~89):%d\n",b);
    printf("The number of C(70~79):%d\n",c);
    printf("The number of D(60~69):%d\n",d);
    printf("The number of E(0~59):%d\n",e);
    return 0;
}
```

②

```c
#include <stdio.h>
int main()
{   int n,digit,i,blank,letter,other;      /*定义4个变量分别存放统计结果*/
    char ch;                               /*定义一个字符变量 ch*/
    digit=blank=letter=other=0;            /*设置存放统计结果的4个变量的初值为0*/
    printf("Enter n(n≥1): ");              /*输入提示*/
    scanf("%d",&n);                        /*从键盘输入一个正整数,赋值给变量 n*/
    getchar();                             /*清空从键盘输入一个正整数 n 后按下的 Enter 键*/
    printf("Input %d characters:",n);      /*输入提示*/
    for(i=1;i<=n;i++)                      /*循环执行了 n 次*/
    {   ch=getchar();                      /*从键盘输入一个字符,赋值给变量 ch*/
        if((ch>='a'&&ch<='z')||(ch>='A'&&ch<='Z'))
            letter ++;                     /*如果 ch 是英文字母,累加 letter*/
        else if(ch>='0'&&ch<='9')
            digit ++;                      /*如果 ch 是数字字符,累加 digit*/
        else if(ch==' '||ch=='\t'||ch=='\n')
            blank++;          /*如果 ch 是空白符(空格、回车和制表符),累加 digit*/
        else
            other ++;         /*ch 是除字母、数字字符、空白符以外的其他字符,累加 other*/
    }
    printf("letter=%d, blank=%d, digit=%d, other=%d\n", letter, blank, digit,
    other);
    return 0;
}
```

使用 ctype.h 中的函数重做此题的代码如下：

```c
#include <stdio.h>
int main()
{   int n,digit,i,blank,letter,other;      /*定义4个变量分别存放统计结果*/
    char ch;                               /*定义一个字符变量 ch*/
    digit=blank=letter=other=0;            /*设置存放统计结果的4个变量的初值为0*/
    printf("Enter n(n≥1): ");              /*输入提示*/
```

```
    scanf("%d",&n);                        /* 从键盘输入一个正整数,赋值给变量 n */
    getchar();                             /* 清空从键盘输入一个正整数 n 后按下的 Enter 键 */
    printf("Input %d characters:",n);      /* 输入提示 */
    for(i=1;i<=n;i++)                      /* 循环执行了 n 次 */
    {   ch=getchar();                      /* 从键盘输入一个字符,赋值给变量 ch */
        if(islower(ch)||isupper(ch))       /* 等价于 if(isalpha(ch)) */
            letter++;                      /* 如果 ch 是英文字母,累加 letter */
        else if(isdigit(ch))               /* 等价于 else if(ch>='0'&&ch<='9') */
            digit++;                       /* 如果 ch 是数字字符,累加 digit */
        else if(isspace(ch))           /* 等价于 else if(ch==' '||ch=='\t'||ch=='\n') */
            blank++;                       /* 如果 ch 是空白符(空格、回车和制表符),累加 digit */
        else
            other++;             /* ch 是除字母、数字字符、空白符以外的其他字符,累加 other */
    }
    printf("letter=%d,blank=%d,digit=%d,other=%d\n",letter,blank,digit,other);
    return 0;
}
```

③

```
#include <stdio.h>
int main()
{   int choice,i;
    printf("Menu\n");
    printf("[1] apples\n");
    printf("[2] pears\n");
    printf("[3] oranges\n");
    printf("[4] grapes\n");
    printf("[0] Exit\n");
    for (i=1;;i++)
    {   scanf("%d",&choice);
        switch (choice)
        {   case 1:printf("苹果单价是:%.2f 元/公斤.\n",3.0); break;
            case 2:printf("梨单价是:%.2f 元/公斤.\n",2.5);break;
            case 3:printf("橘子单价是:%.2f 元/公斤.\n",4.1); break;
            case 4:printf("葡萄单价是:%.2f 元/公斤.\n",10.2); break;
            case 0:printf("系统已退出,谢谢使用!\n"); return 0;
            default:printf("单价是:%.2f 元/公斤.\n",0.0); break;
        }
        if(i>5)
        {   printf("您查询次数已经超过 5 次,系统已退出!谢谢使用!\n");
            return 0;
        }
    }
    return 0;
}
```

(4)

```
#include <stdio.h>
#include <math.h>
int main()
{   int i;
    double y=0;
```

```
    for(i=2;i<=10;i++)
        y=y+sqrt(i);
    printf("%.10f\n",y);
    return 0;
}
```

扩展：

①

```
#include <stdio.h>
#include <math.h>
int main()
{   double sum=0,x=81; int i;
    for(i=1;i<=30;i++)
    {   sum=sum+x;
        x=sqrt(x);
    }
    /*与以上 for 循环等价的 while 循环为：
    i=1;
    while(i<=30)
    {   sum=sum+x;
        x=sqrt(x);
        i++;
    }
    */
    printf("%f\n",sum);
    return 0;
}
```

②

```
#include <stdio.h>
int main()
{   int i,n=0,a,b,next;
    a=b=1;                                    /*前两项均为 1*/
    printf("%10d%10d",a,b);n=2;               /*输出前两项,n 统计已输出项数*/
    for(i=3;i<=30;i++)                        /*从第 3 项开始处理*/
    {   next=a+b;                             /*计算下一项*/
        printf("%10d",next);n++;              /*每输出一项,n 就增 1*/
        if(n%6==0)printf("\n");               /*若在一行内已输出 6 项,则换行*/
        a=b;b=next;
    }
    printf("\n");
    return 0;
}
```

③

```
#include <stdio.h>
int main()
{   double y=2,f1=1,f2=2,f; int n,i;
    printf("Enter n(n>0):");
    scanf("%d",&n);
    for(i=2;i<=n;i++)
```

```
    {   f=f2;
        f2=f1+f2;                    /* 等价于 f2=f1+f; */
        f1=f;
        y=y+f2/f1;
    }
    printf("%.2f\n",y);
    return 0;
}
```

④

```
#include <stdio.h>
int main()
{   int a,n,i,s=0,t=0;
    do                              /* 确保输入的 a 和 n 是正整数 */
    {   printf("Input a,n:");
        scanf("%d%d",&a,&n);
    }while(a<=0||n<=0);
    /* 或者: while(printf("Input a,n:"),scanf("%d%d",&a,&n),a<=0||n<=0);
```

上面的 while 语句也可改为:

```
    printf("Input a,n:");
    scanf("%d%d",&a,&n);
    while(a<=0||n<=0)
    {   printf("数据输入错误,请重新输入!\n");
        scanf("%d%d",&a,&n);
    }
    */
    for(i=0;i<n;i++)
    {   t=10*t+a;
        s+=t;
    }
    printf("s=%d\n",s);
    return 0;
}
```

(5)

```
#include <stdio.h>
int main()
{   int n,i;
    double h,s=0;
    printf("Input height & n(n>0):");
    scanf("%lf%d",&h,&n);
    s+=h;
    for(i=1;i<=n;i++)
    {   s+=h;
        h/=2;
    }
    printf("distance=%.1f\nheight=%.1f\n",s,h);
    return 0;
}
```

扩展：

```
#include <stdio.h>
int main()
{   int day,x1,x2=1;
    for(day=9;day>0;day--)
    {   x1=(x2+1) * 2;                    /* 第一天的桃子数是第二天的桃子数加 1 后的 2 倍 */
        x2=x1;
    }
    printf("total=%d\n",x1);
    return 0;
}
```

（6）

```
#include <stdio.h>
int main()
{   long i=1;
    while(i%3!=1||i%5!=3||i%7!=5||i%9!=7)  i++;
    /* 或者: while(!(i%3==1&&i%5==3&&i%7==5&&i%9==7)) i++;
    或者: for(;i%3!=1||i%5!=3||i%7!=5||i%9!=7;i++);
    或者: for(;i%3!=1||i%5!=3||i%7!=5||i%9!=7;) i++;
    */
    printf("%d\n",i);
    return 0;
}
```

扩展：

①

```
#include <stdio.h>
#include <math.h>
int main()
{   double a=1.05; long n=1;
    while(!(a<pow(10,6)&&a * 1.05>pow(10,6)))
    {   n++;
        a=a * 1.05;
    }
    /* 或者:
    while(a>=pow(10,6)||a * 1.05<=pow(10,6))
    {   a=a * 1.05;
        n++;
    }
    或者:
    for(;a>=pow(10,6)||a * 1.05<=pow(10,6);n++)
        a=a * 1.05;
    或者:
    for(;!(a<pow(10,6)&&a * 1.05>pow(10,6));n++)
        a=a * 1.05;
    */
    printf("%d %.4f\n",n,a);
    return 0;
}
```

②

```c
#include <stdio.h>
int main()
{   long i=1;
    while(i%5!=1||i%6!=5||i%7!=4||i%11!=10) i++;
    /* 或者: while(!(i%5==1&&i%6==5&&i%7==4&&i%11==10)) i++;
     或者: for(;i%5!=1||i%6!=5||i%7!=4||i%11!=10;i++);
     或者: for(;i%5!=1||i%6!=5||i%7!=4||i%11!=10;)i++;
     */
    printf("%d\n",i);
    return 0;
}
```

（7）

```c
#include <stdio.h>
#include <math.h>
int main()
{   int i,k,n;
    printf("Enter n(n>0):");
    scanf("%d",&n);
    k=sqrt(n);
    for(i=2;i<=k;i++)
        if(n%i==0) break;
    if(i>k && n!=1) printf("%d is a prime.\n",n);
    else printf("%d is not a prime.\n",n);
}
```

扩展:

①

```c
#include <stdio.h>
#include <math.h>
int main()
{   int m,n,i,j,k,c=0;
    do                          /* 确保输入的 m 和 n 满足: m≥1,n≤500,m<=n */
    {   printf("Input m,n(m≥1,n≤500,m<=n):");
        scanf("%d%d",&m,&n);
    }while(m<1||n>500||m>n);
    for(i=m;i<=n;i++)
    {   k=sqrt((double)i);          /* 此行可以是 k=sqrt(i); */
        for(j=2;j<=k;j++)
            if(i%j==0)break;        /* 此行等价于 if(!(i%j)) break; */
        if(j>k && i!=1)
        {   printf("%d ",i);
            c++;
            if(c%6==0) printf("\n");
        }
    }
    printf("\n");
    return 0;
}
```

②

```
#include <stdio.h>
#include <math.h>
int main()
{   int n,i,k,c=0;
    long m;
    for(n=2;n<=20;n++)
    {   m=pow(2,n)-1;
        k=sqrt(m);
        for(i=2;i<=k;i++)
            if(m%i==0)break;
        if(i>k)
        {   printf("%ld ",m);
            c++;
            if(c%6==0) printf("\n");
        }
    }
    printf("\n");
    return 0;
}
```

③

```
#include <stdio.h>
int main()
{   int m,n,i,j,res,temp,s;
    do                              /* 确保输入的 m 和 n 满足: m≥100,n<1000,m<=n */
    {   printf("Input m,n(m≥100,n<1000,m<=n):");
        scanf("%d%d", &m, &n);
    }while(m<100||n>=1000||m>n);
    for(i=m;i<=n;i++)
    {   s=0;temp=i;
        while(temp!=0)              /* 也可以是: while(temp) */
        {   res=temp%10;
            s=s+res*res*res;
            temp=temp/10;          /* 也可以是: temp/=10 */
        }
        if(s==i)printf("%d\n",i);
    }
    return 0;
}
```

（8）

① 使用一重循环,不使用自定义函数。

```
#include <stdio.h>
int main()
{   int i,n;
    double e=1,item=1;
    do                              /* 确保输入的 n 为正整数 */
    {   printf("Input n(n>0):");
        scanf("%d",&n);
    }while(n<=0);
```

```
    for(i=1;i<=n;i++)
    {   item=item * i;
        e=e+1.0/item;
    }
    printf("e=%.4f\n",e);
    return 0;
}
```

② 使用嵌套循环。

```
#include <stdio.h>
int main()
{   int i,n,j;
    double e=1,item=1;
    do
    {   printf("Input n(n>0):");
        scanf("%d",&n);
    }while(n<=0);
    for(i=1;i<=n;i++)
    {   item=1;
        for(j=1;j<=i;j++)
            item=item * j;
        e=e+1.0/item;
    }
    printf("e=%.4f\n",e);
    return 0;
}
```

③ 定义和调用函数 fact(n),计算 n 的阶乘。

```
#include <stdio.h>
double fact(int n)                    /* 自定义函数 fact,求 n! */
{   int i;
    double result=1;
    for(i=1;i<=n;i++)
        result=result * i;
    return result;
}
int main()
{   int i,n;
    double e=1,item=1;
    do
    {   printf("Input n(n>0):");
        scanf("%d",&n);
    }while(n<=0);
    for(i=1;i<=n;i++)
    {   item=fact(i);                 /* 调用自定义函数 */
        e=e+1/item;
    }
    printf("e=%.4f\n",e);
    return 0;
}
```

扩展：

①

```
#include <stdio.h>
#include <math.h>
int main()
{   int i,n;
    double x,e=1,item=1;
    printf("Input x:");
    scanf("%lf",&x);
    do                              /* 确保输入的 n 为正整数 */
    {   printf("Input n(n>0):");
        scanf("%d",&n);
    }while(n<=0);
    for(i=1;i<=n;i++)
    {   item=item*i;
        e=e+pow(x,i)/item;
    }
    printf("e=%.4f\n",e);
    return 0;
}
```

②

```
#include <stdio.h>
#include <math.h>
int main()
{   double s=0,t=1;int i=1;
    while(fabs(t)>=1e-10)           /* 1e-10 等价于 pow(10,-10) */
    {   s=s+t;
        i=i+2;
        t=-t/((i-1)*i);
    }
    printf("%f\n",s);
    return 0;
}
```

③

```
#include <stdio.h>
#include <math.h>
int main()
{   double x,eps,s=1,t=1;
    int i=0;
    printf("Enter x,eps(eps>0):");
    scanf("%lf%lf",&x,&eps);
    do {
        i++;
        t=-t*x/i;
        s+=t;
    } while(fabs(t)>=eps);
    printf("%f\n",s);
}
```

(9)

```c
#include <stdio.h>
int main()
{ int x,y;                          /* x,y 分别表示鸡和兔的数量 */
    for(x=0;x<=35;x++)
    { y=35-x;                       /* 鸡和兔的头为 35,即 x+y=35 */
        if(2*x+4*y==94)             /* 鸡有 2 只脚,兔有 4 只脚 */
            printf("笼中有%d只鸡和%d只兔\n",x,y);
    }
    return 0;
}
```

扩展:

①

```c
#include <stdio.h>
int main()
{ int a,b,c;
    for(a=1;a<=9;a++)
        for(b=0;b<=9;b++)
            for(c=1;c<=9;c++)
                if (a*100+b*10+c+c*100+b*10+a==1333) printf("a=%d,b=%d,c=%d
                    \n",a,b,c);
    return 0;
}
```

②

```c
#include <stdio.h>
int main()
{ int cock,hen,chick;
    for(cock=0;cock<100/5;cock++)
        for(hen=0;hen<(100-cock*5)/3;hen++)
        { chick=100-cock-hen;
            if(chick%3==0&&5*cock+3*hen+chick/3==100)
                printf("公鸡:%d 母鸡:%d 小鸡:%d\n",cock,hen,chick);
        }
    return 0;
}
```

③

```c
#include <stdio.h>
int main()
{ int money,f1,f2,f5,count=0;
    do                              /* 确保输入的钱 money 满足大于 8 分并小于 1 元 */
    { printf("Input money:");
        scanf("%d",&money);
    }while(money<=8||money>=100); /* while(!(money>8&&money<100)); */
    for(f1=1;f1<=money-7;f1++)
        for(f2=1;f2<=(money-f1-5)/2;f2++)
            for(f5=1;f5<=(money-f1-f2*2)/5;f5++)
                if(f1+2*f2+5*f5==money)
```

```
            { count++;
              printf("fen5:%d fen2:%d fen1:%d\n",f5,f2,f1);
            }
    printf("count=%d\n",count);
    return 0;
}
```

④

```
#include <stdio.h>
#include <math.h>
int main()
{  long x,y,z,k=0;
   for(x=1;x<=44;x++)
       for(y=1;y<=44;y++)
           for(z=1;z<=44;z++)
               if(x*x+y*y+z*z==2013)k++;
   /*对以上一般求解方法经优化后的代码为:
   for(x=1;x<=44;x++)
       for(y=1;y<=sqrt(2013-x*x);y++)
       {  z=sqrt(2013-x*x-y*y);
          if(x*x+y*y+z*z==2013)k++;
       }
   */
   printf("%ld\n",k);
   return 0;
}
```

(10)

```
#include <stdio.h>
int main()
{  int i,j,k;
   for(i=0;i<=3;i++)                /*输出上面4行*号*/
   {  for(j=0;j<=2-i;j++)
          printf(" ");              /*输出*号前面的空格*/
       for(k=0;k<=2*i;k++)
          printf("*");              /*输出一行(若干)*号*/
       printf("\n");                /*输出完一行*号后换行*/
   }
   for(i=0;i<=2;i++)                /*输出下面3行*号*/
   {  for(j=0;j<=i;j++)
          printf(" ");              /*输出*号前面的空格*/
       for(k=0;k<=4-2*i;k++)
          printf("*");              /*输出一行(若干)*号*/
       putchar('\n');              /*输出完一行*号后换行*/
   }
   return 0;
}
```

扩展:

```
#include <stdio.h>
int main()
{  int i,j,n; char k='A';
```

```
    do
    {   printf("Enter n(n>0):");
        scanf("%d",&n);
    }while(n<=0);
    for(i=0;i<n;i++)
    {   for(j=0;j<n-i;j++)
            printf("%c",k++);
        printf("\n");
    }
    return 0;
}
```

(11)

```
#include <stdio.h>
int main()
{   int n,t;
    printf("input n:");
    scanf("%d",&n);
    if(n<0){printf("-");n=-n;}
    if(n==0)printf("%d",n);
    while(n)
    {   t=n%10;
        printf("%d",t);
        n=n/10;
    }
    putchar('\n');                    /*等价于 printf("\n");*/
    return 0;
}
```

扩展：

①

```
#include <stdio.h>
int main()
{   int x,digit,temp,power=1,i,c=0;
    printf("Input an integer:");
    scanf("%d",&x);
    if(x<0)x=-x;
    temp=x;
    while(temp!=0)
    {   temp/=10;
        power=power*10;
        c++;
    }
    power/=10;
    for(i=1;i<=c;i++)
    {   digit=x/power%10;
        printf("%-2d",digit);
        x=x%power;
        power/=10;
    }
    printf("\n");
    return 0;
}
```

②

```c
#include <stdio.h>
int main()
{   int x,n=0,digit,temp,power=1,i;
    printf("Input x(x>=10):");
    scanf("%d",&x);
    while(x<10)
    {   printf("输入错误!请重新输入 x(x>=10):");
        scanf("%d",&x);
    }
    temp=x;
    while(temp!=0)
    {   temp/=10;
        power=power*10;
        n++;
    }
    power/=10;
    x=x%power;
    power=power/10;
    for(i=1;i<n;i++)
    {   digit=x/power%10;
        printf("%-2d",digit);
        x=x%power;
        power/=10;
    }
    printf("\n");
    printf("n=%d\n",n);
    return 0;
}
```

实验 5 参考答案

2. 程序修改题

(1) 有错误的源程序 error5_2.c 改正后的代码为：

```c
#include <stdio.h>
int is(int number);
int main()
{   int count,i,sum;
    count=0;
    sum=0;
    for(i=100;i<=999;i++)
        if(is(i)==1)              /* 将 if(is(i)=1) 改为 if(is(i)==1) */
        {   count++;
            sum=sum+i;
        }
    printf("count=%d,sum=%d\n",count,sum);
    return 0;
}
```

```
int is(int number)
{   int a,b,c,result,sum;
    a=number/100;
    b=(number/10)%10;                    /* 将 b=(number/10)/10;改为 b=(number/10)%10; */
    c=number%10;
    sum=a+b+c;
    if(sum==5) result=1;
    else result=0;
    return result;                       /* 添加 return result; */
}
```

（2）有错误的源程序 error5_3.c 改正后的代码为：

```
#include <stdio.h>
double mypow(double x,int n);          /* 函数原型声明是 C 语句,应以;结束 */
int main()
{   int n;
    double result,x;
    printf("Enter x,n:");
    scanf("%lf%d",&x,&n);
    result=mypow(x,n);
    printf("result=%f\n",result);
    return 0;
}
double mypow(double x,int n)            /* 函数首部不能有分号,分号表示函数体变成空语句 */
{   int i;
    double result;
    result=1;
    for(i=1;i<=n;i++)
        result=result*x;               /* 将 result=result*i;改为 result=result*x; */
    return result;
}
```

扩展：

有错误的源程序 error5_4.c 改正后的代码为：

```
#include <stdio.h>
float f(float x,int n)
{   if(n==0) return 1;                  /* 当 n=0 时,x 的 n 次幂为 1,因为任何数的 0 次幂是 1 */
    else if(n==1)
        return x;                       /* 当 n=1 时,x 的 n 次幂应该是 x,而不是 1 */
    else
        return x*f(x,n-1);              /* x 的 n 次幂应该等于 x 乘以 x 的 n-1 次幂 */
}
int main()
{   float y,z; int m;
    while(1)
    {   scanf("%f%d",&y,&m);
        if(m<0) break;                  /* 当输入的 m 小于 0 时,结束循环 */
        z=f(y,m);                       /* 调用函数时要注意各参数的一一对应 */
```

```
        printf("%f\n",z);
    }
    return 0;
}
```

（3）有错误的源程序 error5_5.c 改正后的代码为：

```
#include <stdio.h>
double fact(int n);         /* 因自定义函数在主函数之后,所以调用前应添加函数原型声明 */
int main()
{   int i;
    double sum=0;               /* sum 应赋予初值 0 */
    for(i=1;i<=10;i++)
        sum=sum+fact(i);
    printf("1!+2!+…+10!=%f\n",sum);
    return 0;
}
double fact(int n)
{   int i;
    double result=1;            /* result 应赋予初值 1 */
    for(i=1;i<=n;i++)           /* i 的初值应该是 1,而不是 0,因为 0 乘以任何数仍然为 0 */
        result=result * i;      /* 将 fact(n)=fact(i-1) * i;改为 result=result * i; */
    return result;
}
```

或者用如下递归函数计算 n!。

```
#include <stdio.h>
double fact(int n);         /* 因自定义函数在主函数之后,所以调用前应添加函数原型声明 */
int main()
{   int i;
    double sum=0;                    /* sum 应赋予初值 0 */
    for(i=1;i<=10;i++)
        sum=sum+fact(i);
    printf("1!+2!+…+10!=%f\n",sum);
    return 0;
}
double fact(int n)
{   int i; double result;
    if(n==1) result=1;               /* 将 for 语句改为 if…else 语句 */
    else result=n * fact(n-1);
    return result;
}
```

（4）有错误的源程序 error5_6.c 改正后的代码为：

```
#include <stdio.h>
int main()
{   int x,y;
    scanf("%d%d",&x,&y);
    printf("%d 的逆向是%d\n",x,reverse(x));
    printf("%d 的逆向是%d\n",y,reverse(y));
```

```
    return 0;
}
int reverse(int n)
{   int m,res;
    res=0;
    if(n>0)m=n;                    /*将 if(n<0)m=n;改为 if(n>0)m=n;*/
    else m=-n;
    while(m!=0)                    /*将 while(m==0) 改为 while(m!=0) */
    {   res=res*10+m%10;           /*将 res=res*10+m/10;改为 res=res*10+m%10;*/
        m=m/10;                    /*将 m=m%10;改为 m=m/10;*/
    }
    if(n>=0)return res;
    else return -res;
}
```

(5) 有错误的源程序 error5_7.c 改正后的代码为:

```
#include <stdio.h>
float result_r,result_i;              /*全局变量,用于存放函数结果*/
void complex_prod(float x1,float y1,float x2,float y2);   /*添加函数原型声明语句*/
int main()
{   float r1,r2,i1,i2;                /*两个复数的实、虚部变量*/
    printf("Enter 1st complex number(real and imaginary):");
    scanf("%f%f",&r1,&i1);           /*输入第一个复数*/
    printf("Enter 2st complex number(real and imaginary):");
    scanf("%f%f",&r2,&i2);           /*输入第二个复数*/
    complex_prod(r1,i1,r2,i2);       /*求复数的积*/
    printf("product of complex is %f+%fi\n",result_r,result_i);
    return 0;
}
/*定义求复数的积的函数*/
void complex_prod(float x1,float y1,float x2,float y2)
                                /*定义函数中,每个参数都必须单独定义类型,且行尾
                                  不可以使用分号*/
{   /*删除 float result_r,result_i;若再次定义 float result_r,result_i,其就会变成
      局部变量*/
    result_r=x1*x2-y1*y2;
    result_i=x1*y2+x2*y1;
    /*删除 return result_r,result_i;*/
}
```

(6) 有错误的源程序 error5_8.c 改正后的代码为:

```
#include <stdio.h>
double p(int n,double x);             /*添加函数原型声明*/
int main()
{   int n;
    double x,result;
    printf("Enter n,x:");
    scanf("%d%lf",&n,&x);
    result=p(n,x);
    printf("P(%d,%.2lf)=%.2lf\n",n,x,result);
    return 0;
}
```

```
double p(int n, double x)
{   if(n==0) return 1.0;                /* 添加 n 等于 0 的情况 */
    if(n==1) return x;                  /* 添加 n 等于 1 的情况 */
    if(n>1) return ((2*n-1)*p(n-1,x)-(n-1)*p(n-2,x))/n;   /* 添加 n 大于 1 的情况 */
}
```

3. 程序填空题

(1) ① math.h   ② m 或 m!＝0 或 m＞0   ③ m＝m/10 或 m/＝10   ④ y

扩展：

```
#include <stdio.h>
#include <math.h>
void inverse(int n)
{   if(abs(n)<10) printf("%d",n);
    else
    {   if(n<0) {n=-n;printf("-");}
        printf("%d",n%10);
        inverse(n/10);
    }
}
int main()
{   int n;
    printf("Enter n:"); scanf("%d",&n);
    inverse(n);
    return 0;
}
```

(2) ① f(24)   ② long f(int n)   ③ return 1   ④ f(n−1)＋f(n−2)

4. 程序设计题

(1)

```
#include <stdio.h>
#include <math.h>
double dist(double x1,double y1,double x2,double y2)
{   return sqrt(pow(x1-x2,2)+pow(y1-y2,2));
}
int main()
{   double x1,y1,x2,y2;
    printf("Input x1,y1,x2,y2:");
    scanf("%lf%lf%lf%lf",&x1,&y1,&x2,&y2);
    printf("distance=%.2f\n",dist(x1,y1,x2,y2));
    return 0;
}
```

(2)

```
#include <stdio.h>
int countdigit(int number,int digit)
{   int c=0;
    if(number<0) number=-number;
    do
    {   if(number%10==digit)c++;
        number=number/10;                /* 此行等价于"number/=10;" */
```

```
    }while(number!=0);                  /* 此行等价于"while(number);" */
    return c;
}
int main()
{   int n;
    printf("Enter an integer:"); scanf("%d",&n);
    printf("Number of digit 2:%d\n",countdigit(n,2));
    return 0;
}
```

（3）

```
#include <stdio.h>
double fn(int a,int n)
{   double fna=0;int i;
    for(i=1;i<=n;i++) fna=fna*10+a;
    return fna;
}
int main()
{   int a,n,i;double fna,sum=0;
    printf("Enter a(a>0),n(n>0):");
    scanf("%d%d",&a,&n);
    for(i=1;i<=n;i++)
    {   fna=fn(a,i);
        sum=sum+fna;                     /* 此行等价于 sum+=fna; */
    }
    printf("sum=%.0f\n",sum);
    return 0;
}
```

（4）

```
#include <stdio.h>
double fun(double x)
{   return x*x-6.5*x+2;
}
main()
{   double x,y;
    printf(" x\t\t y\n");
    for(x=-3;x<=3;x=x+0.5)
        printf("%.2f\t\t%.2f\n",x,fun(x));
}
```

（5）

```
#include <stdio.h>
double cal_power(double x,int n)
{   double p=x;
    int i;
    for(i=1;i<n;i++)
        p=p*x;
    return p;
}
int main()
```

```
{   double x,s=0;
    int i,n;
    printf("Input x:");
    scanf("%lf",&x);
    do
    {   printf("Input n:");
        scanf("%d",&n);
    }while(n<=0);
    for(i=1;i<=n;i++)
        s=s+1/cal_power(x,i);
    printf("s=%f\n",s);
    return 0;
}
```

（6）

```
#include <stdio.h>
double f(int n)
{   int i;
    double s=n;
    for(i=1;i<n;i++)
        s*=n+i;               /*等价于 s=s*(n+i);*/
    return s;
}
int main()
{   double s=1;
    int i,n;
    do
    {   printf("Input n:");
        scanf("%d",&n);
    }while(n<=0);
    for(i=2;i<=n;i++)
        s+=1/f(i);
    printf("s=%f\n",s);
    return 0;
}
```

扩展：

①

```
#include <stdio.h>
double f(int n)
{   int i;
    double s=n;
    for(i=1;i<n;i++)
        s*=n+i;
    return s;
}
double sum(int n)
{   int i;
    double sum=0;
    for(i=1;i<=n;i++)
        sum+=i;
```

```
    return (sum);                  /*等价于 return sum; */
}
int main()
{   double s=1;
    int i,n;
    do
    {   printf("Input n:");
        scanf("%d",&n);
    }while(n<=0);
    for(i=2;i<=n;i++)
        s+=sum(i)/f(i);
    printf("s=%f\n",s);
    return 0;
}
```

②

不使用自定义函数而使用嵌套循环计算并输出上式 s 的值。

```
#include <stdio.h>
int main()
{   double s=1,s2;
    int i,j,k,n;
    do
    {   printf("Input n:");
        scanf("%d",&n);
    }while(n<=0);
    for(i=2;i<=n;i++)
    {   s2=i;
        for(k=1;k<i;k++)
            s2*=i+k;                /* 等价于 s2=s2*(i+k) */
        s+=1/s2;                    /* 等价于 s=s+1/s2 */
    }
    printf("s=%f\n",s);
    return 0;
}
```

不使用自定义函数而使用嵌套循环计算并输出上式 s1 的值。

```
#include <stdio.h>
int main()
{   double s1=1,s2,s3;
    int i,j,k,n;
    do
    {   printf("Input n:");
        scanf("%d",&n);
    }while(n<=0);
    for(i=2;i<=n;i++)
    {   s2=0;s3=i;
        for(j=1;j<=i;j++)
            s2+=j;
        for(k=1;k<i;k++)
            s3*=i+k;
        s1+=s2/s3;
    }
```

```
    printf("s1=%f\n",s1);
    return 0;
}
```

(7)

```
#include <stdio.h>
double fact(int n)
{  int i;
   double p=1;
   for(i=1;i<=n;i++)
       p*=i;
   return p;
}
double cal(int k, int n)
{  return fact(n)/(fact(n-k) * fact(k));
}
int main()
{  int k,n;
   while(printf("Input n:"),scanf("%d",&n),n<=0);        /* 确保输入的 n 为正整数 */
   for(k=1;k<=n;k++)
       printf("cal(%d,%d)=%.0f\n",k,n,cal(k,n));
   return 0;
}
```

(8)

```
#include <stdio.h>
double cal_power(double x, int n)
{  int i;
   double p=1;
   for(i=1;i<=n;i++)
       p*=x;
   return p;
}
double cal_money(int loan, double rate, int month)
{  double money;
   money=loan * rate * cal_power(1+rate,month)/(cal_power(1+rate,month)-1);
   return money;
}
int main()
{  int loan,year;
   float rate,money;
   printf("Input the loan and rate:\n");
   scanf("%d%f",&loan,&rate);
   printf("还款年限--------月还款额\n");
   for(year=5;year<=30;year++)
   {  money=cal_money(loan,rate,year * 12);
      printf("%-10d %.0f\n",year,money);
   }
   return 0;
}
```

(9)

```c
#include <stdio.h>
#include <math.h>
int prime(int m)
{   int k,flag=1;
    if(m==1) flag=0;
    for(k=2;k<=m/2;k++)
        if(m%k==0){flag=0;break;}
    return flag;
}
/*函数 prime(m)判断 m 是否为素数还可以用如下两种方法*/
/* int prime(int m)
{   int k,st;
    if(m==1) return 0;
    st=(int)sqrt((double)m);
    for(k=2;k<=st;k++)
        if(m%k==0)return 0;
    return 1;
}
*/
/* int prime(int m)
{   int k,st;
    st=sqrt((double)m);
    for(k=2;k<=st;k++)
        if(m%k==0)break;
    if(k>st&&m!=1) return 1;
    else return 0;
}
*/
int main()
{   int n,m,temp,c=0,s=0,k;
    do                              /*确保输入的 m,n 是正整数*/
    {   printf("Input m,n:");
        scanf("%d%d",&m,&n);
    }while(m<=0||n<=0);
    if(m>n){temp=m;m=n;n=temp;}
    for(k=(m==1)?2:m;k<=n;k++)
        if(prime(k)){c++;s+=k;}
    printf("count=%d,sum=%d\n",c,s);
    return 0;
}
```

扩展:

①

若在本题的基础上再要求同时输出素数,且每行输出 3 个,则修改后的代码如下所示。

```c
#include <stdio.h>
int prime(int m)
{   int k,flag=1;
    if(m==1) flag=0;
    for(k=2;k<=m/2;k++)
```

```
        if(m%k==0){flag=0;break;}
    return flag;
}
int main()
{   int n,m,temp,c=0,s=0,k;
    do                              /*确保输入的m,n是正整数*/
    {   printf("Input m,n:");
        scanf("%d%d",&m,&n);
    }while(m<=0||n<=0);
    if(m>n){temp=m;m=n;n=temp;}
    for(k=m;k<=n;k++)
        if(prime(k))
        {   c++;
            s+=k;
            printf("%d ",k);
            if(c%3==0)printf("\n");
        }
    printf("count=%d,sum=%d\n",c,s);
    return 0;
}
```

若在本题的基础上要求只输出前 3 个素数,则修改后的代码如下所示。

```
#include <stdio.h>
#include <math.h>
int prime(int m)
{   int k,st;
    st=sqrt((double)m);
    for(k=2;k<=st;k++)
        if(m%k==0)break;
    if(k>st&&m!=1) return 1;
    else return 0;
}
int main()
{   int n,m,temp,c=0,s=0,k;
    do                              /*确保输入的m,n是正整数*/
    {   printf("Input m,n:");
        scanf("%d%d",&m,&n);
    }while(m<=0||n<=0);
    if(m>n){temp=m;m=n;n=temp;}
    for(k=m;k<=n;k++)
        if(prime(k))
        {   c++;
            s+=k;
            printf("%d ",k);
            if(c>=3)break;
        }
    printf("count=%d,sum=%d\n",c,s);
    return 0;
}
```

若在本题的基础上要求从第三个素数开始才输出,则修改后的代码如下所示。

```
#include <stdio.h>
#include <math.h>
int prime(int m)
{   int k,st;
    if(m==1) return 0;
    st=sqrt(m);
    for(k=2;k<=st;k++)
        if(m%k==0) return 0;
    return 1;
}
int main()
{   int n,m,temp,c=0,s=0,k;
    do                      /*确保输入的 m,n 是正整数*/
    {   printf("Input m,n:");
        scanf("%d%d",&m, &n);
    }while(m<=0||n<=0);
    if(m>n){temp=m;m=n;n=temp;}
    for(k=m;k<=n;k++)
        if(prime(k))
        {   c++;
            if(c<3) continue;
            s+=k;
            printf("%d ",k);
        }
    printf("count=%d,sum=%d\n",c-2,s);
    return 0;
}
```

②

输入任意一个大于或等于 6 的偶数,将其表示为两个素数之和,代码如下所示。

```
#include <stdio.h>
#include <math.h>
int prime(int m)
{   int k,st;
    st=sqrt(m);
    for(k=2;k<=st;k++)
        if(m%k==0)break;
    if(k>st && m!=1) return 1;
    else return 0;
}
int main()
{   int n,n1,n2;
    do                  /*确保输入的 n 是大于或等于 6 的偶数*/
    {   printf("Input an even number(>=6):");
        scanf("%d",&n);
    }while(!(n>=6&&n%2==0));
    for(n1=3;n1<=n/2;n1+=2)
    {   n2=n-n1;
        if(prime(n1)&&prime(n2)) printf("%d=%d+%d\n",n,n1,n2);
    }
    return 0;
}
```

将 6～100 的偶数都表示成两个素数之和，打印时一行打印 5 组，代码如下所示。

```c
#include <stdio.h>
#include <math.h>
int prime(int m)
{   int k,st;
    st=sqrt(m);
    for(k=2;k<=st;k++)
        if(m%k==0)break;
    if(k>st&&m!=1) return 1;
    else return 0;
}
int main()
{   int n,n1,n2,count=0;
    for(n=6;n<=100;n+=2)
        for(n1=3;n1<=n/2;n1+=2)
        {   n2=n-n1;
            if(prime(n1)&&prime(n2))
            {   count++;
                printf("%4d=%2d+%2d",n,n1,n2);
                if(count%5==0)printf("\n"); /* 等价于 if(!(count%5)) putchar('\n'); */
            }
        }
    printf("\n");
    return 0;
}
```

③

```c
#include <stdio.h>
#include <math.h>
int factorsum(int m)
{
    int k,sum=0;
    for(k=1;k<=m/2;k++)
        if(m%k==0) sum+=k;
    return sum;
}
int main()
{   int n,m,temp,c=0,s=0,k;
    do                    /* 确保输入的 m,n 是正整数 */
    {   printf("Input m,n:");
        scanf("%d%d",&m,&n);
    }while(m<=0||n<=0);
    if(m>n){temp=m;m=n;n=temp;}
    for(k=m;k<=n;k++)
        if(k==factorsum(k)){c++;s+=k; printf("%d ",k);}
    printf("\ncount=%d,sum=%d\n",c,s);
    return 0;
}
```

④

```c
#include <stdio.h>
int judge(int m)
```

```
{   int res,s=0,temp=m;
    if(m<100||m>999) printf("error!");
    else
      while(temp)
      {   res=temp%10;
          s=s+res*res*res;
          temp/=10;
      }
    if(s==m) return 1;
    else return 0;
}
/*判断m是否为水仙花数的judge(m)函数还可以是以下代码:
int judge(int m)
{   int n1,n2,n3,flag;
    if(m<100||m>999) printf("error!");
    else
    {   n1=m%10; n2=(m/10)%10; n3=m/100;
        if(m==n1*n1*n1+n2*n2*n2+n3*n3*n3) flag=1;
        else flag=0;
    }
    return flag;
}
*/
int main()
{   int n,m,temp,c=0,s=0,k;
    do                              /*确保输入的m、n是正整数*/
    {   printf("Input m,n:");
        scanf("%d%d",&m,&n);
    }while(m<=0||n<=0);
    if(m>n){temp=m;m=n;n=temp;}
    for(k=m;k<=n;k++)
        if(judge(k))
        {   c++;s+=k;printf("%d ",k);if(c%3==0)printf("\n");}
    printf("count=%d,sum=%d\n",c,s);
    return 0;
}
```

⑤

```
#include <stdio.h>
#include <math.h>
int is_sqr(int m)               /*判断m是否为完全平方数*/
{   int s=sqrt(m);
    return s*s==m;
}
int same_dig(int m)             /*判断m中是否有两位数字相同*/
{   int d1,d2,d3,i,j;
    d1=m%10;d2=m/10%10;d3=m/100;
    if(d1==d2&&d1!=d3||d1==d3&&d1!=d2||d2==d3&&d1!=d2) return 1;
    return 0;
}
int fun(int m)      /*统计101至m之间所有满足条件的数的个数,并输出满足条件的数*/
{   int i,c=0;
    for(i=101;i<=m;i++)
```

```
        if(is_sqr(i)&& same_dig(i)){c++;printf("%5d",i);}
    return c;
}
int main()
{   int n,count;
    do                              /*确保输入的 n 是一个三位正整数*/
    {   printf("Input n:");
        scanf("%d",&n);
    }while(n<100||n>999);
    count=fun(n);
    printf("\ncount=%d\n",count);
    return 0;
}
```

(10)

```
#include <stdio.h>
#include <math.h>
double funcos(double e,double x)
{   int i=0;
    double s=0,t=1;
    while(fabs(t)>=e)
    {   s=s+t;
        t=-t*pow(x,2)/((i+1)*(i+2));
        i=i+2;
    }
    return s;
}
int main()
{   double e,x,cosx;
    printf("Enter e,x:");
    scanf("%lf%lf",&e,&x);
    cosx=funcos(e,x);
    printf("cos(%lf)=%lf\n",x,cosx);
    return 0;
}
```

(11)

```
#include <stdio.h>
void dectobin(int n)
{   if(n<2){printf("%d",n);return;}
    dectobin(n/2);
    printf("%d",n%2);
}
int main()
{   int n;
    while(printf("Input n:"),scanf("%d",&n),n<=0);   /*确保输入的 n 是正整数*/
    dectobin(n);
    putchar('\n');
    return 0;
}
```

扩展：

若要求将其转换为八进制，则修改后的代码如下所示。

```
#include <stdio.h>
void dectooct(int n)
{  if(n<8){printf("%d",n);return;}
   dectooct(n/8);
   printf("%d",n%8);
}
int main()
{  int n;
   while(printf("Input n:"),scanf("%d",&n),n<=0);
   dectooct(n);
   putchar('\n');
   return 0;
}
```

若要求将其转换为十六进制,则修改后的代码如下所示。

```
#include <stdio.h>
char trans(int n)
{  if(n<10) return '0'+n;
   else return 'a'+n-10;
}
void dectohex(int n)
{  if(n<16){printf("%c",trans(n));return;}
   dectohex(n/16);
   printf("%c",trans(n%16));
}
int main()
{  int n;
   while(printf("Input n:"),scanf("%d",&n),n<=0);
   dectohex(n);
   putchar('\n');
   return 0;
}
```

将其转换为十六进制也可以用如下代码实现。

```
#include <stdio.h>
void dectohex(int n)
{  if(n<10){printf("%c",'0'+n);return;}
   else if(n<16) {printf("%c",'a'+n-10);return;}
   dectohex(n/16);
   if(n%16<10) printf("%c",'0'+n%16);
   else if(n%16<16) printf("%c",'a'+n%16-10);
}
int main()
{  int n;
   while(printf("Input n:"),scanf("%d",&n),n<=0);
   dectohex(n);
   putchar('\n');
   return 0;
}
```

(12)

```
#include <stdio.h>
```

```
double fib(int n)
{   int i; double fib1=1,fib2=1,fibn;
    if(n==1||n==2)fibn=1;
    for(i=3;i<=n;i++)
    {   fibn=fib1+fib2;
        fib1=fib2;
        fib2=fibn;
    }
    return fibn;
}
int main()
{   int m,n,temp,k=1;
    do
    {   printf("Input m,n:");
        scanf("%d%d",&m,&n);
    }while(m<=0||n<=0);
    if(m>n){temp=m;m=n;n=temp;}
    while(fib(k)<m) k++;
    while(fib(k)<=n)
    {   printf("%.0f ",fib(k));
        k++;
    }
    /*以上两条while语句等价于如下while语句:
    while(fib(k)<=n)
    {   if(fib(k)>=m)printf("%.0f ",fib(k));
        k++;
    }
    */
    printf("\n");
    return 0;
}
```

实验 6 参考答案

2. 程序修改题

(1) 有错误的源程序 error6_2.c 改正后的代码为:

```
#include <stdio.h>
int main()
{   int i,j;                          /*将 int i;改为 int i,j;*/
    int a[6]={1,3,5,7,9,11};
    int b[7]={2,5,7,9,12,16,3};
    for(i=0;i<6;i++)                  /*将"for(i=0;i<=6;i++)"改为"for(i=0;i<6;
                                        i++)"或"for(i=0;i<=5;i++)"*/
    {   for(j=0;j<7;j++)
            if(a[i]==b[j]) break;     /*将"if(a[i]=b[j]) break;"改为"if(a[i]==
                                        b[j]) break;"*/
        if(j<7)                       /*将"if(j>=7)"改为"if(j<7)"*/
        printf("%d ",a[i]);
    }
```

```
        printf("\n");
        return 0;
    }
```

（2）有错误的源程序 error6_3.c 改正后的代码为：

```
#include <stdio.h>
int main()
{   int i,n,x,a[10];
    printf("输入数组元素的个数：");
    scanf("%d",&n);
    printf("输入数组中的%d个元素：",n);
    for(i=0;i<n;i++)
        scanf("%d",&a[i]);    /*将"scanf("%d",a[i]);"改为"scanf("%d",&a[i]);"*/
    printf("输入 x: ");
    scanf("%d",&x);
    for(i=0;i<n;i++)
        if(a[i]==x) break;    /*将"if(a[i]!=x) break;"改为"if(a[i]==x) break;"*/
    if(i>=n)                  /*将"if(i!=n)"改为"if(i>=n)"*/
        printf("没有找到与%d相同的元素!\n",x);
    else
        printf("和%d相同的元素是 a[%d]=%d\n",x,i,a[i]);
    return 0;
}
```

（3）有错误的源程序 error6_4.c 改正后的代码为：

```
#include <stdio.h>
#define N 10
int main()
{   int i,j,min,temp;
    int a[N]={5,4,3,2,1,9,8,7,6,0};
    printf("排序前:");
    for(i=0;i<N;i++)           /*将"for(i=0;i<n;i++)"改为"for(i=0;i<N;i++)"*/
        printf("%4d",a[i]);
    putchar('\n');
    for(i=0;i<N-1;i++)
    {   min=i;                 /*将"min=0;"改为"min=i;"*/
        for(j=i+1;j<N;j++)
            if(a[j]<a[min]) min=j;  /*将"if(a[j]>a[min])"改为"if(a[j]<a[min])"*/
        temp=a[min];a[min]=a[i];a[i]=temp;
    }
    printf("排序后:");
    for(i=0;i<N;i++) printf("%4d",a[i]);
    putchar('\n');  /*将"putchar("\n");"改为"putchar('\n');"或"printf("\n");"*/
}
```

（4）有错误的源程序 error6_5.c 改正后的代码为：

```
#include <stdio.h>
int main()
{   int i,j,n,x,a[10];                    /*将"a[n]"改为"a[10]"*/
```

```
    printf("输入数据的个数 n: ");
    scanf("%d",&n);
    printf("输入%d个整数: ",n);
    for(i=0;i<n;i++)
        scanf("%d",&a[i]);
    printf("输入要插入的整数: ");
    scanf("%d",&x);
    for(i=0;i<n;i++)
    {   if(x>a[i]) continue;
        j=n-1;
        while(j>=i)
        {   a[j+1]=a[j];                    /* 将"a[j]=a[j+1];"改为"a[j+1]=a[j];" */
            j--;                           /* 将"j++;"改为"j--;" */
        }
        a[i]=x;
        break;
    }
    if(i==n) a[n]=x;
    for(i=0;i<n+1;i++)
        printf("%d ",a[i]);
    putchar('\n');
    return 0;
}
```

（5）有错误的源程序 error6_6.c 改正后的代码为：

```
#include <stdio.h>
int main()
{   char s1[80],s2[40]; int j;
    int i=0;                       /* 将"int i;"改为"int i=0;" */
    printf("Input the first string:");
    gets(s1);
    printf("Input the second string:");
    gets(s2);
    while(s1[i]!=0)                /* 等价于 while(s1[i]!='\0')或 while(s1[i])或
                                      while(s1[i]!=NULL) */
        i++;
    for(j=0;s2[j]!='\0';j++)
        s1[i+j]=s2[j];            /* 将"s1[j]=s2[j];"改为"s1[i+j]=s2[j];"或"s1[i++]=
                                      s2[j];" */
    s1[i+j]='\0';           /* 将"s1[i+j]=\0;"改为 "s1[i+j]='\0';"或"s1[i]='\0';" */
    puts(s1);
    return 0;
}
```

（6）有错误的源程序 error6_7.c 改正后的代码为：

```
#include <stdio.h>
#include <ctype.h>
#include <string.h>
int main()
{   char str[81];int i,flag;
    gets(str);                            /* 将"get(str);"改为"gets(str);" */
    for(i=0;str[i]!='\0';)
```

```
    {  flag=tolower(str[i])>='a'&&tolower(str[i])<='z';
       flag=!flag;           /*将"flag=not flag;"改为"flag=!(flag);"或"flag=!flag;"*/
       if(flag)
       {  strcpy(str+i,str+i+1);   /*将"strcpy(str+i+1,str+i);"改为
                                        "strcpy(str+i,str+i+1);"*/
         continue;                  /*将"break;"改为"continue;"*/
       }
       i++;
    }
    printf("%s\n",str);
    return 0;
}
```

(7) 有错误的源程序 error6_8.c 改正后的代码为：

```
#include <stdio.h>
int main()
{  int i,k,temp;
   char str[80];                      /*将"char str[];"改为"char str[80];"*/
   printf("Input a string:");
   i=0;
   while((str[i]=getchar())!='\n')
       i++;
   str[i]='\0';
   k=i-1;
   for(i=0;i<k;i++)
   {  temp=str[i];
      str[i]=str[k];
      str[k]=temp;
      k--;                            /*将"k++;"改为"k--;"*/
   }
   for(i=0;str[i]!='\0';i++)
       putchar(str[i]);
   printf("\n");
   return 0;
}
```

(8) 有错误的源程序 error6_9.c 改正后的代码为：

```
#include <stdio.h>
#include <string.h>
int main()
{  int i,s=0;                         /*将"int i,s;"改为"int i,s=0;"*/
   char str[80];
   i=0;
   while((str[i]=getchar())!='\n')    /*将"\n"改为'\n'*/
       i++;
   str[i]='\0';
   for(i=0;str[i];i++)                /*将"i<80"改为"str[i]"或"str[i]!='\0'"或
                                        "str[i]!=0"或"str[i]!=NULL"*/
       if(str[i]>='0'&&str[i]<='9')   /*等价于 if(!(str[i]<'0'||str[i]>'9')*/
          s=s*10+str[i]-'0';  /*将"s=s*10+str[i];"改为"s=s*10+str[i]-'0';"*/
```

```
    printf("%d\n",s);
    return 0;
}
```

(9) 有错误的源程序 error6_10.c 改正后的代码为：

```
#include <stdio.h>
int main()
{   int a[6][6],b[6][6],i,j,m,n;
    printf("Enter m,n:");
    scanf("%d%d",&m,&n);
    printf("Enter array:\n");
    for(i=0;i<m;i++)
        for(j=0;j<n;j++)
            scanf("%d",&a[i][j]);
    for(i=0;i<m;i++)
        for(j=0;j<n-1;j++)
            b[i][j+1]=a[i][j];      /* 将"b[i][j]=a[i][j]"改为"b[i][j+1]=a[i][j]" */
    for(i=0;i<n;i++)
        b[i][0]=a[i][n-1];          /* 将"b[i][0]=a[i][n]"改为"b[i][0]=a[i][n-1]" */
    printf("New array:\n");
    for(i=0;i<m;i++)
    {   for(j=0;j<n;j++)            /* 在内循环之前添加复合语句的开始符号{ * /
            printf("%4d",b[i][j]);
        printf("\n");
    }
    return 0;                       /* 在此添加复合语句的结束符号} * /
}
```

(10) 有错误的源程序 error6_11.c 改正后的代码为：

```
#include <stdio.h>
int main()
{   int a[9][9]={{0}},i,j,n;
    while(scanf("%d",&n),n<1||n>9);   /* 将"scanf("%d",n)"改为"scanf("%d",&n)" */
    for(i=0;i<n;i++)
    {   for(j=0;j<=i;j++)             /* 也可以是 for(j=i;j>=0;j--) * /
        a[i][j]=i+1-j;               /* 将"a[i][j]=i-j;"改为"a[i][j]=i+1-j;" */
    }
    for(i=0;i<n;i++)
    {   for(j=0;j<n;j++)
        printf("%3d",a[i][j]);        /* 将"&a[i][j]"改为"a[i][j]" * /
        putchar('\n');
    }
    return 0;
}
```

3. 程序填空题

(1) ① %lf   ② a[i]/10   ③ fabs(a[0]−v)   ④ x−a[i]

(2) ① a[i]==b[j] ② j==7 或 j>=7   ③ break   ④ b[i]

(3) ① ctype.h   ② int i=0   ③ strcpy   ④ else

(4) ① ctype.h   ② gets(s)
    ③ s[i]!='\0'或 s[i] 或 s[i]!=NULL 或 s[i]!=0   ④ s[i]==' '或 s[i]==32

4. 程序设计题

（1）

```c
#include <stdio.h>
#define N 10
int main()
{   int i,n,a[N],temp;
    do
    {   printf("Input n(1<n≤10):");
        scanf("%d",&n);
    }while(!(n>1&&n<=10));
    printf("Input %d integers:",n);
    for(i=0;i<n;i++)
        scanf("%d",&a[i]);
    for(i=0;i<n/2;i++)
    {   temp=a[i];a[i]=a[n-1-i];a[n-1-i]=temp; }
    printf("After reversed:");
    for(i=0;i<n;i++)
        printf("%d ",a[i]);
    printf("\n");
    return 0;
}
```

此题也可由如下代码实现：

```c
#include <stdio.h>
#define N 10
int main()
{   int i,n,a[N];
    do
    {   printf("Input n(1<n≤10):");
        scanf("%d",&n);
    }while(!(n>1&&n<=10));
    printf("Input %d integers:",n);
    for(i=0;i<n;i++)
        scanf("%d",&a[i]);
    printf("After reversed:");
    for(i=0;i<n;i++)
        printf("%d ",a[n-i-1]);
    printf("\n");
    return 0;
}
```

（2）

```c
#include <stdio.h>
#define N 10
int main()
{   int i,n,a[N],index=0;
    do
    {   printf("Input n(1<n≤10):");
        scanf("%d",&n);
    }while(!(n>1&&n<=10));
```

```
    printf("Input %d integers:",n);
    for(i=0;i<n;i++)
        scanf("%d",&a[i]);
    for(i=1;i<n;i++)
        if(a[i]>a[index])index=i;
    printf("max=%d,index=%d\n",a[index],index);
    return 0;
}
```

扩展：

```
#include <stdio.h>
#define N 10
int main()
{   int i,n,a[N],index=0;
    do
    {   printf("Input n(1<n≤10):");
        scanf("%d",&n);
    }while(!(n>1&&n<=10));
    printf("Input %d integers:",n);
    for(i=0;i<n;i++)
        scanf("%d",&a[i]);
    for(i=1;i<n;i++)
        if(a[i]>a[index])index=i;
    for(i=0;i<n;i++)
    {   if(a[i]==a[index])
        printf("max=%d,index=%d\n",a[i],i);
    }
    return 0;
}
```

（3）

```
#include <stdio.h>
#define N 10
int main()
{   int i,n,a[N],index=0,temp;
    do
    {   printf("Input n:");
        scanf("%d",&n);
    }while(!(n>1&&n<=10));
    printf("Input %d integers:",n);
    for(i=0;i<n;i++)
        scanf("%d",&a[i]);
    for(i=1;i<n;i++)
        if(a[i]>a[index])index=i;
    if(index!=n-1)
    {   temp=a[n-1];
        a[n-1]=a[index];
        a[index]=temp;
    }
    index=0;
    for(i=1;i<n;i++)
```

```
        if(a[i]<a[index])index=i;
    if(index!=0)
    {  temp=a[0];
       a[0]=a[index];
       a[index]=temp;
    }
    printf("After swapped:");
    for(i=0;i<n;i++)
        printf("%d ",a[i]);
    putchar('\n');
    return 0;
}
```

此题也可由如下代码实现：

```c
#include <stdio.h>
#define N 10
int main()
{  int i,n,a[N],temp,max,min;
   do
   {  printf("Input n(1<n≤10):");
      scanf("%d",&n);
   }while(!(n>1&&n<=10));
   printf("Input %d integers:",n);
   for(i=0;i<n;i++)
       scanf("%d",&a[i]);
   max=min=0;
   for(i=1;i<n;i++)
   {  if(a[i]>a[max])max=i;
      else if(a[i]<a[min]) min=i;
   }
   if(min!=0)
   {  temp=a[0];a[0]=a[min];a[min]=temp; }
   if(max==0)max=min;
   if(max!=n-1)
   {  temp=a[n-1];a[n-1]=a[max];a[max]=temp; }
   printf("After swapped:");
   for(i=0;i<n;i++)
       printf("%d ",a[i]);
   putchar('\n');
   return 0;
}
```

（4）

```c
#include <stdio.h>
#define N 10
int main()
{  int i,j,n,a[N],index,temp;
   do
   {  printf("Input n:");
      scanf("%d",&n);
   }while(!(n>1&&n<=10));
   printf("Input %d integers:",n);
```

```
    for(i=0;i<n;i++)
        scanf("%d",&a[i]);
    for(i=0;i<n-1;i++)                /*选择排序*/
    {   index=i;
        for(j=i+1;j<n;j++)
            if(a[j]>a[index])index=j;
        if(index!=i)
        {   temp=a[i];
            a[i]=a[index];
            a[index]=temp;
        }
    }
    printf("After sorted:");
    for(i=0;i<n;i++)
        printf("%d ",a[i]);
    putchar('\n');
    return 0;
}
```

此题也可由如下代码实现：

```
#include <stdio.h>
#define N 10
int main()
{   int i,j,n,a[N],index,temp;
    do
    {   printf("Input n:");
        scanf("%d",&n);
    }while(!(n>1&&n<=10));
    printf("Input %d integers:",n);
    for(i=0;i<n;i++)
        scanf("%d",&a[i]);
    for(i=0;i<n-1;i++)                    /*冒泡排序*/
    {   for(j=0;j<n-i-1;j++)
            if(a[j]<a[j+1])
            {   temp=a[j];
                a[j]=a[j+1];
                a[j+1]=temp;
            }
    }
    printf("After sorted:");
    for(i=0;i<n;i++)
        printf("%d ",a[i]);
    putchar('\n');
    return 0;
}
```

(5)

```
#include <stdio.h>
#define N 6
int main()
{   int i,j,n,a[N][N],sum=0;
    do
```

```
    {   printf("Input n:");
        scanf("%d",&n);
    }while(!(n>=1&&n<=6));
    printf("Input array:\n");
    for(i=0;i<n;i++)
        for(j=0;j<n;j++)
            scanf("%d",&a[i][j]);
    for(i=0;i<n-1;i++)
        for(j=0;j<n-1;j++)
            if(i+j!=n-1) sum+=a[i][j];
    printf("sum=%d\n",sum);
    return 0;
}
```

(6)

```
#include <stdio.h>
#define N 6
int main()
{   int i,j,n,a[N][N],flag=0;
    do
    {   printf("Input n:");
        scanf("%d",&n);
    }while(!(n>=1&&n<=6));
    printf("Input array:\n");
    for(i=0;i<n;i++)
        for(j=0;j<n;j++)
            scanf("%d",&a[i][j]);
    for(i=0;i<n;i++)
        for(j=0;j<i;j++)
            if(a[i][j]!=0){flag=1;break;};
    if(flag)printf("NO\n");
    else printf("YES\n");
    return 0;
}
```

(7)

```
#include <stdio.h>
#define N 6
int main()
{   int n,a[N][N],i,j,c=0;
    do
    {   printf("Enter n(1≤n≤6):");
        scanf("%d",&n);
    }while(!(n>=1&&n<=6));
    printf("Enter %d integers:",n*n);
    for(i=0;i<n;i++)
        for(j=0;j<n;j++)
        {
            scanf("%d",&a[i][j]);
            if(a[i][j]!=0) c++;
        }
```

```
    printf("该矩阵中非零元素的个数为%d\n",c);
    return 0;
}
```

（8）

```
#include <stdio.h>
#define N 6
int main()
{   int m,n,i,j,c=0;
    double v=0,a[N][N];
    do
    {   printf("输入两个正整数 m 和 n(1≤m≤6,1≤n≤6):");
        scanf("%d%d",&m,&n);
    }while(!(m>=1&&m<=N &&n>=1&&n<=N));
    printf("输入%d 个元素:",m*n);
    for(i=0;i<m;i++)
        for(j=0;j<n;j++)
        {
            scanf("%lf",&a[i][j]);
            v+=a[i][j];
        }
    v/=m*n;
    printf("矩阵 a(m 行 n 列)中所有元素的平均值为:%f\n",v);
    for(i=0;i<m;i++)
        for(j=0;j<n;j++)
            if(a[i][j]>v) c++;
    printf("矩阵 a(m 行 n 列)中大于平均值的元素的个数为:%d\n",c);
}
```

（9）

```
#include <stdio.h>
int main()
{   int year,month,day,k,leap;
    int tab[2][13]={{0,31,28,31,30,31,30,31,31,30,31,30,31},
                    {0,31,29,31,30,31,30,31,31,30,31,30,31}};
    printf("Input year,month,day:");
    scanf("%d%d%d",&year,&month,&day);
    leap=year%4==0&&year%100!=0||year%400==0;
    for(k=1;k<month;k++)
        day+=tab[leap][k];
    printf("Days of year:%d\n",day);
    return 0;
}
```

此题也可由如下代码实现：

```
#include <stdio.h>
int day_of_year(int year,int month,int day)
{   int k,leap;
    int tab[2][13]={{0,31,28,31,30,31,30,31,31,30,31,30,31},
                    {0,31,29,31,30,31,30,31,31,30,31,30,31}};
    leap=year%4==0&&year%100!=0||year%400==0;
```

```
        for(k=1;k<month;k++)
            day+=tab[leap][k];
        return day;
    }
    int main()
    {   int year,month,day;
        printf("Input year,month,day:");
        scanf("%d%d%d",&year,&month,&day);
        printf("Days of year:%d\n",day_of_year(year,month,day));
        return 0;
    }
```

(10)

```
#include <stdio.h>
int main()
{   int i,index=-1,k;
    char str[80],ch;
    printf("Input a character:");
    ch=getchar();
    getchar();                          /*清空输入一个字符后按下的 Enter 键*/
    printf("Input a string:");
    i=0;
    while((str[i]=getchar())!='\n')
        i++;
    str[i]='\0';
    k=i-1;
    for(i=0;i<=k;i++)
        if(str[i]==ch)index=i;
    if(index>-1)printf("index=%d\n",index);
    else printf("NO Found\n");
    return 0;
}
```

此题也可由如下代码实现：

```
#include <stdio.h>
int main()
{   int i,index=-1;
    char str[80],ch;
    printf("Input a character:");
    ch=getchar();
    getchar();
    printf("Input a string:");
    gets(str);
    i=0;
    while(str[i]!='\0')
    {   if(str[i]==ch)index=i;
        i++;
    }
    if(index>-1)printf("index=%d\n",index);
    else printf("NO Found\n");
    return 0;
}
```

(11)

```
#include <stdio.h>
int main()
{  int i,count=0,upcase=0;
   char str[80];
   printf("Input a string:");
   gets(str);
   i=0;
   while(str[i]!='\0')
   {  if(str[i]>='A'&&str[i]<='Z')
      {  upcase++;
         switch(str[i])
         {  case 'A':
            case 'E':
            case 'I':
            case 'O':
            case 'U': count++;break;
            default:break;
         }
      }
      i++;
   }
   if(upcase) count=upcase-count;
   printf("count=%d\n",count);
   return 0;
}
```

此题也可由如下代码实现：

```
#include <stdio.h>
int main()
{  int i,count;
   char str[80];
   printf("Input a string:");
   i=0;
   while((str[i]=getchar())!='\n')
      i++;
   str[i]='\0';
   for(i=0,count=0;str[i]!='\0';i++)
      if(str[i]>'A'&&str[i]<='Z'&&str[i]!='E'&&str[i]!='I'&&str[i]!='O'
               &&str[i]!='U')
         count++;
   printf("count=%d\n",count);
   return 0;
}
```

(12)

```
#include <stdio.h>
int main()
{  int i;
   char str[80];
   printf("Input a string:");
```

```
    gets(str);
    i=0;
    while(str[i]!='\0')
    {   if(str[i]>='A'&&str[i]<='Z')
            str[i]='Z'-(str[i]-'A');
        i++;
    }
    printf("After replaced:%s\n",str);
    return 0;
}
```

此题也可由如下代码实现：

```
#include <stdio.h>
int main()
{   int i;
    char str[80];
    printf("Input a string:");
    i=0;
    while((str[i]=getchar())!='\n')
        i++;
    str[i]='\0';
    for(i=0;str[i]!='\0';i++)
        if(str[i]>='A'&&str[i]<='Z')
            str[i]='A'+('Z'-str[i]);
    printf("After replaced=%s\n",str);
    return 0;
}
```

实验 7 参考答案

2. 程序修改题

（1）有错误的源程序 error7_2.c 改正后的代码为：

```
#include <stdio.h>
#include <string.h>
int main()
{   int max,x,y,* pmax,* px,* py;
    scanf("%d%d",&x,&y);
    px=&x;                   /* 将" * px=&x;"改为"px=&x;" * /
    py=&y;                   /* 将" * py=&y;"改为"py=&y;" * /
    pmax=&max;               /* 将" * pmax=&max;"改为"pmax=&max;" * /
    * pmax= * px;            /* 将" * pmax=&px;"改为" * pmax= * px;" * /
    if( * pmax< * py)         /* 将"if(pmax<py)"改为"if( * pmax< * py)" * /
        * pmax= * py;        /* 将"pmax=py;"改为" * pmax= * py;" * /
    printf("max=%d\n",max);
    return 0;
}
```

（2）有错误的源程序 error7_3.c 改正后的代码为：

```
#include <stdio.h>
```

```
void mov(int * ,int,int);
int main()
{  int m,n,i,a[80], * p;
   printf("Input n, m:");
   scanf("%d%d",&n, &m);
   for(p=a,i=0;i<n;i++)
       scanf("%d",p++);          /*将"scanf("%d",&p++);"改为"scanf("%d",p++);"*/
   mov(a,n,m);
   printf("After moved: ");
   for(i=0;i<n;i++)
       printf("%5d",a[i]);
   return 0;
}
void mov(int * x,int n,int m)
{  int i,j,k;                    /*再定义一个变量k*/
   for(i=0;i<m;i++)
   {  k=x[n-1];                  /*内循环前增加语句"k=x[n-1];"*/
      for(j=n-1;j>0;j--)
          x[j]=x[j-1];
      x[0]=k;                    /*将"x[0]=x[n-1];"改为"x[0]=k;"*/
   }
}
```

（3）有错误的源程序 error7_4.c 改正后的代码为：

```
#include <stdio.h>
void strc(char * s,char * t);     /*将"void strc(char s,char t);"改为"void strc(char
                                     * s,char * t);"*/
int main()
{  char s[80],t[80];
   gets(s);
   gets(t);
   strc(s,t);
   puts(t);
   return 0;
}
void strc(char * s,char * t)      /*将"void strc(char s,char t)"改为"void strc(char
                                     * s,char * t)"*/
{  while( * t!='\0')
       t++;
   while( * t++= * s++)           /*将"while( * t= * s)"改为"while( * t++= * s++)"*/
       ;
}
```

（4）有错误的源程序 error7_5.c 改正后的代码为：

```
#include <stdio.h>
#include <stdlib.h>
#include <string.h>
int main()
{  int i,j,n=0;
   char * color[20],str[10], * temp;              /*temp 应该定义为字符指针*/
   printf("请输入颜色名称,每行一个,#结束输入: \n");
```

```
        /*动态输入*/
    scanf("%s",str);
    while(str[0]!='#')
    {  color[n]=(char *)malloc(sizeof(char) * (strlen(str)+1));
        strcpy(color[n],str);
            n++;
        scanf("%s",str);
    }
    for(i=1;i<n;i++)                    /*排序*/
        for(j=0;j<n-i;j++)
            if(strlen(color[j])>strlen(color[j+1]))   /*求字符串长度函数为 strlen */
            {  temp=color[j];
                color[j]=color[j+1];
                color[j+1]=temp;
            }
    printf("已按长度从小到大排序后的颜色名称为: \n");
    for(i=0;i<n;i++)
        printf("%s ",color[i]);
    printf("\n");
    return 0;
}
```

(5) 有错误的源程序 error7_6.c 改正后的代码为：

```
#include <stdio.h>
#include <stdlib.h>
char * change(char * s[]);
int main()
{  int i;
    char poem[4][20], * p[4];
    printf("请输入藏头诗: \n");
    for(i=0;i<4;i++)
    {  scanf("%s",poem[i]);
        p[i]=poem[i];
    }
    printf("%s\n",change(p));           /*形参为指针数组,实参应为指针数组名*/
    return 0;
}
char * change(char * s[])
{  int i;
    char * t=(char *)malloc(9 * sizeof(char));
    for(i=0;i<4;i++)
    {  t[2 * i]=s[i][0];
        t[2 * i+1]= * ( * (s+i)+1);         /*等价于 t[2 * i+1]=s[i][1]; */
    }
    t[2 * i]='\0';               /*因字符串是以'\0'结束,所以应增加语句"t[2 * i]='\0';"*/
    return t;
}
```

3. 程序填空题

(1) ① int * pa,int * pb   ② a>b   ③ &b,&c   ④ a>b

(2) ① int * m   ② i< * m   ③ a[j]=a[j+1]   ④ f(x,&n)

(3) ① f(b,1.7,5)   ② float * a,float x,int n 或 float a[],float x,int n

③ a[0]   ④ return y;

4. 程序设计题

(1) 提供以下 3 种代码供读者参考(请注意指针和数组间的关系及各自的用法)。

第一种代码如下(仅应用了数组):

```c
#include <stdio.h>
#define N 11
int search(int [], int, int);        /*或"int search(int *,int,int);"*/
int main()
{  int n,x,i,a[N],index;
    do
    {  printf("Input n:");
        scanf("%d",&n);
    }while(n>10||n<=1);
    printf("Input %d integers:",n);
    for(i=0;i<n;i++)
        scanf("%d",&a[i]);
    printf("Input x:");
    scanf("%d",&x);
    index=search(a,n,x);            /*调用 search 函数,在数组 a 中查找 x 所在的位置*/
    if(index==-1)printf("Not Found\n");
    else printf("index=%d\n",index);
    return 0;
}
/*定义函数 search,在数组 list 中查找 x 所在的位置*/
int search(int list[],int n,int x)    /*或"int search(int * list,int n,int x)"*/
{  int i,result=-1;
    for(i=0;i<n;i++)
        if(list[i]==x){result=i;break;}
    return result;
}
```

第二种代码如下(应用了指针和数组):

```c
#include <stdio.h>
#define N 11
int search(int *,int,int);
int main()
{  int n,x,i,*p,a[N],index;
    do
    {  printf("Input n:");
        scanf("%d",&n);
    }while(n>10||n<=1);
    printf("Input %d integers:",n);
    for(p=a,i=0;i<n;i++)
        scanf("%d",p++);
    printf("Input x:");
    scanf("%d",&x);
    index=search(a,n,x);
    if(index==-1)printf("Not Found\n");
    else printf("index=%d\n",index);
    return 0;
}
```

```
/*定义函数 search,在数组 list 中查找 x 所在的位置*/
int search(int list[],int n,int x)
{   int i;
    for(i=0;i<n;i++)
        if(list[i]==x)return i;
    return -1;
}
```

第三种代码如下(应用了动态分配内存的方法):

```
#include <stdio.h>
#include <stdlib.h>
int search(int *,int,int);
int main()
{   int n,x,i,*p,index;
    do
    {   printf("Input n:");
        scanf("%d",&n);
    }while(n>10||n<=1);
    if((p=(int *)malloc(n*sizeof(int)))==NULL)
    {   printf("Not able to allocate memory.\n");
        exit(1);
    }
    printf("Input %d integers:",n);
    for(i=0;i<n;i++)
        scanf("%d",p+i);
    printf("Input x:");
    scanf("%d",&x);
    index=search(p,n,x);
    if(index==-1)printf("Not Found\n");
    else printf("index=%d\n",index);
    free(p);
    return 0;
}
/*定义函数 search,在数组 list 中查找 x 所在的位置*/
int search(int list[],int n,int x)
{   int i;
    for(i=0;i<n;i++)
        if(list[i]==x)return i;
    return -1;
}
```

(2) 提供以下 3 种代码供读者参考(请注意指针和数组间的关系及各自的用法)。

第一种代码如下(仅应用了数组):

```
#include <stdio.h>
#define N 20
void sort(int [],int);                  /*或"void sort(int *,int);"*/
int main()
{   int n,i,a[N];
    printf("Input n:");
    scanf("%d",&n);
    printf("Input array of %d integers:",n);
```

```
    for(i=0;i<n;i++)
        scanf("%d",&a[i]);
    sort(a,n);                          /*调用 sort 函数,对数组 a 中的元素进行排序*/
    printf("After sorted the array is:");    /*输出排序后的结果*/
    for(i=0;i<n;i++) printf("%d ",a[i]);
    printf("\n");
    return 0;
}
/*定义函数 sort,用选择法对数组 a 进行排序*/
void sort(int a[],int n)
{   int i,j,k,temp;
    for(i=0;i<n-1;i++)
    {   k=i;
        for(j=i+1;j<n;j++)
            if(a[j]<a[k])k=j;
        if(k!=i){temp=a[k];a[k]=a[i];a[i]=temp;}
    }
}
```

第二种代码如下(应用了指针和数组):

```
#include <stdio.h>
#define N 20
void swap(int *,int *);
void sort(int *,int);
int main()
{   int n,i,*p,a[N];
    printf("Input n:");
    scanf("%d",&n);
    printf("Input array of %d integers:",n);
    for(i=0;i<n;i++)
        scanf("%d",&a[i]);
    p=a;
    sort(p,n);
    printf("After sorted the array is:");
    for(i=0;i<n;i++)
        printf("%d ",p[i]);
    printf("\n");
    return 0;
}
/*定义函数 sort,用冒泡法对数组 a 进行排序*/
void sort(int a[],int n)
{   int i,j;
    for(i=1;i<n;i++)
        for(j=0;j<n-i;j++)
            if(a[j]>a[j+1]) swap(&a[j],&a[j+1]);
}
/*定义函数 swap,实现两个数的交换*/
void swap(int *px,int *py)
{   int t;
    t=*px;
    *px=*py;
    *py=t;
}
```

第三种代码如下（应用了动态分配内存的方法）：

```c
#include <stdio.h>
#include <stdlib.h>
void sort(int * ,int);
int main()
{  int n,i, * p;
   printf("Input n:");
   scanf("%d",&n);
   if((p=(int * )malloc(n * sizeof(int)))==NULL)
   {  printf("Not able to allocate memory.\n");
      exit(1);
   }
   printf("Input array of %d integers:",n);
   for(i=0;i<n;i++)
       scanf("%d",p+i);
   sort(p,n);
   printf("After sorted the array is:");
   for(i=0;i<n;i++)
       printf("%d ",p[i]);
   printf("\n");
   free(p);
   return 0;
}
/ * 定义函数 sort,用冒泡法对数组 a 进行排序 * /
void sort(int a[],int n)
{  int i,j,temp;
   for(i=1;i<n;i++)
   {  for(j=0;j<n-i;j++)
          if(a[j]>a[j+1])
          {  temp=a[j]; a[j]=a[j+1]; a[j+1]=temp; }
   }
}
```

扩展：用选择排序法对数组中的元素进行排序，实现此题扩展部分的代码如下：

```c
#include <stdio.h>
#define N 20
void swap(int * ,int * );
void choose (int [], int n,char ch);
int main()
{  int n,i,a[N]; char ch;
   printf("Input n:");
   scanf("%d",&n);
   getchar();                              / * 清空输入 n 后按下的 Enter 键 * /
   printf("Please enter 'A' or 'a' or 'D' or 'd':"); / * 选择排序方式 * /
   scanf("%c",&ch);
   printf("Input array of %d integers:",n);
   for(i=0;i<n;i++)
       scanf("%d",&a[i]);
   choose(a,n,ch);                   / * 调用 choose 函数,对数组 a 按 ch 方式进行排序 * /
   printf("After sorted the array is:");      / * 输出排序后的结果 * /
   for(i=0;i<n;i++)
```

```
        printf("%d ",a[i]);
    printf("\n");
    return 0;
}
/* 定义函数 choose,实现选择法排序 */
void choose(int a[],int n,char ch)          /* n是数组 a 中待排序的数量 */
{ int i,j,k;
    for(i=0;i<n-1;i++)
    { k=i;
        for(j=i+1;j<n;j++)
            if(ch=='A'||ch=='a')
            { if(a[j]<a[k]) k=j;}          /* 比较大小,记录最小元素的下标 */
            else if(ch=='D'||ch=='d')
            { if(a[j]>a[k])k=j;}           /* 比较大小,记录最大元素的下标 */
            else putchar('\a');            /* 若输入其他字符,发出警告 */
        if(k!=i) swap(&a[i],&a[k]);        /* 交换最大(小)元素与 a[i]的值 */
    }
}
void swap(int * px,int * py)               /* 定义函数 swap,实现两个数的交换 */
{ int t;
    t= * px; * px= * py; * py=t;
}
```

用冒泡排序法对数组中的元素进行排序,实现此题扩展部分的代码如下:

```
#include <stdio.h>
#define N 20
void swap(int * ,int * );
void bubble(int [], int n,char ch);
int main()
{ int n,i,a[N], * p;
    char ch;
    printf("Input n:");
    scanf("%d",&n);
    getchar();                            /* 清空输入 n 后按下的 Enter 键 */
    printf("Please enter 'A' or 'D':");   /* 选择排序方式 */
    scanf("%c",&ch);
    printf("Input array of %d integers:",n);
    for(p=a,i=0;i<n;i++)
        scanf("%d",p++);
    bubble(a,n,ch);                       /* 调用 bubble 函数,对数组 a 按 ch 方式进行排序 */
    printf("After sorted the array is:"); /* 输出排序后的结果 */
    for(i=0;i<n;i++)
        printf("%d ",a[i]);
    printf("\n");
    return 0;
}
/* 定义函数 bubble,实现冒泡法排序 */
void bubble(int a[],int n,char ch)        /* n是数组 a 中待排序的数量 */
{ int i,j;
    for(i=1;i<n-1;i++)
    { for(j=0;j<n-i;j++)
            switch(ch)
```

```
            { case 'A': case 'a': if(a[j]>a[j+1]) swap(&a[j],&a[j+1]);break;
              case 'D': case 'd': if(a[j]<a[j+1]) swap(&a[j],&a[j+1]);break;
              default:putchar('\a');          /*若输入其他字符,发出警告*/
            }
        }
}
void swap(int * px,int * py)                  /*定义函数 swap,实现两个数的交换*/
{   int t;
    t= * px; * px= * py; * py=t;
}
```

（3）提供以下 3 种代码供读者参考（请注意指针和数组间的关系及各自的用法）。

第一种代码如下（仅应用了数组）：

```
#include <stdio.h>
#define N 50
int main()
{   int i,k=0,n,m=0,num[N];
    /* i 为每次循环时的计数变量,k 为按 1、2、3 报数时的计数变量,m 为退出人数*/
    printf("Input n:");
    scanf("%d",&n);
    for(i=0;i<n;i++)          /*为数组元素编号,依次为 1~n 号*/
        num[i]=i+1;
    i=0;
    while(m<n-1)              /*当退出人数比 n-1 少时(即未退出人数大于 1 时),执行循环体*/
    {   if(num[i]) k++;       /*报数,若 num[i]不为 0,则 k 增 1*/
        if(k==3)
        {   num[i]=0;         /*将退出圈子的人的编号置为 0*/
            k=0;
            m++;
        }
        i++;
        if(i==n)i=0;          /*报数到尾后,i 恢复为 0*/
        /*"i++;if(i==n) i=0;"等价于"i=(i+1)%n;"*/
    }
    for(i=0;i<n;i++)
        if(num[i]!=0) break;
    printf("Last No.is:%d\n",num[i]);
    return 0;
}
```

第二种代码如下（应用了指针和数组）：

```
#include <stdio.h>
#define N 50
int main()
{   int i,k=0,n,m=0,num[N], * p;
    /* i 为每次循环时的计数变量,k 为按 1、2、3 报数时的计数变量,m 为退出人数*/
    printf("Input n:");
    scanf("%d",&n);
    p=num;
    for(i=0;i<n;i++)                    * 以 1~n 为序给每个人编号*/
        * (p+i)=i+1;
```

```
        i=0;
        while(m<n-1)            /* 当退出人数比 n-1 少时(即未退出人数大于 1 时),执行循环体 */
        { if(*(p+i)) k++;              /* 报数,若 p[i]不为 0,则 k 增 1 */
            if(k==3)
            { *(p+i)=0;            /* 将退出圈子的人的编号置为 0 */
                k=0;
                m++;
            }
            i++;
            if(i==n)i=0;                /* 报数到尾后,i 恢复为 0 */
            /* "i++;if(i==n)i=0;"等价于"i=(i+1)%n;" */
        }
        while(*p==0)p++;
        printf("Last No.is:%d\n",*p);
        return 0;
    }
```

第三种代码如下(应用了动态分配内存的方法):

```
#include <stdio.h>
#include <stdlib.h>
int main()
{ int i,k=0,n,m=0,*p;
    /* i 为每次循环时的计数变量,k 为按 1、2、3 报数时的计数变量,m 为退出人数 */
    printf("Input n:");
    scanf("%d",&n);
    if((p=(int *)malloc(n*sizeof(int)))==NULL)
    { printf("Not able to allocate memory.\n");
        exit(1);
    }
    for(i=0;i<n;i++)      /* 以 1~n 为序给每个人编号 */
        *(p+i)=i+1;
    i=0;
    while(m<n-1)            /* 当退出人数比 n-1 少时(即未退出人数大于 1 时),执行循环体 */
    { if(*(p+i)) k++;      /* 报数,若 p[i]不为 0,则 k 增 1 */
        if(k==3)
        { *(p+i)=0;            /* 将退出圈子的人的编号置为 0 */
            k=0;
            m++;
        }
        i++;
        if(i==n)i=0;            /* 报数到尾后,i 恢复为 0 */
        /* "i++;if(i==n)i=0;"等价于"i=(i+1)%n;" */
    }
    while(*p==0)p++;
    printf("Last No.is:%d\n",*p);
    free(p);
    return 0;
}
```

扩展:

```
#include <stdio.h>
```

```
#define N 50
int main()
{   int i,k=0,n,m=0,num[N], * p;
    /* i 为每次循环时的计数变量,k 为按 1、2、3 报数时的计数变量,m 为退出人数 */
    printf("Input n:");
    scanf("%d",&n);
    p=num;
    for(i=0;i<n;i++)            /* 以 1~n 为序给每个人编号 */
        * (p+i)=i+1;
    i=0;
    while(m<n)                  /* 当退出人数比 n 少时执行循环体,直到全部人数退出为止 */
    {   if(* (p+i)) k++;        /* 报数,若 p[i]不为 0,则 k 增 1 */
        if(k==3)
        {   printf("%d ",i+1);  /* 输出退出圈子的人的编号 */
            * (p+i)=0;
            k=0;
            m++;
        }
        i++;
        if(i==n)i=0;            /* 报数到尾后,i 恢复为 0 */
        /* "i++;if(i==n)i=0;"等价于"i=(i+1)%n;" */
    }
    printf("\n");
    return 0;
}
```

（4）提供以下 5 种代码供读者参考（请注意指针、数组、字符串的操作方法）。

第一种代码如下（应用一维数组实现）：

```
#include <stdio.h>
#include <string.h>
#define N 5
#define M 80
int main()
{   int i,max; char sx[M],smax[M];
    printf("Input %d strings:",N);
    scanf("%s",sx);
    max=strlen(sx);
    strcpy(smax,sx);
    for(i=1;i<5;i++)
    {   scanf("%s",sx);
        if(max<strlen(sx))
        {   max=strlen(sx);
            strcpy(smax,sx);
        }
    }
    printf("The longest is:%s\n",smax);
    return 0;
}
```

第二种代码如下（应用二维数组实现）：

```
#include <stdio.h>
#include <string.h>
```

```
#define N 5
#define M 80
int main()
{   int i,max,index; char sx[N][M];
    printf("Input %d strings:",N);
    scanf("%s",sx[0]);
    max=strlen(sx[0]);
    index=0;
    for(i=1;i<5;i++)
    {   scanf("%s",sx[i]);
        if(max<strlen(sx[i]))
        {   max=strlen(sx[i]);
            index=i;
        }
    }
    printf("The longest is:%s\n",sx[index]);
    return 0;
}
```

第三种代码如下（应用了指针数组）：

```
#include <stdio.h>
#include <string.h>
#define N 5
#define M 80
int main()
{   int i,max,index; char sx[N][M], * p[N];
    for(i=0;i<N;i++)
        p[i]=sx[i];
    printf("Input %d strings:",N);
    scanf("%s",p[0]);
    max=strlen(p[0]);
    index=0;
    for(i=1;i<5;i++)
    {   scanf("%s",p[i]);
        if(max<strlen(p[i]))
        {   max=strlen(p[i]);
            index=i;
        }
    }
    printf("The longest is:%s\n",p[index]);
    return 0;
}
```

第四种代码如下（应用了指向一维数组的指针变量）：

```
#include <stdio.h>
#include <string.h>
#define N 5
#define M 80
int main()
{   int i,max,index;
    char sx[N][M],( * p)[M];
    p=sx;
```

```c
    printf("Input %d strings:",N);
    scanf("%s", * p);
    max=strlen( * p);
    index=0;
    for(i=1;i<5;i++)
    {   scanf("%s", * (p+i));
        if(max<strlen( * (p+i)))
        {   max=strlen( * (p+i));
            index=i;
        }
    }
    printf("The longest is:%s\n", * (p+index));
    return 0;
}
```

第五种代码如下(应用了动态内存分配):

```c
#include <stdio.h>
#include <string.h>
#include <stdlib.h>
#define N 5
#define M 80
int main()
{   int i,max,index;
    char str[M], * p[N];
    printf("Input %d strings:",N);
    for(i=0;i<N;i++)
    {   scanf("%s",str);
        if((p[i]=(char * )malloc((strlen(str)+1) * sizeof(char)))==NULL)
        {   printf("Not able to allocate memory.\n");
            exit(1);
        }
        strcpy(p[i],str);
    }
    max=strlen(p[0]);
    index=0;
    for(i=1;i<5;i++)
        if(max<strlen(p[i]))
        {   max=strlen(p[i]);
            index=i;
        }
    printf("The longest is:%s\n",p[index]);
    for(i=0;i<N;i++)
        free(p[i]);
    return 0;
}
```

扩展:提供以下 4 种代码供读者参考(请注意指针、数组、字符串的操作方法)。
第一种代码如下(应用二维数组实现):

```c
#include <stdio.h>
#include <string.h>
#define N 5
#define M 80
```

```
int main()
{  int i,max,index;
   char sx[N][M];
   printf("Input %d strings:",N);
   scanf("%s",sx[0]);
   max=strlen(sx[0]);
   index=0;
   for(i=1;i<5;i++)
   {  scanf("%s",sx[i]);
      if(max<strlen(sx[i]))
      {  max=strlen(sx[i]);
         index=i;
      }
   }
   printf("The longest is:");
   for(i=0;i<5;i++)
      if(strlen(sx[i])==max)
         printf("%s ",sx[i]);
   putchar('\n');
   return 0;
}
```

第二种代码如下(应用了指针数组):

```
#include <stdio.h>
#include <string.h>
#define N 5
#define M 80
int main()
{  int i,max,index;
   char sx[N][M], * p[N];
   for(i=0;i<N;i++)
      p[i]=sx[i];
   printf("Input %d strings:",N);
   scanf("%s",p[0]);
   max=strlen(p[0]);
   index=0;
   for(i=1;i<5;i++)
   {  scanf("%s",p[i]);
      if(max<strlen(p[i]))
      {  max=strlen(p[i]);
         index=i;
      }
   }
   printf("The longest is:");
   for(i=0;i<5;i++)
      if(strlen(p[i])==max) printf("%s ",p[i]);
   putchar('\n');
   return 0;
}
```

第三种代码如下(应用了指向一维数组的指针变量):

```
#include <stdio.h>
```

```
#include <string.h>
#define N 5
#define M 80
int main()
{  int i,max,index;
   char sx[N][M],(* p)[M];
   p=sx;
   printf("Input %d strings:",N);
   scanf("%s",* p);
   max=strlen(* p);
   index=0;
   for(i=1;i<5;i++)
   {  scanf("%s",* (p+i));
      if(max<strlen(* (p+i)))
      {  max=strlen(* (p+i));
         index=i;
      }
   }
   printf("The longest is:");
   for(i=0;i<5;i++)
      if(strlen(p[i])==max) printf("%s ",p[i]);
   putchar('\n');
   return 0;
}
```

第四种代码如下(应用了动态内存分配):

```
#include <stdio.h>
#include <string.h>
#include <stdlib.h>
#define N 5
#define M 80
int main()
{  int i,max,index;
   char str[M],* p[N];
   printf("Input %d strings:",N);
   for(i=0;i<N;i++)
   {  scanf("%s",str);
      if((p[i]=(char *)malloc((strlen(str)+1) * sizeof(char)))==NULL)
      {  printf("Not able to allocate memory.\n");
         exit(1);
      }
      strcpy(p[i],str);
   }
   max=strlen(p[0]);
   index=0;
   for(i=1;i<5;i++)
      if(max<strlen(p[i]))
      {  max=strlen(p[i]);
         index=i;
      }
   printf("The longest is:");
   for(i=0;i<5;i++)
```

```
        if(strlen(p[i])==max)
            printf("%s ",p[i]);
    putchar('\n');
    for(i=0;i<N;i++)
        free(p[i]);
    return 0;
}
```

（5）提供以下两种代码供读者参考（请注意指针、数组、字符串的操作方法）。

第一种代码如下：

```
#include <stdio.h>
#include <string.h>
#define MAXLEN 80
void delchar(char * s,char c)
{   while(* s!='\0')
    {   /* 遇到字符 C,将该字符后的部分复制成从当前位置开始的串 */
        if(* s==c)strcpy(s,s+1);
        if(* s!=c)s++;
    }
}
int main()
{   char s[MAXLEN],c;
    printf("Input a string:");
    gets(s);
    printf("Input a char:");
    scanf("%c",&c);
    delchar(s,c);
    printf("After deleted,the string is:%s\n",s);   /* 或"puts(s);" */
    return 0;
}
```

第二种代码如下：

```
#include <stdio.h>
#include <string.h>
#define MAXLEN 80
void delchar(char * s,char c);
int main()
{   char s[MAXLEN],c;
    printf("Input a string:");
    gets(s);
    printf("Input a char:");
    scanf("%c",&c);
    delchar(s,c);
    printf("After deleted,the string is:%s\n",s);      /* 或 puts(s); */
    return 0;
}
void delchar(char * s,char c)
{   char str[MAXLEN]; int i,j;
    for(i=0,j=0;s[i]!='\0';i++)
        if(s[i]!=c){ str[j]=s[i];j++;}
    str[j]='\0';
```

```
    strcpy(s,str);  /*等价于"for(i=0;str[i]!='\0';i++) s[i]=str[i]; s[i]='\0'; "*/
}
```

（6）提供以下代码供读者参考（请注意指针、数组、字符串的操作方法）。

```
void strmcpy(char *,char *,int);
int main()
{   char s[MAXLEN],t[MAXLEN];
    int m;
    printf("Input a string:");
    gets(t);
    while(printf("Input a integer:"),scanf("%d",&m),m<=0);
    if(m>strlen(t)) printf("input error!\n");
    else
    {   strmcpy(s,t,m);
        printf("Output is:%s\n",s);
    }
    return 0;
}
/*此段代码与下面的 strmcpy()自定义函数是等价的
void strmcpy(char * s,char * t,int m)
{   t=t+m-1;
    for(; * t!='\0';s++,t++)
        * s= * t;
    * s='\0';
}
*/
void strmcpy(char * s,char * t,int m)
{   int n=0;
    while(n<m-1)
    {   n++;
        t++;
    }
    while( * s++= * t++);/* while( * t!='\0');
                        {   * s= * t;
                            t++;
                            s++;
                        }
                        * s='\0';
                        */
}
```

（7）提供以下 3 种代码供读者参考（请注意指针、数组、字符串的操作方法）。

第一种代码如下：

```
#include <stdio.h>
#include <string.h>
#define MAXLEN 80
int is_sym(char * s)
{   int i=0,j=strlen(s)-1;
    while(i<j)
    {   if(s[i]!=s[j]) return 0;
        i++;
        j--;
```

```
    }
    return 1;
}
int main()
{   char s[MAXLEN];
    printf("Input a string:");
    gets(s);
    if(is_sym(s))printf("YES\n");
    else printf("NO\n");
    return 0;
}
```

第二种代码如下：

```
#include <stdio.h>
#include <string.h>
#define MAXLEN 80
int main()
{   int i,m,flag=0;
    char s[MAXLEN], * p;
    p=s;
    printf("Input a string:");
    gets(s);
    m=strlen(s);
    for(i=0;i<m/2;i++)
        if(p[i]!=p[m-1-i]){flag=1;break;}
    if(flag==1)printf("NO\n");
    else printf("YES\n");
    return 0;
}
```

第三种代码如下：

```
#include <stdio.h>
#include <string.h>
#define MAXLEN 80
int main()
{   int i,j,m;
    char s[MAXLEN],t[MAXLEN];
    printf("Input a string:");
    m=0;
    while((s[m]=getchar())!='\n')
        m++;
    s[m]='\0';
    for(i=0,j=m-1;i<m;i++,j--)
        t[j]=s[i];
    t[m]='\0';
    if(strcmp(s,t)==0)printf("YES\n");
    else printf("NO\n");
    return 0;
}
```

（8）

```
#include <stdio.h>
```

```
int main()
{   char * months[12]={"January","February","March","April","May","\
    June","July","August","September","october","November","December"};
    int month;
    printf("Enter a month:");
    scanf("%d",&month);
    if(month<1||month>12)printf("input error!\n");
    else printf("%s\n",months[month-1]);
    return 0;
}
```

(9)

```
#include <stdio.h>
#include <string.h>
#define N 80
int main()
{   char * weekdays[7]={"Sunday","Monday","Tuesday","\
    Wednesday","Thursday","Friday","Saturday"},s[N]; int i;
    printf("输入一个字符串: \n");
    gets(s);
    for(i=0;i<7;i++)
        if(strcmp(weekdays[i],s)==0) break;
    if(i<7) printf("%d\n",i+1);
    else printf("-1\n");
    return 0;
}
```

(10)

```
#include <stdio.h>
#include <string.h>
#include <stdlib.h>
int max_len(char * s[],int n)
{   int maxlen=0,i;
    for(i=0;i<n;i++)
        if(strlen(s[i])>maxlen)maxlen=strlen(s[i]);
    return maxlen;
}
int main()
{   char * s[10],str[20];
    int n,i;
    do
    {   printf("Enter n:");
        scanf("%d",&n);
    }while(n<1||n>=10);
    getchar();
    for(i=0;i<n;i++)
    {   gets(str);/* scanf("%s",str); */
        if((s[i]=(char * )malloc((strlen(str)+1) * sizeof(char)))==NULL)
        {   printf("Not able to allocate memory.\n");
            exit(1);
        }
        strcpy(s[i],str);
```

C 程序设计实验指导与实用应试教程(第 2 版)

```
    }
    printf("length=%d\n",max_len(s,n));
    for(i=0;i<n;i++)
        free(s[i]);
    return 0;
}
```

（11）

```
#include <stdio.h>
#define M 80
char * str_cat(char * , char * );
int main()
{   char s[M],t[M];
    gets(s);
    gets(t);
    puts(str_cat(s,t));
    return 0;
}
char * str_cat(char * s, char * t)
{   char * p=s, * q=t;
    while( * p)
        p++;
    while( * q)
    {   * p= * q;
        p++;
        q++;
    }
    * p='\0';
    return s;
}
```

（12）

```
#include <stdio.h>
#include <stdlib.h>
#include <string.h>
char * sub_str(char * s,char a,char b)
{   int n=strlen(s),i,j;
    char * t=(char * )malloc(n * sizeof(char));              /ￚ为 t 分配空间 * /
    for(i=0;s[i]!=a;i++);           /ￚ找到 a 在 s 中的位置 * /
    for(j=0;s[j]!=b;j++);           /ￚ找到 b 在 s 中的位置 * /
    strcpy(t,&s[i]);                /ￚ将 s 中从 s[i]开始的部分复制到 t * /
    t[j-i+1]='\0';                  /ￚ将 t 中值为 b 的元素后面的部分从串中去掉 * /
    return t;

}
int main()
{   char s[80],a,b;
    scanf("%s",s);
    getchar();                      /ￚ清空输入字符串后按下的 Enter 键 * /
    scanf("%c",&a);
    getchar();                      /ￚ清空输入字符后按下的 Enter 键 * /
    scanf("%c",&b);
```

```
    printf("%s\n",sub_str(s,a,b));
    return 0;
}
```

实验 8 参考答案

2. 程序修改题

(1) 有错误的源程序 error8_2.c 改正后的代码为：

```
#include <stdio.h>
int main()
{  struct students
   {  int number;
      char name[20];
      int score[3];
      int sum;
   }student[10];                    /*应定义结构体类型数组*/
   int i,j,k,n,max=0;
   printf("n=");
   scanf("%d",&n);
   for(i=0;i<n;i++)
   {  scanf("%d%s",&student[i].number,student[i].name);
      student[i].sum=0;            /*对记录每个学生的总分变量应赋予初值 0*/
      for(j=0;j<3;j++)
      {  scanf("%d",&student[i].score[j]);
         student[i].sum+=student[i].score[j];
      }
   }
   k=0;max=student[0].sum;
   for(i=1;i<n;i++)
      if(max<student[i].sum)
      {  max=student[i].sum;
         k=i;
      }
   printf("总分最高的学生是:%s,%d分\n",student[k].name,student[k].sum);
   return 0;
}
```

(2) 有错误的源程序 error8_3.c 改正后的代码为：

```
#include <stdio.h>
#include <math.h>
#include <stdlib.h>
int main()
{  int i,n;
   struct axy { float x,y; };
   struct axy * a;                 /*将"struct axy a;"改为"struct axy * a;"*/
   scanf("%d",&n);                 /*将"scanf("%d",n);"改为"scanf("%d",&n);"*/
   a=(struct axy*) malloc(n*sizeof(struct axy));
```

```
        for(i=0;i<n;i++)
            scanf("%f%f",&a[i].x,&a[i].y);
        for(i=0;i<n;i++)                /*将"for(i=1;i<=n;i++)"改为"for(i=0;i<n;i++)"*/
            if(sqrt(pow(a[i].x,2)+pow(a[i].y,2))<=5)
            {   printf("%f,",a[i].x);
                printf("%f\n",a[i].y);
                /*将"printf("%f\n",a+i->y);"改为"printf("%f\n",a[i].y);"
                或"printf("%f\n",(a+i)->y);"或"printf("%f\n",(*(a+i)).y);"*/
            }
        return 0;
}
```

（3）有错误的源程序 error8_4.c 改正后的代码为：

```
#include <stdio.h>
#include <stdlib.h>
#include <string.h>
struct stud_node
{   int num;
    char name[20];
    int score;
    struct stud_node * next
};
int main()
{   struct stud_node * head, * tail, * p;
    int num, score;
    char name[20];
    int size=sizeof(struct stud_node);
    head=tail=NULL;
    printf("Input num,name and score:\n");
    scanf("%d",&num);
    /*建立单向链表*/
    while(num!=0)
    {   p=malloc(size);
        scanf("%s%d",name,&score);
        p->num=num;
        strcpy(p->name,name);
        p->score=score;
        p->next=NULL;
        if(head==NULL)head=p;           /*应考虑初始空链表情况下的节点插入方法*/
        else tail->next=p;
        tail=p;
        scanf("%d",&num);
    }
    /*输出单向链表*/
    for(p=head;p!=NULL;p=p->next)            /*循环条件应为 p!=NULL*/
        printf("%d %s %d\n",p->num,p->name,p->score);
    return 0;
}
```

（4）有错误的源程序 error8_5.c 改正后的代码为：

```
#include <stdio.h>
#include <stdlib.h>
```

```
#include <string.h>
struct node
{   char code[8];
    struct node * next
};
int main()
{   struct node * head, * p;
    int i,n,count;
    char str[8];
    int size=sizeof(struct node);
    head=NULL;
    gets(str);
    /*按输入数据的逆序建立链表*/
    while(strcmp(str,"#")!=0)          /*将“"#"”改为'#'”*/
    {   p=(struct node *)malloc(size);
        strcpy(p->code,str);
        p->next=head;                  /*将“head=p->next;”改为“p->next=head;”*/
        head=p;
        gets(str);
    }
    count=0;
    for(p=head;p!=NULL;p=p->next)   /*将“p->next!=NULL”改为“p!=NULL”*/
        if(p->code[1]=='0'&&p->code[2]=='2')
            count++;
    printf("%d\n",count);
    return 0;
}
```

3. 程序填空题

(1) ① sum=sum+pst−>math+pst−>english+pst−>computer+pst−>average

或 sum+(* pst).math+(* pst).english+(* pst).computer

② &st[i]或 st+i

(2) ① y=x[0];或 y= * x;　　② f(b,5,negative)

4. 程序设计题

(1)

```
#include <stdio.h>
int main()
{   struct
    {   int hour,minit,second;
    }t;
    int n;
    printf("输入时间: ");
    scanf("%d:%d:%d",&t.hour,&t.minit,&t.second);
    do
    {   printf("输入秒: ");
        scanf("%d",&n);
    }while(n>=60||n<0);
    t.second=t.second+n;
    t.minit+=t.second/60;
```

```
    t.second%=60;
    t.hour+=t.minit/60;
    t.minit%=60;
    t.hour%=24;
    printf("新时间：%d:%d:%d\n",t.hour,t.minit,t.second);
    return 0;
}
```

扩展：

```
#include <stdio.h>
struct tim
{   int hour,minit,second; };
void chang_time(struct tim * t,int n)
{   t->second=t->second+n;
    t->minit+=t->second/60;
    t->second%=60;
    t->hour+=t->minit/60;
    t->minit%=60;
    t->hour%=24;
}
int main()
{   struct tim t; int n;
    printf("输入时间：");
    scanf("%d:%d:%d",&t.hour,&t.minit,&t.second);
    do
    {   printf("输入秒：");
        scanf("%d",&n);
    }while(n>=60||n<0);
    chang_time(&t,n);
    printf("新时间：%d:%d:%d\n",t.hour,t.minit,t.second);
    return 0;
}
```

（2）

```
#include <stdio.h>
int main()
{   struct student
    {   int num;
        char name[20];
        double score;
    }stu;
    int n,i;
    double sum=0.0;
    while(printf("输入 n:"),scanf("%d",&n),n>=10||n<=0);
    for(i=0;i<n;i++)
    {   printf("输入第%d个学生的学号、姓名和成绩：",i+1);
        scanf("%d%S%lf",&stu.num,stu.name,&stu.score);
        sum+=stu.score;
    }
    printf("平均成绩：%.2f\n",sum/n);
    return 0;
}
```

（3）

```c
#include <stdio.h>
int main()
{   struct complex
    {   int a,b;
    }x,y,z;
    printf("输入 a1,a2,b1,b2:");
    scanf("%d%d%d%d",&x.a,&x.b,&y.a,&y.b);
    z.a=x.a*y.a-x.b*y.b;
    z.b=x.a*y.b+x.b*y.a;
    printf("(%d+%di)×(%d+%di)=%d+%di\n",x.a,x.b,y.a,y.b,z.a,z.b);
    return 0;
}
```

（4）

```c
#include <stdio.h>
int main()
{   struct book
    {   char name[80];
        double price;
    }book[10];
    int n,i,max=0,min=0;
    do
    {   printf("输入 n: ");
        scanf("%d",&n);
    }while(n>=10||n<=0);
    for(i=0;i<n;i++)
    {   printf("输入第%d本书的名称和定价: ",i+1);
        scanf("%s%lf",book[i].name,&book[i].price);
        if(book[i].price<book[min].price)min=i;
        if(book[i].price>book[max].price)max=i;
    }
    printf("价格最高的书: %s,价格: %.1f\n",book[max].name,book[max].price);
    printf("价格最低的书: %s,价格: %.1f\n",book[min].name,book[min].price);
    return 0;
}
```

此题也可用如下代码实现：

```c
#include <stdio.h>
int main()
{   struct book
    {   char name[80];
        double price;
    }book,min,max; int n,i;
    do
    {   printf("输入 n: ");
        scanf("%d",&n);
    }while(n>=10||n<=0);
    printf("输入第1本书的名称和定价: ");
    scanf("%s%lf",book.name,&book.price);
    max=min=book;
    for(i=1;i<n;i++)
```

```
    {   printf("输入第%d本书的名称和定价: ",i+1);
        scanf("%s%lf",book.name,&book.price);
        if(min.price>book.price)min=book;
        if(max.price<book.price)max=book;
    }
    printf("价格最高的书: %s,价格: %.1f\n",max.name,max.price);
    printf("价格最低的书: %s,价格: %.1f\n",min.name,min.price);
    return 0;
}
```

（5）

```
#include <stdio.h>
int main()
{   struct addres
    {   char name[20];
        int birthday;
        char phon[80];
    }person[10],temp;
    int n,i,j,index;
    while(printf("输入 n:"),scanf("%d",&n),n>=10||n<=0);
    for(i=0;i<n;i++)
    {   printf("输入第%d个人的姓名、生日、电话号码: ",i+1);
        scanf("%s%d%s",person[i].name,&person[i].birthday,person[i].phon);
    }
    /*
    for(i=0;i<n-1;i++)
    {   index=i;
        for(j=i+1;j<n;j++)
            if(person[j].birthday<person[index].birthday)index=j;
        if(i!=index)
        {   temp=person[i];
            person[i]=person[index];
            person[index]=temp;
        }
    }
    */
    for(i=0;i<n-1;i++)
    {   index=0;
        for(j=1;j<n-i;j++)
            if(person[j].birthday>person[index].birthday)index=j;
        temp=person[n-i-1];
        person[n-i-1]=person[index];
        person[index]=temp;
    }
    for(i=0;i<n;i++)
        printf("%s %d %s\n",person[i].name,person[i].birthday,person[i].phon);
    return 0;
}
```

此题也可用如下代码实现：

```
#include <stdio.h>
struct addres
```

```
{   char name[20];
    int birthday;
    char phon[80];
};
int main()
{   void bubble(struct addres * ,int n);
    struct addres person[10];
    int n,i;
    while(printf("输入 n:"),scanf("%d",&n),n>=10||n<=0);
    for(i=0;i<n;i++)
    {   printf("输入第%d个人的姓名、生日、电话号码: ",i+1);
        scanf("%s%d%s",person[i].name,&person[i].birthday,person[i].phon);
    }
    bubble(person,n);
    for(i=0;i<n;i++)
        printf("%s %d %s\n",person[i].name,person[i].birthday,person[i].phon);
    return 0;
}
void bubble(struct addres * p,int n)
{   int i,j;
    struct addres temp;
    for(i=1;i<n-1;i++)
    {   for(j=0;j<n-i;j++)
        if(p[j].birthday>p[j+1].birthday)
        {   temp=p[j];
            p[j]=p[j+1];
            p[j+1]=temp;
        }
    }
}
```

（6）

```
#include <stdio.h>
#include <string.h>
#include <stdlib.h>
struct stud_node
{   int num;
    char name[20];
    int score;
    struct stud_node * next;
};
int main()
{   struct stud_node * head, * tail, * p;
    int num,score,v;
    char name[20];
    int size=sizeof(struct stud_node);
    head=tail=NULL;
    printf("学号 姓名 成绩:\n");
    scanf("%d",&num);
    while(num!=0)
    {   p=(struct stud_node * )malloc(size);
        scanf("%s%d",name,&score);
        p->num=num;
```

```
        strcpy(p->name,name);
        p->score=score;
        p->next=NULL;
        if(head==NULL)head=p;
        else tail->next=p;
        tail=p;
        scanf("%d",&num);
    }
    printf("再输入一个成绩值:");
    scanf("%d",&v);
    printf("输出成绩大于或等于%d的学生信息:\n",v);
    for(p=head;p!=NULL;p=p->next)
        if(p->score>=v) printf("%d %s %d\n",p->num,p->name,p->score);
    return 0;
}
```

（7）

```
#include <stdio.h>
#include <stdlib.h>
struct node
{   int data;
    struct node * next;
};
int main()
{   struct node * head=NULL, * p;
    int size=sizeof(struct node),n;
    printf("输入若干正整数(输入-1为结束标志):\n");
    scanf("%d",&n);
    while(n!=-1)
    {   p=(struct node * )malloc(size);
        p->data=n;
        p->next=head;
        head=p;
        scanf("%d",&n);
    }
    printf("已建立的逆序链表为:\n");
    for(p=head;p!=NULL;p=p->next)
        printf("%d ",p->data);
    printf("\n");
    return 0;
}
```

（8）

```
#include <stdio.h>
#include <stdlib.h>
struct node
{   int data;
    struct node * next;
};
int main()
{   struct node * head=NULL, * tail=NULL, * p=NULL, * q=NULL;
    int size=sizeof(struct node),n;
```

```
      printf("输入若干正整数(输入-1为结束标志):\n");
      scanf("%d",&n);
      while(n!=-1)
      {  p=(struct node *)malloc(size);
         p->data=n;
         p->next=NULL;
         if(head==NULL) head=p;
         else tail->next=p;
         tail=p;
         scanf("%d",&n);
      }
      while(head&&head->data%2==0)
      {  q=head;
         head=head->next;
         free(q);
      }
      p=head;q=head->next;
      while(q)
      {  if(q->data%2==0)
         {  p->next=q->next;
            free(q);
         }
         else p=q;
         q=p->next;
      }
      printf("将其中的偶数值节点删除后的链表为：\n");
      for(p=head;p!=NULL;p=p->next)
         printf("%d ",p->data);
      printf("\n");
      return 0;
}
```

实验 9 参考答案

2. 程序修改题

（1）有错误的源程序 error9_2.c 改正后的代码为：

```
#include<stdio.h>
void DtoH(int n)                 /*将"int DtoH(int n)"改为"void DtoH(int n)"*/
{  int k=n&0xf;
   if(n>>4!=0) DtoH(n>>4);
   if(k<10)                      /*将"if(k<=10)"改为"if(k<10)"*/
      putchar(k+'0');
   else
      putchar(k-10+'a');  /*将"putchar(k-10+a);"改为"putchar(k-10+'a');"*/
}
int main()
{  int a[4]={28,31,255,378},i;
   for(i=0;i<4;i++)
   {  printf("%d-->",a[i]);
      DtoH(a[i]);                /*将"printf("%s",DtoH(a[i]));"改为"DtoH(a[i]);"*/
```

```
      putchar('\n');
  }
  return 0;
}
```

（2）有错误的源程序 error9_3.c 改正后的代码为：

```
#include <stdio.h>
int main()
{  char a[]="a2汉字";
   int mm,i;
   printf("请输入密码:");    /*将"printf(请输入密码:);"改为"printf("请输入密码:");"*/
   scanf("%d",&mm);         /*将"scanf("%d",mm);"改为"scanf("%d",&mm);"*/
   for(i=0;a[i]!='\0';i++)        /*各字符与 mm 进行一次按位异或运算*/
       a[i]=a[i]^mm;
   puts(a);
   /*各字符与 mm 再进行一次按位异或运算*/
   for(i=0;a[i]!='\0';i++)  /*将"for( ;a[i]!='\0';i++)"改为"for(i=0;a[i]!='\0';i++)"*/
       a[i]=a[i]^mm;        /*将"a[i]=a[i]^mm^mm;"改为"a[i]=a[i]^mm;"*/
   puts(a);
   return 0;
}
```

（3）有错误的源程序 error9_4.c 改正后的代码为：

```
#include <stdio.h>
int main()
{  char a[7]="a2汉字";        /*将"char a[7]='a2汉字';"改为"char a[7]="a2汉字";"*/
   int i,j,k;
   for(i=0;a[i];i++)
   {//此行改为: for(i=0;a[i]!='\0';i++){或 for(i=0;a[i];i++){或 for(i=0;i<6;i++){
       printf("a[%d]的机内码为: ",i);
       for(j=1;j<=8;j++)
       {  k=a[i]&0x80;
          if(k!=0) putchar('1');
          else putchar('0');      /*将"else putchar(0);"改为"else putchar('0');"*/
          a[i]=a[i]<<1;           /*将"a[i]=a[i]>>1;"改为"a[i]=a[i]<<1;"*/
       }
       printf("\n");
   }
   return 0;
}
```

3. 程序填空题

（1）① 0x8000   ② x=x<<1

（2）① s[i]='0'   ② m=m<<1 或 m<<=1   ③ Dec2Bin(n,a)
    ④ puts(a)或 printf("%s\n",a)

4. 程序设计题

(1)

```c
#include <stdio.h>
int main()
{   unsigned char a=193;
    unsigned char a1=0,a2=0,a3=0,a4=0;
    a1=a&127;
    a2=a&0;
    a3=a|3;
    a4=a^15;
    printf("a1:%d\n",a1);
    printf("a2:%d\n",a2);
    printf("a3:%d\n",a3);
    printf("a4:%d\n",a4);
    return 0;
}
```

(2)

```c
#include <stdio.h>
int main()
{   unsigned a,b,c,d;
    printf("please enter a:");
    scanf("%o",&a);
    b=a>>4;
    c=~(~0<<4);
    d=b&c;
    printf("%o,%d\n%o,%d\n",a,a,d,d);
    return 0;
}
```

(3)

```c
#include <stdio.h>
int main()
{   unsigned short a,b,c; int n;
    printf("please enter a & n\n");
    scanf("%o%d",&a,&n);
    b=a<<(16-n);
    c=a>>n;
    c=c|b;
    printf("a=%o\nc=%o\n",a,c);
    return 0;
}
```

实验 10 参考答案

2. 程序修改题

(1) 有错误的源程序 error10_2.c 改正后的代码为：

```c
#include <stdio.h>
```

```
#include <stdlib.h>
int main()
{  FILE * fp;                    /* fp 必须是文件类型指针 */
   char ch;
   if((fp=fopen("filename.c","w"))==NULL)
   {  printf("Can't Open File!");
      exit(0);
   }
   printf("请输入一串字符,按@结束: \n");
   while((ch=getchar())!='@')
   {  fputc(ch,fp);
      putchar(ch);
   }
   printf("\n");
   fclose(fp);
   return 0;
}
```

（2）有错误的源程序 error10_3.c 改正后的代码为：

```
#include <stdio.h>
#include <stdlib.h>
int main()
{  FILE * fpin, * fpout;
   if((fpin=fopen("e:\\xxx\\filename1.c","r"))==NULL)
   {  printf("Can't Open File!");
      exit(0);
   }
   if((fpout=fopen("filename2.c","w"))==NULL)
   {  printf("Can't Open File!");
      exit(0);
   }
   while(!feof(fpin))
       putchar(fgetc(fpin));
   rewind(fpin);
   while(!feof(fpin))      /* 如果不是文件尾,继续循环,也可以是 while(feof(fpin)==0) */
       fputc(fgetc(fpin),fpout);
   fclose(fpin);
   fclose(fpout);
   return 0;
}
```

（3）有错误的源程序 error10_4.c 改正后的代码为：

```
#include <stdio.h>
#include <stdlib.h>
int main()
{  FILE * fp;                              /* fp 必须是文件类型指针 */
   int n,sum=0;                            /* 和数 sum 需要初始化 */
   /* 文件打开方式必须是读写,且文件名为 Int_Data.dat */
   if((fp=fopen("Int_Data.dat","r+"))==NULL)
   {  printf("Can't Open File!");
      exit(0);
   }
```

```
    while(fscanf(fp,"%d",&n)!=EOF)           /*循环条件应该是文件未读完*/
       sum=sum+n;
    fprintf(fp," %d",sum);
    fclose(fp);
    return 0;
}
```

（4）有错误的源程序 error10_5.c 改正后的代码为：

```
#include <stdio.h>
#include <stdlib.h>
struct empl
{  char name[12];
   int num;
   int age;
}employee[5];
int main()
{  FILE * fp1,* fp2;                  /*将"FILE * fp1,fp2;"改为"FILE * fp1,* fp2;"*/
   int i;
   if((fp1=fopen("in.txt","wb"))==NULL)
   {  printf("Can't Open File!");
      exit(0);
   }
   printf("Input data:\n");
   for(i=0;i<5;i++)                   /*将输入数据存入数组中*/
      scanf("%s%d%d",employee[i].name,&employee[i].num,&employee[i].age);
   for(i=0;i<5;i++)                   /*将数组中的数据写入文件中*/
      fwrite(employee+i,sizeof(struct empl),1,fp1);        /*一次写一个数据块*/
/*将"fwrite(employee,sizeof(struct empl),1,fp1);"改为"fwrite(employee+i,
sizeof(struct empl),1,fp1);"*/
   fclose(fp1);
   if((fp2=fopen("in.txt","rb"))==NULL)
   {  printf("Can't Open File!");
      exit(0);
   }
   for(i=0;i<5;i++)                   /*将文件中的信息读取到数组中*/
      fread(employee+i,sizeof(struct empl),1,fp2);
   /*将"fread(employee,sizeof(struct empl),1,fp1);"改为"fread(employee+i,
sizeof(struct empl),1,fp1);"*/
   printf("\nname\tnumber\tage\n");
   for(i=0;i<5;i++)
      printf("%s\t%5d\t%d\n",employee[i].name,employee[i].num,employee[i].age);
   fclose(fp2);
   return 0;
}
```

3. 程序填空题

（1）① a!=-1   ② fprintf(fp,"%4d",a)   ③ feof(fp)==0 或 !feof(fp)
    ④ fscanf(fp,"%d",&a)

（2）① fputs(a[i],fp)   ② !feof(fp)或 feof(fp)==0
    ③ if(fgets(strout,strlen(a[i++]+1,fp)!=NULL))   ④ puts(strout)

4. 程序设计题

(1)

```c
#include <stdio.h>
#include <stdlib.h>
int main()
{ char ch;
  int alpha=0,digit=0,other=0;
  FILE * fp;                                    /*定义文件指针*/
  if((fp=fopen("a.txt","w"))==NULL)             /*打开文件*/
  { printf("Can't Open File!");
    exit(0);
  }
  printf("输入文本: ");
  while((ch=getchar())!='\n')                   /*写文件*/
    fputc(ch,fp);
  if(fclose(fp))                                /*关闭文件*/
  { printf("Can't close the File!");
    exit(0);
  }
  if((fp=fopen("a.txt","r"))==NULL)             /*再次打开文件*/
  { printf("Can't Open File!");
    exit(0);
  }
  /*读文件并统计字母、数字及其他字符的个数*/
  for(ch=fgetc(fp);ch!=EOF;ch=fgetc(fp))
  { if(ch>='a'&&ch<='z'||ch>='A'&&ch<='Z') alpha++;
    else if(ch>='0'&&ch<='9')digit++;
    else other++;
  }
  if(fclose(fp))                                /*关闭文件*/
  { printf("Can't close the File!");
    exit(0);
  }
  printf("字母:%d,数字:%d,其他字符:%d\n",alpha,digit,other);
  return 0;
}
```

(2)

```c
#include <stdio.h>
#include <stdlib.h>
int main()
{ FILE * fp;
  double x;
  if((fp=fopen("c.txt","w"))==NULL)
  { printf("Can't open file!\n");
    exit(0);
  }
  printf("请输入若干实数(以特殊数值-1结束): \n");
  scanf("%lf",&x);
  while(x!=-1)
  { fprintf(fp,"%lf ",x);
    scanf("%lf",&x);
```

```
    }
    if(fclose(fp))
    {   printf("Can't close the File!");
        exit(0);
    }
    return 0;
}
```

(3)

```
#include <stdio.h>
#include <stdlib.h>
typedef struct
{   char n[8],na[10];
    int m,c,e,s;
    float a;
}student;
int main()
{   FILE * fp; int i;
    student stu;
    if((fp=fopen("c.txt","w"))==NULL)
    {   printf("Can't open file!\n");
        exit(0);
    }
    for(i=0;i<5;i++)
    {   printf("请输入第%d个学生的学号 姓名 数学 语文 英语成绩: \n",i+1);
        scanf("%s%s%d%d%d",stu.n,stu.na,&stu.m,&stu.c,&stu.e);
        fprintf(fp,"%s %s %d %d %d\n",stu.n,stu.na,stu.m,stu.c,stu.e);
    }
    if(fclose(fp))
    {   printf("Can't close the File!");
        exit(0);
    }
    if((fp=fopen("c.txt","r"))==NULL)
    {   printf("Can't open file!\n");
        exit(0);
    }
    for(i=0;i<5;i++)                          /*读5个学生的数据并计算总分和平均分*/
    {   fscanf(fp,"%s%s%d%d%d",stu.n,stu.na,&stu.m,&stu.c,&stu.e);
        stu.s=stu.m+stu.c+stu.e;
        stu.a=(float)stu.s/3;
        printf("%s %s %d %d %d %d %.1f\n",stu.n,stu.na,stu.m,stu.c,stu.e,stu.s,
        stu.a);
    }
    if(fclose(fp))
    {   printf("Can't close the File!");
        exit(0);
    }
    return EXIT_SUCCESS;          /*EXIT_SUCCESS是头文件库中定义的符号常量0*/
}
```

(4)

```
#include <stdio.h>
```

```c
#include <stdlib.h>
int main()
{  FILE * fp1, * fp2;
   char ch1, ch2;
   int row=0, col=0;
   if((fp1=fopen("file1.txt","r"))==NULL)
   {  printf("Can't open file!\n");
      exit(0);
   }
   if((fp2=fopen("file2.txt","r"))==NULL)
   {  printf("Can't open file!\n");
      exit(0);
   }
   ch1=fgetc(fp1); ch2=fgetc(fp2);
   while(!feof(fp1)&&!feof(fp2)&&(ch1==ch2))     /* 文件未结束且两文件内容相同 */
   {  if(ch1=='\n') {row++; col=0; }
      else col++;
      ch1=fgetc(fp1);
      ch2=fgetc(fp2);
   }
   if(!feof(fp1)||!feof(fp2)) printf("%d %d\n", row+1, col+1);
   else printf("This files are same.\n");
   if(fclose(fp1))
   {  printf("Can't close the File!");
      exit(0);
   }
   if(fclose(fp2))
   {  printf("Can't close the File!");
      exit(0);
   }
   return (EXIT_SUCCESS);
}
```

(5)

```c
#include <stdio.h>
#include <stdlib.h>
int main()
{  FILE * fp;
   char ch, file_name[80];
   int row=0;
   printf("请输入文件名：");
   scanf("%s", file_name);
   if((fp=fopen(file_name,"r"))==NULL)
   {  printf("Can't open file!\n");
      exit(0);
   }
   while((ch=fgetc(fp))!=EOF)     /* 只要文件未结束 */
   {  if(ch=='\n') row++;
      if(ch>='A'&&ch<='Z') ch='a'+ch-'A';
      putchar(ch);
   }
   printf("本文件有%d行\n", row+1);
```

```
    if(fclose(fp))
    {  printf("Can't close the File!");
        exit(0);
    }
    return (EXIT_SUCCESS);
}
```

实验 11 参考答案

4. 程序设计题

（1）文件 programming11_1main.c 代码如下：

```
#include <stdio.h>
#include "prime.c"
int main()
{  int n,i,a,c=0;
    do
    {  printf("Enter n(1<n<10):");
        scanf("%d",&n);
    }while(n<=1||n>=10);
    printf("Enter %d integers:",n);
    for(i=0;i<n;i++)
    {  scanf("%d",&a);
        if(prime(a)==1) c++;
    }
    printf("输入的整数中素数有%d个.\n",c);
    return 0;
}
```

文件 prime.c 代码如下：

```
#include <math.h>
int prime(int n)
{  int i;
    for(i=2;i<=sqrt(n);i++)
        if(n%i==0)break;
    if(i>sqrt(n) && n!=1) return 1;
    else return 0;
}
```

（2）分别使用文件包含和工程文件两种方法实现此题功能。

第一种方法：使用文件包含与主函数的源程序进行连接，其对应的代码如下所示。

文件 programming11_2main.c 代码如下：

```
#include <stdio.h>
#include "cal.c"
int main()
{  int a,b,result;
    char c;
    printf("Input expression:a+(-, * )b\n");
    scanf("%d%c%d",&a,&c,&b);
```

```
    switch(c)
    {   case '+':result=add(a,b);break;
        case '-':result=minus(a,b);break;
        case '*':result=multiply(a,b);break;
        default:printf("Input error!\n");
    }
    printf("%d%c%d=%d\n",a,c,b,result);
    return 0;
}
```

文件 cal.c 代码如下：

```
int add(int x,int y)
{   return x+y;
}
int minus(int x,int y)
{   return x-y;
}
int multiply(int x,int y)
{   return x*y;
}
```

第二种方法：使用工程文件与主函数的源程序进行连接，其对应的代码如下所示。

```
#include <stdio.h>
int main()
{   int add(int x,int y);
    int minus(int x,int y);
    int multiply(int x,int y);
    int a,b,result;
    char c;
    printf("Input expression:a+(-,*)b\n");
    scanf("%d%c%d",&a,&c,&b);
    switch(c)
    {   case '+':result=add(a,b);break;
        case '-':result=minus(a,b);break;
        case '*':result=multiply(a,b);break;
        default:printf("Input error!\n");
    }
    printf("%d%c%d=%d\n",a,c,b,result);
    return 0;
}
int add(int x,int y)
{   return x+y;
}
int minus(int x,int y)
{   return x-y;
}
int multiply(int x,int y)
{   return x*y;
}
```

第二部分 应试指导

第 1 章 算法入门

1.1 概 述

当今世界已经进入"大数据"时代。据报道,美国联邦调查局每天从跨太平洋电缆中获取的通信数据高达 50TB,一台太空望远镜每天获得的数据有 30TB,各互联网公司每天收存的用户访问记录和信息发送记录同样是天文数字。从如此海量的数据中挖掘出有用的信息当然只能靠计算机实现。

编写计算机程序依据的就是适合计算机特点的各种算法。一般来说,算法是指为解决特定问题而设计的意义明确的步骤的有限序列。一个算法应该具备有穷性、确定性、有效性,有零个或多个输入,有一个或多个输出。有穷性是指算法必须在执行有限步之内结束;确定性是指对于相同的输入必产生相同的输出;有效性是指算法的每一个步骤都能转化为有限个计算机可执行的指令,从而保证计算机能在有限的时间内完成算法。一个算法的优劣可以用空间复杂度与时间复杂度衡量。空间复杂度是指完成算法需要使用多少存储空间,时间复杂度是指完成算法需要多长时间,当然都是越低越好。

算法与数据的存储结构密切相关。设有 n 个数据构成一个数据结构,每个数据称为这个数据结构的一个元素(节点),这些数据按一定的组织方式存储起来,称 n 为此数据结构的规模。算法的复杂度一般与 n 有关,通常表示成 n 的某个函数的同阶无穷大的形式,即 $O(f(n))$。算法的描述通常有流程图和文字表述两种方法。

最简单的数据存储结构是线性结构,它特别适合存储由同类数据组成的数据结构。这种存储结构中的数据间有一种前后关系,可以从前到后对每个元素进行访问(遍历)。数组就是一种最简单的线性结构。在本章中只讨论数组这种数据结构,而且为简单起见,假设数组的元素是数值型数据,元素间的比较就是比较大小。

本章学习数组操作的常用算法:顺序查找(线性查找)、选择排序、插入排序、冒泡排序(起泡排序)、折半查找(二分查找)。通过分析这些算法,达到初步理解算法并设计简单算法的目的。

1.2 顺 序 查 找

1. 基本思想

数组最基本的操作是查找,也就是查找数组中满足指定条件的元素。如果数组元素的存储顺序不能提供所查元素的位置信息,则只好从头(或尾)开始逐一检查各元素,直到找到该数据或找遍整个数组为止。这种查找算法称为顺序查找,也称为线性查找。顺序查找的平均查找长度为 $n/2$,所以它的时间复杂度为 $O(n)$。

2. 算法举例

【算法 1】

功能:从数组中顺序查找指定数值对应的第一个元素。

输入:数组名 a、数组元素个数 n,待查的数值 x。

输出:查找成功,则返回元素下标;查找失败,则返回 -1。

算法程序:

```
int find_value(int * a, int n, int x)
{   int p=-1,i=0;
    for(;i<n;i++)
        if(a[i]==x){p=i; break;}
    return p;
}
```

【算法 2】

功能:从数组的指定片段中查找最小元素。

输入:数组名 a、片段开始下标 m、片段结束下标 k。

输出:返回最小元素的下标。

算法程序:

```
int find_min(int * a, int m, int k)
{   int p=m,i=m+1;
    for(;i<=k;i++)
        if(a[i]<a[p])p=i;
    return p;
}
```

【例题】 用顺序查找法查找 n 个数中的任意一个,设有 n 个数据放在 a[0]~a[n-1] 中,待查找的数据值为 x。把 x 与 a 数组中的元素从头到尾一一进行比较查找,若相同,则查找成功;若找不到,则查找失败。

下面的例子是一个应用顺序查找(线性查找)算法的完整程序。

```
#include <stdio.h>
#define N 12                            //N代表数据的个数
main()
{   int i,a[N]={3,6,9,11,13,20,24,38,66,77,88,99},x, position=-1;   /* position 变量
    作为待查数据在数组中的下标值,其初值必须为数组下标不存在的值,可以为任何负数 */
    printf("Enter x:");
```

```
    scanf("%d",&x);                    //输入待查找的数据 x
    for(i=0;i<N;i++)                   //逐个比较进行查找
        if(x==a[i]) { position=i; break; }  //本循环相当于 position=find_value(a,N,x);
    if (position==-1) printf("The number doesn't exist!\n");
    else printf("The location wanted is %d!\n",position);
}
```

3. 自测题及参考答案

输入 100 个整数,将它们存入数组 a 中,先查找数组 a 中的最大值 max,再统计数组 a 中与 max 值相同的元素的个数,最后输出最大值及个数。

【试题参考答案】

```
#include <stdio.h>
#define M 100
main()
{   int i,a[M],max,c=0;
    printf("输入%d 个整数:",M);          //提示输入 100 个数
    for(i=0;i<M;i++)
        scanf("%d",&a[i]);              //输入 100 个整数,将它们存入数组 a 中
    max=a[0];                          //假定数组 a 中第 1 个元素是最大的
    for(i=1;i<M;i++)
        if(a[i]>max) max=a[i];          //找数组 a 中的最大值 max
    for(i=0;i<M;i++)
        if(a[i]==max) c++;             //统计数组 a 中与 max 值相同的元素的个数
    printf("max=%d, c=%d\n",max,c);     //输出最大值及个数
}
```

1.3 选 择 排 序

显然,如果数组已经从小到大有序(称为升序),则查找时可以不必逐个比较(类比查英语词典的情形),从而查找速度可以极大提高。如果一个数组需要频繁查找,则好的做法是把它先排序。数组排序有多种算法。本节介绍选择排序(本章只讨论升序排序,因此本章中所说的排序即指升序排序)。

1. 基本思想

第一趟排序在所有待排序的 n 个记录中选出关键字最小的数据,将它与数据表中第一个数据交换位置,使关键字最小的数据处于数据表中的最前端;第二趟在剩下的 $n-1$ 个记录中选出关键字最小的数据,将其与数据表中第二个数据交换位置,使关键字次小的数据处于数据表中的第二个位置。重复这样的操作,依次选出数据表中关键字第三小、第四小……的元素,将它们分别换到数据表的第三、第四……个位置上。排序共进行 $n-1$ 趟,第 i 趟排序需进行 $n-1-i$ 次数据间的比较。排序总共需进行 $n(n-1)/2$ 次比较,最终可实现数据表的升序排序。所以它的时间复杂度为 $O(n^2)$。

2. 算法举例

【算法3】

功能：对数组进行选择排序。

输入：数组名 a、数组元素个数 n。

输出：排好序的数组。

算法程序：

```
int * select_sort(int * a, int n)
{  int k, t,i;
   for(i=0;i<n-1;i++)
   {  k=find_min(a,i, n-1);                    //find-min 函数在前面算法 2 中已经实现
      if(k!=i) { t=a[i]; a[i]=a[k];a[k]=t; }
   }
   return a;
}
```

3. 排序过程示例

假若待排序的 6 个数据的初始状态为：12,66,38,10,32,59,将它们存入数组 a 中。表 2-1-1 给出了选择排序在每趟排序后数组 a 中的元素。

表 2-1-1　选择排序在每趟排序后数组 a 中的元素

未排序的数据	12	66	38	10	32	59
第 1 趟	10	66	38	12	32	59
第 2 趟	10	12	38	66	32	59
第 3 趟	10	12	32	66	38	59
第 4 趟	10	12	32	38	66	59
第 5 趟	10	12	32	38	59	66

用选择排序法对表 2-1-1 中的 6 个数由小到大排序：在第 1 趟排序时,进行 5 次比较,a[0]与 a[1]比,a[0]与 a[2]比……a[0]与 a[5]比,最后 a[0]中为最小数;在第 2 趟排序时,进行 4 次比较,a[1]与 a[2]比,a[1]与 a[3]比……a[1]与 a[5]比,最后 a[1]中为第 2 最小数。以此类推,直到第 5 趟排序时,进行最后一次比较,a[4]与 a[5]比。

本例使用如下选择排序算法：

```
#include <stdio.h>
#define N 6                          //定义 N 为符号常量
main()
{  int i,j,min,t;   /* i 为外部循环控制变量,控制排序趟数;j 为内部循环控制变量,控制第
      i 趟排序中数据间的比较次数;min 变量表示第 i 趟排序中最小值元素的下标值;t 变量为两数
   交换时的临时变量 */
   int a[]={12,66,38,10,32,59};   /* 等价于"int a[N];a[0]=12; a[1]=66; …; a[5]=
   59;",也可以用"for(i=0;i<N;i++) scanf("%d",&a[i]);" */
   for (i=0;i<N-1;i++)              //排序趟数
   {  min=i;                        //假定第 i 趟排序中最小值元素的下标值为 i
      for (j=i+1;j<N;j++)           //在第 i 趟排序时进行 N-1-i 次数据间的比较
         if (a[min]>a[j]) min=j;
      if (min!=i)
```

```
    {  t=a[i]; a[i]=a[min]; a[min]=t; }        //交换位置
    }
    for(i=0;i<N;i++) printf("%d\n",a[i]);        //输出排好序的各数据
}
```

4. 自测题及参考答案

阅读下列程序说明和程序,在提供的 4 个可选答案中挑选一个正确答案。

【程序说明】

输入一个正整数 n(1<n≤10),再输入 n 个整数,将它们从小到大排序后输出。

运行示例:

```
Enter n:9
Enter 9 integers:3 5 8 1 22 89 0 -1 7
After sorted:-1 0 1 3 5 7 8 22 89
```

【程序】

```
#include <stdio.h>
main()
{   int i,index,k,n,temp,a[10];
    printf("Enter n:");
    scanf("%d",&n);
    printf("Enter %d integers:",   (1)   );
    for(i=0;i<n;i++)
        scanf("%d",&a[i]);
    for(k=0;k<n-1;k++)
    {   (2)   ;
        for(i=k+1;i<n;i++)
            if(a[i]<a[index])  (3)   ;
        (4)   ;
    }
    printf("After sorted:");
    for(i=0;i<n;i++)
        printf("%d ",a[i]);
}
```

【供选择的答案】

(1) A. *n   B. n   C. &n   D. 10
(2) A. index=k   B. index=0   C. index=n   D. index=1
(3) A. i=index   B. index=n   C. index=k   D. index=i
(4) A. a[index]=a[k],a[k]=a[index]

    B. a[k]=a[index],a[index]=a[k]

    C. temp=a[index],a[index]=a[k],a[k]=temp

    D. temp=a[k],a[index]=temp,a[k]=a[index]

【参考答案】

(1) B   (2) A   (3) D   (4) C

1.4 插入排序

1. 基本思想

插入排序又称直接插入排序法,其基本方法是:每步将一个待排序的对象,按其关键码大小,插入前面已经排好序的一组对象的适当位置上,直到对象全部插入为止。

按元素原来的顺序,先将下标为 0 的元素作为已排好数据,然后从下标为 1 的元素开始,依次把后面的元素按大小插入前面的元素中间,直到将全部元素插完,从而完成排序功能。

2. 算法描述

用插入排序算法对 n 个数由小到大排序。其处理过程为:①从第一个元素开始,该元素可以认为已经被排序。②取出下一个元素,在已经排序的元素序列中从后向前扫描。③如果该元素(已排序)大于新元素,将该元素移到下一位置。④重复步骤③,直到找到已排序的元素小于或者等于新元素的位置。⑤将新元素插入下一位置中。⑥重复步骤②~⑤。插入第 i 个元素平均需要 $(i-1)/2$ 次移动,总的平均移动次数为 $n(n-1)/4$,所以它的时间复杂度为 $O(n^2)$,但比选择排序的系数要小。另外,如果原数组基本有序,则算法的时间复杂度最多可降为 $O(n)$,即只比较 $n-1$ 次而没有移动。

3. 算法举例

【算法 4】

功能:对数组进行插入排序。

输入:数组名 a、数组元素个数 n。

输出:排好序的数组。

算法程序:

```
int * insert_sort(int * a, int n)
{  int i,j,t;
   for(i=1;i<n;i++)
      if(a[i-1]>a[i])
      {  t=a[i];
         for(j=i-1;j>=0;j--) { if(a[j]>t) a[j+1]=a[j]; else break; }
         a[j+1]=t;
      }
   return a;
}
```

4. 排序过程示例

假若待排序的 6 个数据的初始状态为 12、66、38、10、32、59,将它们存入数组 a 中。表 2-1-2 给出了插入排序在每趟排序后数组 a 中的元素。

表 2-1-2 插入排序在每趟排序后数组 a 中的元素

待排序的数据	12	66	38	10	32	59
第 1 趟	12	66	38	10	32	59

待排序的数据	12	66	38	10	32	59
第 2 趟	12	38	66	10	32	59
第 3 趟	10	12	38	66	32	59
第 4 趟	10	12	32	38	66	59
第 5 趟	10	12	32	38	59	66

本例的插入排序算法如下：

```
#include <stdio.h>
#define N 6                        //N 代表数据的个数
main()
{  int i,j,a[N],t;
   printf("Enter %d integers:\n",N);    //输出用户输入的提示信息
   for(i=0;i<N;i++)
       scanf("%d",&a[i]);              //输入 N 个整数
   for(i=1;i<N;i++)                    //排序趟数
   {  t=a[i];                          //取出待排序元素 a[i],并将其存放在变量 t 中
      for(j=i-1;j>=0&&t<a[j];j--)      //确定待排序元素 a[i]所插入的位置
          a[j+1]=a[j];                 //将元素往后移,为待排序元素 a[i]留出位置
      a[j+1]=t;                        //将待排序元素 a[i]插入正确位置中
   }
   printf("After Insertion Sort:\n");
   for(i=0;i<N;i++) printf(" %d ",a[i]); //输出插入排序后的数据序列
}
```

5. 自测题及参考答案

阅读下列程序说明和程序,在提供的 4 个可选答案中,挑选一个正确答案。

【程序说明】

输入一组(5 个)有序的整数,再输入一个整数 x,把 x 插入这组数据中,使该组数据仍然有序。

运行示例：

```
Enter 5 integers:1 2 4 5 7
Enter x:3
After inserted:1 2 3 4 5 7
```

【程序】

```
#include <stdio.h>
main()
{  int i,j,n=5,x,a[10];
   printf("Enter %d integers:",n);
   for(i=0;i<n;i++)
       scanf("%d",&a[i]);
   printf("Enter x:");
   scanf("%d",&x);
   for(i=0;i<n;i++)
   {  if(x>a[i])    (1)  ;
      j=n-1;
```

```
    while(j>=i)
    {    (2)   ;
         (3)   ;
    }
    a[i]=x;
    break;
    }
    if(i==n) a[n]=x;
    printf("After inserted:");
    for(i=0;   (4)   ;i++)
        printf("%d ",a[i]);
}
```

【供选择的答案】

(1) A. break　　　　　B. a[i]＝x　　　　　C. continue　　　　　D. x＝i

(2) A. a[j]＝a[j+1]　　　　　　　　B. a[j+1]＝a[j]

　　C. a[i]＝a[j]　　　　　　　　　D. a[j]＝a[i]

(3) A. j－－　　　　　B. j++　　　　　C. i++　　　　　D. i－－

(4) A. i＜n　　　　　B. i＜n+1　　　　　C. i＞j　　　　　D. i＜j

【提示】　先找到插入点,从插入点开始,所有的数据顺序后移,然后插入数据;如果插入点在最后,则直接插入(说明插入的数排在该组数据的最后)。

【参考答案】

(1) C　　(2) B　　(3) A　　(4) B

1.5　冒　泡　排　序

1. 基本思想

冒泡排序(起泡排序)是交换排序中一种简单的排序方法。它的基本思想是通过相邻两个数之间的比较和交换,使排序码(数值)较小的数逐渐从底部移向顶部,排序码较大的数逐渐从顶部移向底部,就像水底的气泡逐渐向上冒一样,故而得名。

冒泡排序有许多变化。本节采用的是从头到尾冒大泡的方法。也可以有从尾到头冒小泡的方法。还可以有大小泡轮流冒的方法等。

2. 算法描述

(1) 从头开始,依次比较相邻的两个数,如较小的数在后面则交换这两个数,直到队尾。这样,每次至少会有一个最大的数(泡)冒到顶部。而最后一次交换的位置,则表示实际有多少个数据被排好。这称为一趟冒泡排序。

(2) 重复执行若干趟冒泡排序,每次只对没排好的部分进行,直到所有元素都被排序。

冒泡排序的平均时间复杂度比较难计算,原因是很难估计每趟冒泡所能排好的元素个数。只能估计最坏的情况是 $O(n^2)$,最好的情况是 $O(n)$。

3. 算法举例

【算法 5】

功能:对数组进行一趟冒泡排序。

输入：数组名 a、待排元素个数 n。

输出：尚未排好的元素个数。

算法程序：

```
int one_bubble(int * a, int n)
{   int k=0, t,i;
    for(i=0;i<n-1;i++)
        if(a[i]>a[i+1]){ t=a[i]; a[i]=a[i+1]; a[i+1]=t; k=i+1;}
    return k;
}
```

【算法 6】

功能：对数组进行冒泡排序。

输入：数组名 a、数组元素个数 n。

输出：已排好序的数组。

算法程序：

```
int * bubble_sort(int * a, int n)
{   int k=n, i;
    while(k>0) k=one_bubble(a,k);
    return a;
}
```

4. 排序过程示例

假若待排序 6 个数据的初始状态为 12、66、38、10、32、59，将它们存入数组 a 中。表 2-1-3 给出了冒泡排序在每趟排序后数组 a 中的元素。

表 2-1-3   冒泡排序在每趟排序后数组 a 中的元素

待排序的数据	12	66	38	10	32	59
第 1 趟	12	38	10	32	59	66
第 2 趟	12	10	32	38	59	66
第 3 趟	10	12	32	38	59	66
第 4 趟	10	12	32	38	59	66
第 5 趟	10	12	32	38	59	66

用冒泡法对表 2-1-3 中的 6 个数由小到大排序，将每相邻两个数比较，大数交换到后面，经 5 次两两相邻比较后，最大的数 66 已交换到最后一个位置；将前 5 个数(最大的数 66 已在最后)按上述方法排序，经 4 次两两相邻比较后得次大的数 59；以此类推，最多经过 5 趟排序，就达到有序化了。因此，对于 n 个数的排序，最多需进行 $n-1$ 趟排序，在第 i 趟排序时需进行 $n-i$ 次两两比较。总的比较次数为 $n(n-1)/2$。

本例的冒泡排序算法如下：

```
#include <stdio.h>
#define N 6                                    //定义 N 为符号常量
main()
{   int i,j,t;      /* i 为外部循环控制变量,控制排序趟数;j 为内部循环控制变量,控制在第 i
    趟排序时两两比较的次数;t 变量为两数交换时的临时变量 */
```

```
    int a[N]={12,66,38,10,32,59};   /*等价于"int a[N];a[0]=12; a[1]=66; …; a[5]=
    59;",也可以用"for(i=0;i<N;i++) scanf("%d",&a[i]);"*/
        for(i=1;i<N;i++)                                    //排序趟数
            for(j=0; j<N-i; j++)                            //在第 i 趟排序时两两比较 N-i 次
                if (a[j]>a[j+1])                            //相邻两数比较大小
                { t=a[j];a[j]=a[j+1];a[j+1]=t; }            //两数交换
        for(i=0;i<N;i++) printf("%d\n",a[i]);//输出排好序的各数据
}
```

5. 算法改进

根据表 2-1-3 所示,这组数据的冒泡排序其实循环到第 3 趟(即 $n=3$)时就已经排好序了,说明有时候并不一定需要进行 $n-1$ 趟排序。在冒泡排序过程中,一旦发现某一趟没有进行交换操作,就表明此时待排序记录序列已经成为有序序列,冒泡排序再进行下去已经没有必要,应立即结束排序过程。因此,可以在算法中添加一个标志变量,用于标志进行每趟排序后是否有数据发生交换。

改进的冒泡排序算法如下:

```
#include <stdio.h>
#define N 6                                       //定义 N 为符号常量
main()
{   int i,j,t,flag;    /*i 为外部循环控制变量,控制排序趟数;j 为内部循环控制变量,控制在
    第 i 趟排序时两两比较次数;t 变量为两数交换时的临时变量;flag 变量标志进行每趟排序后
    是否有数据发生交换*/
    int a[N+1]={0,12,66,38,10,32,59};             //用 a[1]~a[N],a[0]不用
    for(i=1;i<=N-1;i++)                           //排序趟数
    {   flag=0;                                   //每趟排序都对标志变量 flag 赋初值为 0
        for(j=1; j<=N-i; j++)                     //在第 i 趟排序时两两比较 N-i 次
            if (a[j]>a[j+1])
            { t=a[j];a[j]=a[j+1];a[j+1]=t; flag=1;}        //若有交换,flag 值变为 1
        if(flag==0)break;            //若 flag 未曾改变,说明已排好序,应提前结束外循环
    }
    for(i=1;i<=N;i++) printf("%d\n",a[i]); //输出排好序的各数据
}
```

6. 习题与解析

阅读下列程序说明和程序,在提供的 4 个可选答案中,挑选一个正确答案。

【程序说明】

输入 10 个整数,将它们从大到小排序后输出。

运行示例:

```
Enter 10 integers: 1 4 -9 99 100 87 0 6 5 34
After sorted:100 99 87 34 6 5 4 1 0 -9
```

【程序】

```
#include <stdio.h>
main()
{   int i,j,t,a[10];
    printf("Enter 10 integers:");
    for(i=0;i<10;i++)
```

```
        scanf(   (1)   );
    for(i=1;i<10;i++)
        for(   (2)   ;   (3)   ;j++)
            if(   (4)   )
            { t=a[j];a[j]=a[j+1];a[j+1]=t; }
    printf("After sorted:");
    for(i=0;i<10;i++)
        printf("%d  ",a[i]);
    printf("\n");
}
```

【供选择的答案】

(1) A. ?"%f",a[i]   B. "%lf",&a[i]   C. "%s",a   D. "%d",&a[i]

(2) A. j=0   B. j=1   C. j=i   D. j=i−1

(3) A. j>i   B. j<9−i   C. j<10−i   D. j>i−1

(4) A. a[i−1]<a[i]   B. a[j+1]>a[j+2]   C. a[j]<a[j+1]   D. a[i]<a[j]

【答案与解析】

(1) 输入 10 个整数,因此用%d 进行格式控制;将这 10 个整数存放到数组 a 的每个数组元素中,因此要用 &a[i]表示,所以答案选择 D。

(2) 该排序算法是冒泡排序。此题中的 j 是作为每趟排序时比较元素的下标,每次比较均应从数组的第一个元素开始,所以 j=0,因此答案选择 A。

(3) 根据冒泡排序的特点,趟数和每次排序的次数的和为排序的个数,所以 j<10−i,因此答案选择 C。

(4) j 作为比较元素的下标,并且根据下面提供的代码可知相邻两个元素为 a[j]和 a[j+1],所以答案选择 C。

7. 自测题及参考答案

阅读下列程序说明和程序,在提供的 4 个可选答案中,选择一个正确答案。

【程序说明】

输入 5 个整数,将它们从小到大排序后输出。

运行示例:

```
Enter 5 integers: 9 -9 3 6 0
After 5 integers:-9 0 3 6 9
```

【程序】

```
#include <stdio.h>
main()
{  int i,j,n,t,a[10];
   printf("Enter 5 integers:");
   for(i=0;i<5;i++)
       scanf("%d",   (1)   );
   for(i=1;   (2)   ;i++)
       for(j=0;   (3)   ;j++)
           if(   (4)   )
           {  t=a[j];a[j]=a[j+1];a[j+1]=t; }
   printf("After sorted:");
```

```
    for(i=0;i<5;i++)
        printf("%3d",a[i]);
    printf("\n");
}
```

【供选择的答案】

(1) A. &a[i]　　　　　B. a[i]　　　　　C. *a[i]　　　　　D. a[n]

(2) A. i<5　　　　　　B. i<4　　　　　C. i>=0　　　　　D. i>4

(3) A. j<5−i−1　　　B. j<5−i　　　　C. j<5　　　　　D. j<=5

(4) A. a[j]<a[j+1]　　B. a[j]>a[j−1]　　C. a[j]>a[j+1]　　D. a[j−1]>a[j+1]

【参考答案】

(1) A　　　(2) A　　　(3) B　　　(4) C

1.6　折半查找

1. 基本思想

折半查找又称二分查找,是一种在有序数列中查找某一特定元素的搜索算法。折半查找算法的前置条件是数列按有序化(递增或递减)排列,查找过程中采用跳跃式方式查找,即先从数列的中间元素开始,如果中间元素正好是要查找的元素,则查找过程结束;如果要找的元素值大于或小于中间元素,则在数列大于或小于中间元素的那一半中查找,且跟开始一样又从中间元素开始比较;如果在某一步骤数列为空,则代表找不到。这种查找算法每一次比较都使查找范围缩小一半。换句话说,将 n 个有序的元素分成个数大致相同的两半,取 $a=|n/2|$($|a|$ 表示不小于 a 的整数)与欲查找的 x 作比较,如果 $x=a$ 则找到 x,算法终止;如果 $x<a$,则在数组 a 的左半部继续搜索 x(这里假设数组元素呈升序排列);如果 $x>a$,则在数组 a 的右半部继续搜索 x;直到找到相同的元素或者所查找的序列范围为空为止。

折半查找是一种效率较高的查找方法。它可以明显减少比较次数,提高查找效率,但要求数据必须是有序的。

2. 算法描述

用折半查找法查找 n 个有序数中的任意一个,设 n 个有序数(从小到大)存放在数组 $a[0]\sim a[n-1]$ 中,要查找的数为 target。用变量 first、last、mid 分别表示查找数据范围的底部(数组下界)、顶部(数组上界)和中间,mid$=$(first$+$last)/2;若 target$=$a[mid],则查找成功;若 target$<$a[mid],target 必定落在 first 和 mid-1 的范围之内,则 last$=$mid-1;若 target$>$a[mid],target 必定落在 mid$+1$ 和 last 的范围之内,则 first$=$mid$+1$。在确定了新的查找范围后,重复进行以上比较,直到找到或者查找区间的上界小于查找区间的下界为止,即 last$<$first。折半查找算法的时间复杂度为 $O(\log_2 n)$,这比顺序查找的 $O(n)$ 低多了。

3. 算法举例

【算法 7】

功能:从数组中二分查找与指定数值相等的元素。

输入:数组名 a、数组元素个数 n、待查的数值 x。

输出：查找成功,返回元素下标;查找失败,返回-1。

算法程序:

```
int bipart_find_value(int * a, int n, int x)
{   int p=-1,first=0,last=n-1,mid;
    while(first<=last)
    {   mid=(first+last)/2;
        if(a[mid]==x){p=mid; break;}
        else if(a[mid]>x) last=mid-1;
        else first=mid+1;
    }
    return p;
}
```

【例题】 设有如下已排好序的 12 个数据。

3	6	9	11	13	20	24	38	66	77	88	99

从中查找值为 24 的位置。

使用折半/二分查找算法程序如下：

```
#include <stdio.h>
#define N 12
main()
{   int a[N]={3,6,9,11,13,20,24,38,66,77,88,99}, target=24;
    int first,mid, last,i,find;
    first=0;last=N-1; find=0;          //find是标志变量,并对其赋予初始值 0,表示没找到
    while(first<=last && find==0)       //当查找空间不为空且数据还没有找到时,继续查找
    {   mid=(first+last)/2;             //mid表示查找数据范围的中间位置
        if (target==a[mid]) {find=1;break;}   //若找到,则 find 值变为 1,并跳出循环
        else if(target<a[mid]) last=mid-1;    //target 在左半部分
        else first=mid+1;                      //target 在右半部分
    }
    if (find==1) printf("The target location is %d!\n",mid);
    else printf("The number doesn't exist!\n");
}
```

4. 自测题及参考答案

阅读下列程序说明和程序,根据程序的功能完善该程序中需要填充的部分。

【程序说明】

下面的函数为二分法查找 key 值。数组中的元素已按升序排序,若找到 key,则返回对应的下标,否则返回-1。

【程序】

```
#include <stdio.h>
fun(int a[],int n,int key)
{   int low,high,mid;
    low=0;
    high=n-1;
    while(   (1)   )
```

```
    { mid=(low+high)/2;
        if(key<a[mid])
            (2)   ;
        else if(key>a[mid])
            (3)   ;
        else
            (4)   ;
    }
    return -1;
}
main()
{   int a[10]={1,2,3,4,5,6,7,8,9,10};
    int b,c;
    b=4;
    c=fun(a,10,b);
    if(c==-1) printf("not found");
    else printf("position %d\n",c);
}
```

【提示】 先确定待查元素的范围,将其分成两半,然后比较位于中间点的元素的值。如果该待查元素的值大于中间点元素的值,则将范围重新设定为大于中间点元素的范围,反之亦反。

【试题参考答案】

(1) low<=high 或 high>=low

(2) high=mid-1

(3) low=mid+1

(4) return mid 或 return(mid)

第2章 机试试题分类精解

本章针对 C 语言上机编程的 3 类题型给出实例和精解。3 类题型分别是程序修改题、程序填空题和程序设计题。

对算法的理解和构造是编程的核心问题。做题时首先必须完整、清楚地理解题意,理清算法思路,结合题目中已有的程序推测变量的作用和语句的功能,进而发现问题并解决问题,这样才能有的放矢,不会无所适从,事倍而功半。另外,熟练的调试技巧能帮助我们在机试做题时快速发现和解决常见问题。

2.1 程序修改题

程序修改题包括程序功能说明及一个包含错误的源程序。每题的源程序中包含 4 个错误,用"/****** 1 ******/"的格式一一标记在包含错误的一行语句之前。考生答题时在源程序中错误标记的下一行语句中修改错误即可。

【实例 2-2-1】 数的解析——求和。

程序功能:程序运行时输入整数 n,则输出 n 的各位数字之和。例如,输入 n=1308,则输出 12;输入 n=-3204,则输出 9。

源程序(有错误的程序):

```c
#include <stdio.h>
void main()
{   /****** 1 ******/
    int n,s;
    scanf("%d",&n);
    /****** 2 ******/
    n<0?-n:n;
    /****** 3 ******/
    while(n>=0){
        /***** 4 *****/
        s=s+n/10;
        n=n/10;
    }
    printf("%d\n",s);
}
```

【题目分析】

结合题目和源程序分析,源程序算法如下:(1)输入整数 n;(2)使 n 变为非负数;(3)循环求取变量 n 的最低一位数字并加入变量 s 中,同时执行操作 n=n/10,直到 n 等于 0 为止；(4)输出 n 的各位数字之和 s。

【参考答案及解析】

① int n,s＝0;

由题目分析中第(4)点可知,s 为 n 的各位数字之和,变量 s 初始值必须为 0,否则为随机值,无法得到正确结果。

② n＝n＜0?－n:n;

由题目分析中第(2)点可知,语句意图使 n 变为非负数。n＜0?－n:n;是一个问号表达式,得到的结果是一个非负数,但并不会对变量 n 进行任何修改。

③ while(n!＝0){或 while(n){

由题目分析中第(3)点可知,循环终止条件是直到 n 为 0。

④ s＝s＋n％10;

由题目分析中第(3)点可知,语句意图求取变量 n 的最低一位数字。运算符％用于求取余数,运算符/用于整除,所以变量 n 的最低一位数字的计算表达式应该是 n％10。

【实例 2-2-2】 数的解析——进制转换。

程序功能：将十进制的整数以十六进制的形式输出。

源程序(有错误的程序)：

```
# include <stdio.h>
/********** 1 *********/
int DtoH(int n)
{  int k=n & 0xf;
   if(n>>4!=0) DtoH(n>>4);
   /********** 2 *********/
   if(k<=10)
       putchar(k+'0');
   else
   /********** 3 *********/
       putchar(k-10+a);
}
void main()
{  int a[4]={28,31,255,378},i;
   for(i=0;i<4;i++) {
       printf("%d-->",a[i]);
       /******** 4 ********/
       printf("%s",DtoH(a[i]));
       putchar('\n');
   }
}
```

【题目分析】

结合题目和源程序分析,主函数 main 依次计算并输出数组元素 a[i]及 a[i]对应的十六进制数。十六进制数的求取和输出通过函数 DtoH 实现。函数 DtoH 采用递归程序设计,算法如下：(1)计算参数 n 对 16 取的余数 k;(2)如果 n/16!＝0,则求取并输出 n/16 的十六进制数;(3)输出 n 对 16 取的余数 k 对应的十六进制数的字符。

k＝n＆0xf 相当于 k＝n％16,即 n 对 16 取的余数。n＞＞4 相当于 n＝n/16,即 n 对 16 整除的商。k 对应的十六进制数的字符 c 的计算：

c='0'~'9',当 k=0~9;

c='a'~'f',当 k=10~15。

【参考答案及解析】

① void DtoH(int n)

十六进制数的求取和输出通过函数 DtoH 实现,函数 DtoH 没有返回值。

② if(k<10) 或 if(k<=9)

k 对应的十六进制数的字符的计算分两种情况,即 k=0~9 和 k=10~15。

③ putchar(k-10+'a');

k 对应的十六进制数的字符的第二种情况的计算,输出结果应该是字符'a'~'f'。

④ DtoH(a[i]);

十六进制数的求取和输出通过函数 DtoH 实现。函数 DtoH 的返回值类型为 void。

【实例 2-2-3】 质数因子。

程序功能:程序运行时输入 n,输出 n 的所有质数因子。例如,输入 n 为 60,则输出 60=2*2*3*5。

源程序(有错误的程序):

```
#include <stdio.h>
void main()
{   int n,i;
    /****** 1 ******/
    scanf("%f",&n);
    printf("%d=",n);
    /****** 2 ******/
    n=2;
    /****** 3 ******/
    while(n>0)
        if(n%i==0) {
            printf("%d*",i);
    /****** 4 ******/
            n=n*i;
        }
        else i++;
    printf("\b \n");
}
```

【题目分析】

结合题目和源程序分析,源程序算法如下:(1)输入整数 n;(2)循环计算并输出 n 的所有质数因子 i 并输出,直到 n 等于 1 为止;i 初始为 2,如果 n%i==0(即 n 被 i 整除),则 i 是质数因子,接着输出 i,同时 n 赋值为 n/i;如果 n%i!=0,则执行操作 i++后继续查找;(3)删除最后一个输出字符。

【参考答案及解析】

① scanf("%d",&n);

变量 n 是整数,在输入和输出语句中对应的格式转换说明符是%d。

② i=2;

语句"n=2;"使得变量 n 的值在处理之前被改变,所以无法得到正确结果。由题目分析中第(2)点可知,i 初始为 2,变量 i 未初始化,所以应改为"i=2;"。

③ while(n!=1) 或 while(n>1)

由题目分析中第(2)点可知,while 语句是对变量 n 不断求质数因子的过程。循环结束的条件是 n 等于 1,所以应改为 while(n!=1)或 while(n>1)。

④ n=n/i;

由题目分析中第(2)点可知,对变量 n 不断求质数因子的过程中一旦找到质数因子,则 n 赋值为 n/i。

【实例 2-2-4】 数列——求和。

程序功能:程序运行时,若输入 a 和 n 分别为 3 和 6,则输出下列表达式的值:

$$3+33+333+3333+33333+333333$$

源程序(有错误的程序):

```c
#include <stdio.h>
void main()
{   int a,n,i; long s=0,t;
    /******* 1 ********/
    scanf("%d%d",a,n);
    /******* 2 **********/
    t-1;
    /******* 3 **********/
    for(i=1;i<n;i++) {
        t=t * 10+a;
        /******* 4 ********/
        t=t+s;
    }
    printf("%ld\n",s);
}
```

【题目分析】

级数 3+33+333+… 的通项可按公式 $a_n=a_{n-1} * 10+3$ 进行计算,其中 $a_1=3$。结合题目和源程序分析,源程序算法如下:(1)输入整数 a 和 n;(2)从左向右循环计算表达式中的当前项 t,并加入变量 s 中以计算表达式的最终结果;(3)输出结果 s。

【参考答案及解析】

① scanf("%d%d",&a,&n);

不符合 scanf 语句的格式,格式串后应是变量地址。

② t=0;

在循环计算表达式时语句"t=t * 10+a;"执行第一次时 i=1,由此第一项的计算结果为 13。结果和 $a_1=3$ 矛盾,应改为"t=0;"。

③ for(i=1;i<=n;i++){或 for(i=0;i<n;i++) {

由题目分析可知循环计算的次数是 n 次。

④ s=s+t;

由题目分析中第(2)点可知,表达式项 t 在计算出来后需要加入变量 s 中,计算表达式的最终结果。

【程序运行结果】

370368

【实例 2-2-5】 多项式求解。

程序功能：输入 x 和正数 eps，计算多项式 $1-x+x^2/2!-x^3/3!+x^4/4!-x^5/5!+\cdots$ 的和，直到末项的绝对值小于 eps 为止。

源程序(有错误的程序)：

```c
#include <stdio.h>
#include <math.h>
void main()
{   double x,eps,s=1,t=1;
    /******* 1 *********/
    float i=1;
    /******* 2 **********/
    scanf("%f%f",&x,&eps);
    do {
        i++;
        /***** 3 *****/
        t=t*x/i;
        s+=t;
        /***** 4 *****/
    } while(fabs(t)<eps);
    printf("%f\n",s);
}
```

【题目分析】

多项式 $1-x+x^2/2!-x^3/3!+x^4/4!-x^5/5!+\cdots$ 的通项可按公式 $a_n=-a_{n-1}*x/n$ 进行计算，其中 $a_0=1$。结合题目和源程序分析，源程序算法如下：(1)输入 x 和正数 eps；(2)循环计算多项式中的当前项 a_i 并存入变量 t 中，最后加入变量 s 中，直到末项的绝对值小于 eps 为止；(3)输出结果 s。

【参考答案及解析】

① float i=0；

由题目分析，变量 i 用于多项式通项计算，变量 s 初始化为 1，所以通项计算应从 a_1 开始。在 do-while 循环语句中子句 i++ 的位置可推出第一次计算通项时变量 i 为 2，矛盾，所以应改为 float i=0；

② scanf("%lf%lf",&x,&eps)；

变量 x 和 eps 是双精度实数，在输入和输出语句中对应的格式转换说明符是 %lf。

③ t=-t*x/i；

按通项计算公式 $a_n=-a_{n-1}*x/n$ 进行计算。

④ } while(fabs(t)>=eps)；

由题目分析中第(2)点可知，循环终止条件为直到末项的绝对值小于 eps。

【实例 2-2-6】 最大值和最小值。

程序功能：程序运行时，输入 10 个数，分别输出其中的最大值和最小值。

源程序(有错误的程序)：

```
#include <stdio.h>
void main()
{  float x,max,min; int i;
   /******** 1 *******/
   for(i=0;i<=10;i++) {
      /****** 2 *******/
      scanf("%f",x);
      /******* 3 ********/
      if(i=1)
      {  max=x;min=x; }
      else {
            if(x>max) max=x;
            if(x<min) min=x;
      }
   }
   /******* 4 ********/
   printf("%f,%f\n",Max,Min);
}
```

【题目分析】

结合题目和源程序分析,源程序算法如下:(1)输入 10 个数;(2)循环逐个进行比较,将最大值放入变量 max,最小值放入变量 min(先设第一个数为最大值和最小值);(3)输出其中的最大值 max 和最小值 min。

【参考答案及解析】

① for(i=1;i<=10;i++) {

由题目分析共输入 10 个数,结合代码 if(i=1)和题目分析中第(2)点的说明,推导出循环次数为 10 且第一个数输入时对应的变量 i 的值应该为 1。

② scanf("%f",&x);

不符合 scanf 语句的格式,格式串后应是变量地址。

③ if(i==1)

i=1 为赋值语句,C 语言以关系运算符==判断数据是否相等。

④ printf("%f,%f\n",max,min);

C 语言中变量名区分大小写,max 和 Max 是两个不同的变量。

【实例 2-2-7】 数组操作。

程序功能:显示两个数组中数值相同的元素。

源程序(有错误的程序):

```
#include <stdio.h>
void main()
{  /******** 1 *******/
   int i;
   int a[6]={1,3,5,7,9,11};
   int b[7]={2,5,7,9,12,16,3};
   /******* 2 *******/
   for(i=0;i<=6;i++) {
      for(j=0;j<7;j++)
      /******** 3 *******/
```

```
            if(a[i]=b[j]) break;
        /******* 4 ********/
            if(j>=7)
            printf("%d ",a[i]);
        }
    printf("\n");
}
```

【题目分析】

结合题目和源程序分析,源程序计算思路:循环将数组元素 a[i] 和数组 b 的所有元素 b[j] 逐个比较,如果找到相同元素,则不予输出;如果未找到相同元素,则输出;其中 i=0~5,j=0~6。

【参考答案及解析】

① int i,j;

C 语言中变量必须先定义再使用,变量 j 未定义。

② for(i=0;i<=5;i++) { 或 for(i=0;i<6;i++) {

由题目分析知 i 取值范围为 0~5。

③ if(a[i]== b[j]) break;

a[i]=b[j] 为赋值语句,C 语言以关系运算符==判断数据是否相等。

④ if(j<7) 或 if(j<=6)

本句用于判断 a[i] 是否在数组 b 中找到了相同元素,如是,则输出。由 for 语句子句 if(a[i]==b[j]) break;可知,若 a[i] 在数组 b 中找到了相同元素,则必有 j<7。

【程序运行结果】

```
3 5 7 9
```

【实例 2-2-8】 数组操作。

程序功能:输入 n(小于 10 的正整数),输出如下形式的数组。

输入 n=5,数组为:

```
1 0 0 0 0
2 1 0 0 0
3 2 1 0 0
4 3 2 1 0
5 4 3 2 1
```

输入 n=6,数组为:

```
1 0 0 0 0 0
2 1 0 0 0 0
3 2 1 0 0 0
4 3 2 1 0 0
5 4 3 2 1 0
6 5 4 3 2 1
```

源程序(有错误的程序):

```
#include <stdio.h>
```

```
void main()
{  int a[9][9]={{0}},i,j,n;
   /*********** 1 ***************/
   while(scanf("%d",n),n<1||n>9);
   for(i=0;i<n;i++) {
       /****** 2 ********/
       for(j=0;j<i;j++)
       /******* 3 *********/
       a[i][j]=i-j;
   }
   for(i=0;i<n;i++) {
       for(j=0;j<n;j++)
       /******** 4 *********/
       printf("%3d",&a[i][j]);
       putchar('\n');
   }
}
```

【题目分析】

分析题中给出的下三角矩阵的通项可按以下公式进行计算。

$$a[i][j]=i-j+1,\quad 当 j>i 时,a[i][j]=0$$

结合题目和源程序分析,源程序算法如下:(1)输入小于 10 的正整数 n;(2)在数组 a 逐行计算 n 行 n 列的下三角矩阵各元素值;(3)逐行输出数组 a 的数组元素。

【参考答案及解析】

① while(scanf("%d",&n),n<1 ‖ n>9);

不符合 scanf 语句的格式,格式串后应是变量地址。

② for(j=0;j<=i;j++)

由题知,按公式 a[i][j]=i-j+1 计算时,变量 j 的取值范围是 0~i,不能省略对对角线上元素的计算。

③ a[i][j]=i-j+1;

不符合通项计算公式 a[i][j]=i-j+1,当 j>i 时 a[i][j]=0。

④ printf("%3d",a[i][j]);

不符合 printf 语句的格式,格式串后应是变量,而不是变量地址。

【实例 2-2-9】 数组——选择法排序。

程序功能:用选择法对 10 个整数按升序排序。

源程序(有错误的程序):

```
#include <stdio.h>
#define N 10
void main()
{  int i,j,min,temp;
   int a[N]={5,4,3,2,1,9,8,7,6,0};
   printf("排序前:");
   /******** 1 *********/
   for(i=0;i<n;i++)
       printf("%4d",a[i]);
   putchar('\n');
```

```
    for(i=0;i<N-1;i++) {
        /***** 2 ******/
        min=0;
        for(j=i+1;j<N;j++)
            /****** 3 ******/
            if(a[j]>a[min]) min=j;
            temp=a[min];a[min]=a[i];a[i]=temp;
    }
    printf("排序后:");
    for(i=0;i<N;i++)printf("%4d",a[i]);
    /****** 4 ********/
    putchar("\n");
}
```

【题目分析】

结合题目和源程序分析,源程序算法如下:(1)输入排序前数组 a 的各元素;(2)使用选择法对数组 a 进行排序;(3)输出排序后数组 a 的各元素。数组 a 的规模为 N。

【参考答案及解析】

① for(i＝0;i＜N;i＋＋)

本句对应输出排序前数组 a 的各元素,数组 a 的规模为 N,所以变量 i 的取值范围为 0～N－1。

② min＝i;

选择法中查找要填入 a[i] 的数据时,min 用于记录当前未排序部分数据的最小值的位置,查找之前先假设 a[i] 是最小值,即 min＝i。

③ if(a[j]＜a[min]) min＝j;

min 用于记录当前未排序部分数据的最小值的位置,而语句"if(a[j]＞a[min]) min＝j;"执行后 min 存放的是较大值的位置,矛盾。

④ putchar('\n');

函数 putchar 用于输出一个字符。C 语言中规定字符用单引号识别,字符串用双引号识别,本句用于输出一个换行符,所以应该用单引号。

【实例 2-2-10】 输出距离坐标原点不超过 5 的点。

程序功能:输入 n,再输入 n 个点的平面坐标,输出那些距离坐标原点不超过 5 的点的坐标值。

源程序(有错误的程序):

```
#include <stdio.h>
#include <math.h>
#include <stdlib.h>
void main()
{   int i,n;
    struct axy {float x,y;};
    /***** 1 *****/
    struct axy a;
    /***** 2 *****/
    scanf("%d",n);
```

```
a=(struct axy*) malloc(n*sizeof(struct axy));
for(i=0;i<n;i++)
    scanf("%f%f",&a[i].x,&a[i].y);
/***** 3 ******/
for(i=1;i<=n;i++)
    if(sqrt(pow(a[i].x,2)+pow(a[i].y,2))<=5) {
        printf("%f,",a[i].x);
        /*************** 4 ***************/
        printf("%f\n",a+i->y);
    }
}
```

【题目分析】

结合题目和源程序分析,源程序算法如下:(1)输入 n;(2)输入 n 个点的平面坐标,放入结构体数组 a 中,横坐标为 a[i].x,纵坐标为 a[i].y;(3)分别计算并输出那些距离坐标原点不超过 5 的点的坐标值。

【参考答案及解析】

① struct axy * a;

由语句 a＝(struct axy *) malloc(n * sizeof(struct axy))和分析可知,a 是动态结构体数组。

② scanf("%d",&n);

不符合 scanf 语句的格式,格式串后应是变量地址。

③ for(i=0;i<n;i++) 或 for(i=0;i<=n-1;i++)

由输入 n 个点的平面坐标语句和分析可知,数组元素 a[i]中,i 的取值范围是 0～n-1。

④ "printf("%f\n", a[i].y);""printf("%f\n",(a+i)->y);"或"printf("%f\n",(*(a+i)).y);"

结构体变量成员的引用有 3 种方式:结构体变量.成员名;(* p).成员名;p->成员名。p 为指向结构体类型数据的指针。

【实例 2-2-11】 字符串——连接。

程序功能:输入两个字符串 s1、s2 后,并将它们按顺序首尾相连。

源程序(有错误的程序):

```
#include <stdio.h>
void main()
{ char s1[80],s2[40]; int j;
  /***** 1 *****/
  int i;
  printf("Input the first string:");
  gets(s1);
  printf("Input the second string:");
  gets(s2);
  /********* 2********/
  while(s1[i]!='0')
      i++;
  for(j=0;s2[j]!='\0';j++)
      /****** 3 ******/
      s1[j]=s2[j];
```

```
/******* 4 *******/
        s1[i+j]=\0;
        puts(s1);
}
```

【题目分析】

结合题目和源程序分析,源程序算法如下:(1)输入字符串 s1 和 s2;(2)将字符串 s2 复制到字符串 s1 的尾部;(3)输出最后结果字符串 s1。其中字符串 s2 复制到字符串 s1 的尾部分为以下步骤:(a)先定位到字符串 s1 的尾部——即结束标记'\0'处,记录在变量 i 中;(b)将字符串 s2 中的字符按从头至尾顺序复制到字符串 s1 尾部;(c)字符串 s1 尾部添加结束标记'\0'.

【参考答案及解析】

① int i=0;

由题目分析变量 i 用于查找和存放字符串 s1 的结束标记的位置,查找应从第一个字符开始,即 i 初始值应为 0。但查找语句 while(s1[i]!=0)在执行前变量 i 未初始化,i 初始值为随机值。

② while(s1[i]!='\0')

语句用于定位到字符串 s1 的尾部——即结束标记'\0'处,字符'\0'和'0'不一样。

③ s1[i+j]=s2[j];或 s1[i++]=s2[j];

for 循环用于将字符串 s2 中的字符按从头至尾顺序复制到字符串 s1 尾部。变量 i 用于查找和存放字符串 s1 的结束标记的位置,所以对应字符复制规律为 s2[j]→s1[i+j]。

④ s1[i+j]='\0';

语句用于为字符串 s1 尾部添加结束标记'\0'。C 语言中表示单个字符要加单引号。

【实例 2-2-12】 字符串——删除指定字符。

程序功能:输入一个字符串,将其中所有的非英文字母的字符删除后输出。

源程序(有错误的程序):

```
#include <stdio.h>
#include <ctype.h>
#include <string.h>
void main()
{   char str[81]; int i,flag;
    /******* 1 ******/
    get(str);
    for(i=0;str[i]!='\0';) {
        flag=tolower(str[i])>='a' && tolower(str[i])<='z';
        /********* 2 *********/
        flag=not flag;
        if(flag) {
            /******* 3 ********/
            strcpy(str+i+1,str+i);
            /******* 4 ********/
            break;
        }
        i++;
    }
```

```
    printf("%s\n",str);
}
```

【题目分析】

结合题目和源程序分析,源程序算法如下:(1)输入字符串 str;(2)从第一个字符开始依次查找并去除字符串 str 中的英文字母;(3)输出字符串 str。其中查找并去除字符串 str 中的英文字母分为以下步骤:假设当前处理第 i 个字母,(a)先判断字母 str[i]是否为英文字母;(b)如果 str[i]是英文字母,则删除——从字符 str[i+1]开始依次向前移动一位;(c)接着i++,准备处理下一位字符。

【参考答案及解析】

① gets(str);

输入字符串的函数名是 gets。

② flag=!flag;

C 语言中逻辑非用!表示。

③ strcpy(str+i,str+i+1);

函数 strcpy(dest,src)是字符串复制函数,把从 src 地址开始且含有'\0'结束符的字符串复制到以 dest 开始的地址空间,strcpy(s+i,s+i+1)在这里用来删除字符 s[i]。strcpy(str+i+1,str+i)实现的是字符串 str 增加一位字符,应改为"strcpy(str+i,str+i+1);"。

④ continue;

break 用于跳出循环,在本题中会导致在删除第一个英文字母后就退出 for 循环,不再继续查找和删除剩余的英文字母。continue 用于跳过此次循环的剩下部分,直接进入下个循环。在删除第 i 个字符后,第 i+1 个字符被向前移动到第 i 位,且仍然未被处理,所以这里选择 continue 语句。

【实例 2-2-13】 位运算——加解密。

程序功能:输入一个整数 mm 作为密码,将字符串中的每个字符与 mm 做一次按位异或操作,进行加密,输出被加密后的字符串(密文)。再将密文中的每个字符与 mm 做一次按位异或操作,输出解密后的字符串(明文)。

源程序(有错误的程序):

```
#include <stdio.h>
void main()
{   char a[]="a2汉字";
    int mm,i;
    /******** 1 *******/
    printf("请输入密码:");
    /******** 2 *******/
    scanf("%d",mm);
    for(i=0;a[i]!='\0';i++)          /* 各字符与 mm 做一次按位异或操作 */
        a[i]=a[i]^mm;
    puts(a);
    /*** 各字符与 mm 再做一次按位异或操作 ***/
    /******** 3 *******/
    for( ;a[i]!='\0';i++)
    /****** 4 ******/
```

```
        a[i]=a[i]^mm^mm;
    puts(a);
}
```

【题目分析】

结合题目和源程序分析，源程序算法如下：(1)输入一个整数 mm 作为密码；(2)将字符串中的每个字符与 mm 做一次按位异或操作，进行加密，输出被加密后的字符串(密文)；(3)将密文中的每个字符与 mm 做一次按位异或操作，输出解密后的字符串(明文)。

【参考答案及解析】

① printf("请输入密码：");

语句中字符串的双引号为中文符号，应改为英文符号。

② scanf("％d"，&mm);

不符合 scanf 语句的格式，格式串后应是变量地址。

③ for(i＝0;a[i]!＝'\0';i＋＋)

for 语句实现各字符与 mm 再做一次按位异或操作，变量 i 初始值应该为 0(从第一个字符开始)。

④ a[i]＝a[i]^mm;

语句中做了两次按位异或操作，做一次即可。

【实例 2-2-14】 位运算——机内码。

程序功能：逐个显示字符串中各字符的机内码。提示，英文字符字母的机内码首位为 0，汉字的每个字节首位为 1。程序正确运行后，显示如图 2-2-1 所示。

```
a[0]的机内码为：01100001
a[1]的机内码为：00110010
a[2]的机内码为：10111010
a[3]的机内码为：10111010
a[4]的机内码为：11010111
a[5]的机内码为：11010110
```

图 2-2-1 程序运行结果

源程序(有错误的程序)：

```
#include <stdio.h>
void main()
{   /******** 1 *******/
    char a[7]='a2汉字';
    int i,j,k;
    /******** 2 *******/
    for(i=0;i<strlen(a);i++) {
        printf("a[%d]的机内码为：",i);
        for(j=1;j<=8;j++) {
            k=a[i]&0x80;
            if(k!=0) putchar('1');
            /****** 3 *****/
            else putchar(0);
            /****** 4 *****/
            a[i]=a[i]>>1;
        }
        printf("\n");
    }
}
```

【题目分析】

结合题目和源程序分析，源程序算法如下：用 for 循环逐个计算并显示字符串 a 中各字符的机内码。

字符 a[i]的机内码的计算步骤：用 for 循环依次抽取字符 a[i]的机内码最高位赋值给 k，并输出对应的字符'0'或'1'，最后 a[i]进行左移一位操作，准备顺序抽取字符 a[i]的机内码的下一位。

【参考答案及解析】

① char a[7]="a2 汉字";

字符串用双引号，字符用单引号。

② for(i=0;a[i]!='\0';i++) {

由于语句 a[i]=a[i]>>1 改变了 a[i]的值，表达式 strlen(a)的值在计算过程中会发生变化，不再能够有效控制所有字符的操作。

③ else putchar('0');

输出机内码的值，由字符'0'和'1'构成。

④ a[i]=a[i]<<1;

抽取字符 a[i]的机内码时，最后 a[i]进行左移一位操作。语句的运算操作符存在错误，<<是向左移位，>>是向右移位。

【实例 2-2-15】 函数——求 x 的 n 次方。

程序功能：循环输入 x、n，调用递归函数计算，显示 x 的 n 次方。当输入 n<0 时，结束循环。

源程序(有错误的程序)：

```
#include <stdio.h>
float f(float x,int n)
{   /******* 1 ******/
    if(n==1)
        return 1;
    else
        /****** 2 ******/
        return f(x,n-1);
}
void main()
{   float y,z; int m;
    While(1) {
        scanf("%f%d",&y,&m);
        /****** 3 *******/
        if(m>=0) break;
        /******* 4 ********/
        z=f(m,y);
        printf("%f\n",z);
    }
}
```

【题目分析】

结合题目和源程序分析，源程序算法如下：(1)输入实数 y 和整数 m；(2)如果 m<0，则结束循环；(3)调用函数 f 计算并输出 y 的 m 次方。

x 的 n 次方的求取通过函数 float f(float x,int n)实现。x 的 n 次方的求解递归定义如下：

$x^n=x^{n-1}*x$，当 n>0；

$x^n = 1$，当 $n = 0$。

【参考答案及解析】

① if(n==0)

由函数 f 递归定义可知，计算分两种情况，即 n=0 和 n>0。

② return f(x,n−1) * x;

由函数 f 递归定义可知，当 n>0 时，$x^n = x^{n-1} * x$。

③ if(m<0) break;

条件错误，由题目分析中第(2)点可知，如果 m<0，则结束循环。

④ z=f(y,m);

x 的 n 次方的求取通过函数 float f(float x,int n)实现，语句中参数对应的位置有错误。

2.2　程序填空题

程序填空题包括程序功能说明以及一个有待完善的源程序。每题的源程序中包含 4 个空，用类似"__1__"的格式一一标记。考生答题时在源程序中补充完善即可。

在填空时，先删除填空标志(如"__1__"等)，再根据程序功能填充、调试运行程序。

【实例 2-2-16】　数的解析——输出数的位数。

程序功能：循环输入若干整数(以 Ctrl+z 结束循环)，输出每个数的位数，如图 2-2-2 所示。

图 2-2-2　程序输出

源程序(有待完善的程序)：

```
#include <stdio.h>
void main()
{   int n,m,k;
    while(scanf("%d",&n)!=__1__) {
        m=n; __2__ ;
        while(m!=0){
            k++; __3__ ;
        }
        printf("%d是%d位整数\n", __4__ );
    }
}
```

【题目分析】

结合题目和源程序分析，源程序算法如下：循环输入若干整数 n，以 Ctrl+z 结束循环；首先将 n 放入变量 m 中，借助 m 求取 n 的位数并放入变量 k 中，最后输出变量 n 和对应的位数 k 的值。

求取整数 m 的位数 k 步骤如下：若 m!=0，则位数 k 加 1，同时 m 赋值为 m 整除 10 的商(m 位数减 1)。每次求取整数 m 的位数时，最初 k 值为 0。

【参考答案及解析】

① EOF 或−1

由题目分析可知,while 循环用于输入若干整数 n,以 Ctrl＋z 结束循环。表达式(scanf("%d",&n)!＝___1___)用于判断 scanf 函数输入的整数 n 是否为 Ctrl＋z,是则结束循环。

文件结束符 EOF,Windows 下为组合键 Ctrl＋z;另外在 stdio.h 文件中,有 ♯define EOF(－1),即文件结束符 EOF 相当于常量－1。由此判断,可填入 EOF 或－1。

② k＝0

由分析可知,每次求取整数 m 的位数时,最初 k 值为 0。

③ m＝m/10

由题目分析可知,求取整数 m 的位数 k 的步骤如下:若 m!＝0,则位数 k 加 1,同时 m 赋值为 m 整除 10 的商(m 位数减 1),即 m＝m/10。

④ n,k

由题目分析可知,最后输出变量 n 和对应的位数 k 的值。

【实例 2-2-17】 数的解析——首尾倒置。

程序功能:调用函数 f,将一个整数首尾倒置。

源程序(有待完善的程序):

```
# include <stdio.h>
# include <___1___>
long f(long n)
{   long m=fabs(n),y=0;
    while(___2___) {
        y=y * 10+m%10;  ___3___ ;
    }
    return n<0? -y:  ___4___ ;
}
void main()
{   printf("%ld\t",f(12345));
    printf("%ld\n",f(-34567));
}
```

【题目分析】

结合题目和源程序分析,源程序算法如下:输出调用函数 f 计算出的 12345 和－34567 整数首尾倒置后的结果。

函数 f 计算整数 n 首尾倒置后的结果并返回,具体算法如下:(1)把 n 的绝对值赋值给变量 m;(2)循环求取 m 的最低一位,用于构造整数首尾倒置的临时结果,结果存放在变量 y 中,接着 m 去除掉最低位数字,准备下一次数的分解,直到 m 等于 0 为止;(3)根据 n 是否是负数决定返回值是否带负号。

【参考答案及解析】

① math.h

fabs 定义在头文件 math.h 中。

② m!＝0 或 m＞0

由题目分析可知,函数 f 计算整数 n 首尾倒置后的结果时,循环操作直到 m 等于 0 为止。

③ m＝m/10

由题目分析可知,求取 m 的最低一位,用于构造整数首尾倒置的临时结果后,m 去除掉最低位数字,/是整除负号,m/10 计算得到将最后一位去除掉后的结果。

④ y

函数 f 最后根据 n 是否是负数决定返回值是否带负号。y 是非负数,问号表达式中 n>=0 时,不需要输出负号。

【实例 2-2-18】 求函数的最大值。

程序功能:对 x=0.0,0.5,1.0,1.5,2.0,…,10.0,求 f(x)=x²-5.5*x+sin(x) 的最大值。

源程序(有待完善的程序):

```
#include <stdio.h>
#include <math.h>
#define   1   x*x-5.5*x+sin(x)
void main()
{  float x,max;
   max=  2  ;
   for(x=0.5;x<=10;  3  )
      if(f(x)>max)  4  ;
   printf("%f\n",max);
}
```

【题目分析】

结合题目和源程序分析,源程序算法如下:(1)设第一个函数值为最大值,即 max=f(0.0);(2)循环对 x=0.5,1.0,1.5,2.0,…,10.0,求 f(x)=x²-5.5*x+sin(x) 的值,如果 f(x)>max,则 f(x) 为新的最大值,重新记录最大值 max=f(x);(3)输出最大值 max。

函数 f(x)=x²-5.5*x+sin(x) 用预处理命令 define 实现。

【参考答案及解析】

① f(x)

函数 f(x)=x²-5.5*x+sin(x) 用预处理命令 define 实现。

完整格式为:

```
#define f(x) x*x-5.5*x+sin(x)
```

② f(0.0)

由循环语句 for(x=0.5;x<=10; 3) 和题目分析可知,最大值先设为第一个函数值,即 max=f(0.0)。

③ x=x+0.5

由题目分析中第(2)点可知,x=0.5,1.0,1.5,2.0,…,10.0,变量每次变化规律应该为 x=x+0.5。

④ max=f(x)

由题目分析中第(2)点可知,如果 f(x)>max,则 f(x) 为新的最大值,重新记录最大值 max=f(x)。

【程序运行结果】

```
44.455978
```

【实例 2-2-19】 最大公约数。

程序功能:输入 m、n(要求输入的数均大于 0),输出它们的最大公约数。

源程序(有待完善的程序):

```
#include <stdio.h>
void main()
{   __1__ ;
    While(1) {
        scanf("%d%d",&m,&n);
        if(m>0 && n>0)  __2__ ;
    }
    __3__ ;
    while(m%k!=0 __4__ n%k!=0) k--;
    printf("%d\n",k);
}
```

【题目分析】

结合题目和源程序分析,源程序算法如下:(1)循环输入 m、n 直到输入的数均大于 0;(2)从大(m、n 中较小值)到小逐个测试 k 是否是 m、n 的最大公约数,即第一个满足条件 m%k==0 并且 n%k==0 的 k 值就是,每次测试后 k－－;(3)输出最大公约数 k。

【参考答案及解析】

① int m,n,k

C 语言中变量需要先定义再使用。

② break

由分析可知,循环输入 m、n,直到输入的数均大于 0,m、n 都大于 0,则用 break 语句跳出循环。

③ k=m>n?n:m

由题目分析中第(2)点可知,从大(m、n 中较小值)到小逐个测试 k,这里用问号表达式将 m、n 中的较小值赋值给 k。

④ ‖

由题目分析中第(2)点可知,第一个同时满足条件 m%k==0 和 n%k==0 的 k 值就是 m、n 的最大公约数,不再继续循环查找。

【实例 2-2-20】 求满足条件的数。

程序功能:循环输入正整数 n(直到输入负数或者 0 结束),计算并显示满足条件 $2^m \leqslant n \leqslant 2^{m+1}$ 的 m 值。

源程序(有待完善的程序):

```
#include <stdio.h>
#define F (t<=n && t*2>=n)
void main()
{   int m,t,n;
    while(scanf("%d",&n), __1__ ){
        m=0; __2__ ;
        while( __3__ ){
            __4__ ; m++;
        }
        printf("%d  %d\n",n,m);
```

```
      }
    }
```

【题目分析】

结合题目和源程序分析,源程序算法如下:(1)循环输入正整数 n 直到输入负数或者 0 结束,如果 n 是正整数,则计算满足条件 $2^m \leqslant n \leqslant 2^{m+1}$ 的 m 值;(2)输出正整数 n 和满足条件 $2^m \leqslant n \leqslant 2^{m+1}$ 的 m 值。

计算满足条件 $2^m \leqslant n \leqslant 2^{m+1}$ 的 m 值的步骤如下:先设 m=0;计算 2^m 并判断是否满足条件 $2^m \leqslant n \leqslant 2^{m+1}$,满足则不再计算并退出循环,否则 m++后继续查找。2^m 的计算可以用一直未使用的变量 t 保存结果。条件 $2^m \leqslant n \leqslant 2^{m+1}$ 的判断使用预处理命令 #define F(t<=n && t*2>=n)定义的宏计算。

【参考答案及解析】

① n>0

由题目分析可知,循环输入正整数 n 直到输入负数或者 0 结束。语句"while(scanf("%d",&n), __1__){"中的条件是逗号表达式,逗号表达式(scanf("%d",&n), __1__)以最后(右)一个表达式的值作为整个表达式的计算结果,所以这里用 n>0 作为结束循环的终止条件。

② t=1

由分析可知,计算满足条件 $2^m \leqslant n \leqslant 2^{m+1}$ 的 m 值的步骤是,先设 m=0,再计算 2^m。2^m 的计算可以用一直未使用的变量 t 保存结果。初始 m=0 时,$t=2^0=1$。

③ !F

由题目分析可知,设定 m 的值后,分别计算 2^m 和 2^{m+1} 并判断是否满足条件 $2^m \leqslant n \leqslant 2^{m+1}$,条件 $2^m \leqslant n \leqslant 2^{m+1}$ 的判断使用预处理命令 #define F(t<=n && t*2>=n)定义的宏计算。满足条件则终止循环,所以这里填!F。

④ t=2*t

由题目分析可知,变量 t 保存结果 2^m,如果不满足条件 $2^m \leqslant n \leqslant 2^{m+1}$,重新设定 m 后(m++),需要重新计算 2^m,即 t=2*t。

【实例 2-2-21】 多项式求解。

程序功能:调用函数 f,计算 x=1.7 时的多项式的值。

代数多项式为 1.1+2.2*x+3.3*x*x+4.4*x*x*x+5.5*x*x*x*x

源程序(有待完善的程序):

```
#include <stdio.h>
float f(float*,float,int);
void main()
{  float b[5]={1.1,2.2,3.3,4.4,5.5};
   printf("%f\n",f(__1__));
}
float f(__2__)
{  float y=__3__,t=1; int i;
   for(i=1;i<n;i++) { t=t*x; y=y+a[i]*t; }
   __4__
}
```

结合题目和源程序分析,源程序算法如下:输出调用函数 f 计算的 x=1.7 时的多项式的值。

函数 f 计算的 x 对应的多项式的值:从前向后将每一项计算出来后,加入变量 y 中作为最后返回的结果。

【参考答案及解析】

① b,1.7,5

在本题第二小题被解决后知,函数 f 的参数是 float * a,float x,int n,依次对应于存放系数的数组、变量 x,以及多项式的项数。

② float * a,float x,int n

在函数 f 计算时涉及 3 个参数:存放系数的数组 a,变量 x 以及多项式的项数 n。

③ a[0]

由题目分析可知,函数 f 计算的 x 对应的多项式的值,由语句 for(i=1;i<n;i++)判断,多项式的第一项 a[0]已经加入变量 y 中了。

④ return y;

由题目分析可知,函数 f 计算的 x 对应的多项式的值,最后返回变量 y 作为计算的结果。

【程序运行结果】

```
81.930756
```

【实例 2-2-22】 数组——求平均值及与平均值相差最小的数组元素。

程序功能:输入 10 个数到数组 a 中,计算并显示所有元素的平均值,以及其中与平均值相差最小的数组元素值。

源程序(有待完善的程序):

```
#include <stdio.h>
#include <math.h>
void main()
{  double a[10],v=0,x,d; int i;
   printf("Input 10 numbers: ");
   for(i=0;i<10;i++) {
       scanf("  1  ", &a[i]);
       v=v+  2  ;
   }
   d=  3  ; x=a[0];
   for(i=1;i<10;i++)
       if(fabs(a[i]-v)<d) d=fabs(a[i]-v),  4  ;
   print("%.4f  %.4f\n",v,x);
}
```

【题目分析】

结合题目和源程序分析,源程序算法如下:(1)输入 10 个数到数组 a 中,同时计算 10 个数的平均值 v;(2)查找 10 个元素中与平均值 v 相差最小的数组元素值,将其记录在变量 x 中,同时元素与平均值 v 相差的绝对值记录在变量 d 中,预先假设第一个数组元素 a[0]为最小值;(3)输出结果 v 和 x 的值。

【参考答案及解析】

① %lf

scanf 语句中,a[i]为 double 类型数组元素,故其对应的格式说明符为%lf。

② a[i]/10

由分析可知,10 个数的平均值放在变量 v 中。

③ fabs(a[0]－v)

由题目分析可知,元素与平均值 v 相差的绝对值记录在变量 d 中,预先假设第一个数组元素 a[0]为最小值,即 x＝a[0],此时 x 与平均值 v 相差的绝对值即 fabs(a[0]－v)。

④ x＝a[i]

由题目分析可知,查找最小的数组元素值的过程中,元素与平均值 v 相差的绝对值记录在变量 d 中,同时数组元素记录在变量 x 中。

【实例 2-2-23】 数组操作。

程序功能:数组 x 中原有数据为 1、－2、3、4、－5、6、－7,调用函数 f 后数组 x 中数据为 1、3、4、6、0、0、0,输出结果为 1　3　4　6。

源程序(有待完善的程序):

```
#include <stdio.h>
void f(int * a, ___1___ )
{   int i,j;
    for(i=0;  __2__ ;)
        if(a[i]<0) {
            for(j=i;j< * m-1;j++)  __3__ ;
            a[ * m-1]=0; ( * m)--;
        }
        else i++;
}
void main()
{   int i,n=7,x[7]={1,-2,3,4,-5,6,-7};
    __4__ ;
    for(i=0;i<n;i++) printf("%5d",x[i]);
    printf("\n");
}
```

【题目分析】

结合题目和源程序分析,源程序算法如下:(1)调用函数 f 处理数组 x 中的数据;(2)输出数组 x 中的非零数据。

函数 f 从数组 a 的第一个元素 a[0]开始,从前向后对数组元素进行操作,直到所有负数被处理完毕。具体步骤如下:如果 a[i]<0,那么从元素 a[i+1]开始,剩余的未被处理过的元素依次向前移动一个位置,同时将最后一个未被处理过的元素 a[* m－1]置为 0,并将整数(* m)减 1,用以记录最后剩余的正整数数量;如果 a[i]<0 不成立,则继续处理下一个数组元素。

【参考答案及解析】

① int * m

在函数头部 void f(int * a, __1__)中,第一个参数用来传递数组首地址,第二个参数应该是数组的规模。指针变量 m 在函数中未定义,结合程序判断, * m 就是第二个参数,用来传递数组的规模。

② i< * m

由题目分析可知，函数 f 从数组 a 的第一个元素 a[0]开始，从前向后对数组元素进行操作，直到所有负数被处理完毕。其中整数(* m)用来记录最后剩余的正整数数量，所以，这里填入条件 i< * m。

③ a[j]＝a[j+1]

由题目分析可知，函数 f 在处理数据时，如果 a[i]<0，那么从元素 a[i+1]开始，剩余的未被处理过的元素依次向前移动一个位置。

④ f(x,&n)

由本题的第 1 小题结果可知，函数 f 头部为 void f(int * a，int * m)，两个参数分别是数组首地址和数组的规模，且第二个参数是指针形式。

【实例 2-2-24】 数组操作。

程序功能：显示数据，要求是在数组 a 中存在而在数组 b 中不存在的数，以及在数组 b 中存在而在数组 a 中不存在的数。

源程序(有待完善的程序)：

```
#include <stdio.h>
void main()
{  int a[6]={2,5,7,8,4,12},b[7]={3,4,5,6,7,8,9},i,j,k;
   for(i=0;i<6;i++) {
       for(j=0;j<7;j++) if(__1__) break;
       if(__2__) printf("%d ",a[i]);
   }
   putchar('\n');
   for(i=0;i<7;i++) {
       for(j=0;j<6;j++) if(b[i]==a[j])  __3__ ;
       if(j==6) printf("%d ",__4__);
   }
   putchar('\n');
}
```

【题目分析】

结合题目和源程序分析，源程序算法如下：(1)输出在数组 a 中存在而在数组 b 中不存在的数；(2)另起一行，输出在数组 b 中存在而在数组 a 中不存在的数。

查找在数组 a 中存在而在数组 b 中不存在的数时，对每个元素 a[i]都要在数组 b 中遍历查找，如果找到相同元素，就不再继续查找，否则就输出。查找在数组 b 中存在而在数组 a 中不存在的数，和上述步骤基本类似。

【参考答案及解析】

① a[i]＝＝b[j]

由题目分析可知，在查找在数组 a 中存在而在数组 b 中不存在的数时，对每个元素 a[i]都要在数组 b 中遍历查找，如果找到相同元素，就不再继续查找。

② j＞＝7 或 j＝＝7

由题目分析可知，在查找在数组 a 中存在而在数组 b 中不存在的数时，对每个元素 a[i]都要在数组 b 中遍历查找，如果没有找到相同元素就输出 a[i]。条件 j＞＝7 或 j＝＝7 成立就意味着 break 未执行,即未找到相同元素。

③ break

这里查找在数组 b 中存在而在数组 a 中不存在的数,找到相同元素,就不再继续查找。

④ b[i]

查找在数组 b 中存在而在数组 a 中不存在的数,如果没有找到相同元素,就输出 b[i]。

【实例 2-2-25】 字符串——删除指定字符。

程序功能:将输入字符串 s 中所有的小写字符 c 删除。

源程序(有待完善的程序):

```
#include <stdio.h>
#include <  1  >
void main()
{   char s[81];int i;
    gets(s);
    for(  2  ;i<strlen(s);)
        if(s[i]=='c')
            strcpy(  3  );
        4
            i++;
    puts(s);
}
```

【题目分析】

结合题目和源程序分析,源程序算法如下:(1)输入字符串 s;(2)从第一个字符开始从前向后循环处理每个字符 s[i],如果是小写字符 c 则删除,不是则继续查找下一个;(3)输出删除所有的小写字符 c 的字符串 s。

【参考答案及解析】

① string.h

字符串操作函数 strlen 和 strcpy 定义在头文件 string.h 中。

② i=0

由题目分析可知,输入字符串 s 后,从第一个字符开始从前向后循环处理每个字符 s[i],所以 i 初始值为 0。

③ s+i, s+i+1

由题目分析可知,处理字符 s[i]时,如果是小写字符 c 则删除,strcpy(s+i, s+i+1)实现了删除字符 s[i]的功能。

④ else

由题目分析可知,处理字符 s[i]时,如果是小写字符 c 则删除,不是则继续查找下一个。这里是第二种情况,所以用 else。

【实例 2-2-26】 字符串——删除指定字符。

程序功能:调用函数 f,从字符串中删除所有的数字字符。

源程序(有待完善的程序):

```
#include <stdio.h>
#include <string.h>
#include <  1  >
void f(char s[])
{   2  ;
    while(s[i]!='\0')
        if(isdigit(s[i]))  3  (s+i,s+i+1);
          4   i++;
}
void main()
{  char str[80];
   gets(str); f(str); puts(str);
}
```

【题目分析】

结合题目和源程序分析,源程序算法如下:(1)输入字符串 str;(2)调用函数 f,从字符串 str 中删除所有的数字字符;(3)输出字符串 str。

函数 f 从字符串中删除所有的数字字符:从第一个字符开始逐个查找字符 s[i]是否是数字字符,直到字符串结束。字符 s[i]是数字字符,则删除字符 s[i],继续判断向前移动后的字符 s[i]是否是数字字符;否则继续查找下一个字符 s[i+1],判断其是否是数字字符。

【参考答案及解析】

① ctype.h

isdigit()函数包含在 ctype.h 头文件中。

② int i＝0

由题目分析可知,函数 f 从字符串中删除所有的数字字符时,从第一个字符开始逐个查找字符 s[i]是否是数字字符。第一个字符是 s[0],故变量 i 初始化为 0。

③ strcpy

由题目分析可知,函数 f 在处理字符串中的字符时,字符 s[i]是数字字符则删除字符 s[i]。函数 strcpy(dest,src)是字符串复制函数,把从 src 地址开始且含有'\0'结束符的字符串复制到以 dest 开始的地址空间,strcpy(s＋i,s＋i+1)在这里用来删除字符 s[i]。

④ else

由题目分析可知,函数 f 在处理字符串中字符时,字符 s[i]是数字字符,则删除字符 s[i];否则继续查找下一个字符 s[i＋1],判断其是否是数字字符,这里属于第二种情况,所以用 else。

【实例 2-2-27】　字符串——字符转换。

程序功能:输入一个不超过 80 个字符的字符串,将其中的大写字符转换为小写字符;小写字符转换为大写字符;空格符转换为下画线。输出转换后的字符串。

源程序(有待完善的程序):

```
#include <stdio.h>
#include <  1  >
void main()
{  char s[81]; int i;
     2  ;
   for(i=0;  3  ;i++) {
```

```
        if(isupper(s[i]))
            s[i]=s[i]+32;
        else
            if(islower(s[i]))
                s[i]=s[i]-32;
        if(___4___) s[i]='_';
    }
    puts(s);
}
```

【题目分析】

结合题目和源程序分析,源程序算法如下:(1)输入字符串 s;(2)从第一个字符开始依次对字符进行转换(大写字符转换为小写字符;小写字符转换为大写字符;空格符转换为下画线)直到字符串结束;(3)输出转换后的字符串 s。

【参考答案及解析】

① ctype.h

isupper 和 islower 函数包含在 ctype.h 头文件中。

② gets(s)

由分析可知,第一步输入字符串 s。

③ s[i]!='\0'或 s[i]!=NULL 或 s[i]!=0

字符串结束标记是字符'\0',其对应的 ASCII 编码是 0,即 NULL。

④ s[i]==''

由题目分析可知,对字符进行转换的第三种情况是空格符转换为下画线,这里 s[i]==''用来判断 s[i]是否是空格。

【实例 2-2-28】 位运算——机内码。

程序功能:输入 4 个整数,通过函数 Dec2Bin 的处理,返回字符串,显示每个整数的机内码(二进制,补码)。

源程序(有待完善的程序):

```
#include <stdio.h>
void Dec2Bin(long m,char * s)
{   int i,k;
    for(i=0;i<32;i++) {
        k=m & 0x80000000;
        if(k!=0) s[i]='1'; else ___1___;
        ___2___;        /* m 左移 1 位 */
    }
}
void main()
{   char a[33]=""; long n; int i;
    for(i=1;i<=4;i++) {
        scanf("%ld",&n);
        ___3___;
        ___4___;
    }
}
```

【题目分析】

结合题目和源程序分析,源程序算法如下:(1)循环输入 4 个整数;(2)调用函数 Dec2Bin 返回每个整数的机内码(以字符串形式);(3)输出字符串 a。机内码以字符串形式返回,赋值给字符串 a。

void Dec2Bin(long m,char * s)从高到低位(从左向右)循环计算整数 m 对应的二进制数的最高 1 位,并赋值给 k,计算完毕后 m 左移 1 位,准备进行整数 m 对应的二进制数的下一位最高位的求取。

【参考答案及解析】

① s[i]＝'0'

此处计算整数 m 对应的二进制数的最高 1 位,不是字符'1'就是字符'0'。

② m＝m<<1

m 左移 1 位。<<是左移位运算符。

③ Dec2Bin(n,a)

由题目分析可知,main 函数在输入 4 个整数后,调用函数 Dec2Bin 返回每个整数的机内码。

④ puts(a) 或 printf("%s\n",a)

最后输出字符串 a。字符串的输出可以采用 puts 和 printf 两种方式。

【实例 2-2-29】 3 个数排序。

程序功能:输入 3 个整数,按照由小到大的顺序输出这 3 个数。

源程序(有待完善的程序):

```
#include <stdio.h>
void swap(___1___)          /* 交换两个数的位置 */
{  int temp;
   temp= * pa; * pa= * pb; * pb=temp;
}
void main()
{  int a,b,c,temp;
   scanf("%d%d%d",&a,&b,&c);
   if(___2___) swap(&a,&b);
   if(b>c) swap(___3___);
   if(___4___) swap(&a,&b);
   printf("%d,%d,%d\n",a,b,c);
}
```

【题目分析】

结合题目和源程序分析,源程序算法如下:(1)输入 3 个整数 a、b、c;(2)对 a、b、c 排序,使其按照由小到大的顺序排列;(3)输出 3 个整数 a、b、c。

对 a、b、c 排序的过程:首先比较 a 和 b,如果 a 大,则交换 a 和 b 的值;再按同样方式比较 b 和 c 以及 a 和 b。

函数 swap 用于交换两个变量的值,参数是传址形式。

【参考答案及解析】

① int * pa,int * pb

函数 swap 用于交换两个变量的值,由语句"emp= * pa; * pa= * pb; * pb=temp;"推

断,参数是 pa 和 pb,且是整数指针形式。

② a>b

对 a、b、c 排序的过程中,首先比较 a 和 b,如果 a 大,则交换 a 和 b 的值。

③ &b,&c

对 a、b、c 排序的过程中,接着比较 b 和 c,如果 b 大,则交换 b 和 c 的值。

④ a>b

对 a、b、c 排序的过程中,最后再次比较 a 和 b,如果 a 大,则交换 a 和 b 的值。

【实例 2-2-30】 函数——斐波那契数列的计算。

程序功能:数列的第 1、第 2 项均为 1,此后各项的值均为该项的前两项的和。要求:计算数列的第 24 项的值。

源程序(有待完善的程序):

```
#include <stdio.h>
long f(int);
void main()
{
    printf("%ld\n",   1   );
}
   2
{  if( n==1 || n==2)
       3   ;
   else
       return   4   ;
}
```

【题目分析】

结合题目和源程序分析,源程序算法如下:输出调用函数 f 计算出的数列的第 24 项的值。

函数 f 计算采用递归方法设计,用于计算数列的第 n 项的值。

数列的第 n 项的值递归定义如下:

$a_n=1$,当 n=0 或 1;$a_n=a_{n-1}+a_{n-2}$,当 n>1。

【参考答案及解析】

① f(24)

函数 f 计算数列的第 n 项的值,由函数头 long f(int)和主程序输出数列的第 24 项的值判断,应该填写 f(24)。

② long f(int n)

由题目分析可知,函数 f 计算数列的第 n 项的值,参数一定是 n。

③ return 1

由数列的递归定义可知,当 n=0 或 n=1 时,$a_n=1$,即函数返回值为 1。

④ f(n-1)+f(n-2)

由数列的递归定义可知,当 n>1 时,$a_n=a_{n-1}+a_{n-2}$,即函数返回值为 f(n-1)+ f(n-2)。

【程序运行结果】

46368

2.3 程序设计题

程序设计题包括程序功能说明及一个有待完善的源程序。要求考生在源程序的指定位置填入代码。答题时必须根据程序功能设计算法,利用已有代码分析变量的作用和缺失的功能,最后补充并调试运行程序。

【实例 2-2-31】 求满足条件的数。

程序功能:在正整数中找出一个最小的、满足条件"被 3、5、7、9 除,余数分别为 1、3、5、7"的数。

源程序(有待完善的程序):

```
#include <stdio.h>
void main()
{  FILE * fp; long i=1;
   /****考生在以下空白处写入执行语句 ******/

   /****考生在以上空白处写入执行语句 ******/
   printf("%d\n",i);
   fp=fopen("CD1.dat","wb");
   fwrite(&i,4,1,fp);
   fclose(fp);
}
```

【题目分析】

结合题目和源程序分析,源程序算法如下:(1)计算满足条件的数,结果放在变量 i 中;(2)输出变量 i。源代码空白处填入计算 i 的代码即可。变量 i 的计算思路是:i 从 1 开始验证题目中的条件是否满足,当 i 不满足条件时,则对变量 i 加 1 继续验证。根据思路可选择 while 语句编写代码,实现满足的条件。

【参考代码】

```
while(i%3!=1 || i%5!=3 || i%7!=5 || i%9!=7)i++;
```

【程序运行结果】

```
313
```

【实例 2-2-32】 求满足条件的数。

程序功能:计算并显示满足条件 $1.05^n < 10^6 < 1.05^{n+1}$ 的 n 值以及 1.05^n。

源程序(有待完善的程序):

```
#include <stdio.h>
#include <math.h>
void main()
{  FILE * fp; double a=1.05; long n=1;
   /****考生在以下空白处写入执行语句******/

   /****考生在以上空白处写入执行语句******/
```

```
    printf("%d  %.4f\n",n,a);
    fp=fopen("CD1.dat","wb");
    fwrite(&a,8,1,fp);
    fclose(fp);
}
```

【题目分析】

结合题目和源程序分析，源程序算法如下：(1)当不满足条件 $1.05^n < 10^6 < 1.05^{n+1}$ 时，递增变化 n 值，每次加 1(n 初值为 1)，同时将对应表达式 1.05^n 的值存放到变量 a 中，准备下一次测试；(2)输出变量 n 和 a。在源代码空白处填写(1)对应的代码即可。

【参考代码】

```
while( !((a<1e6) && (1e6<a * 1.05)))
{   n++;
    a=a * 1.05;
}
```

【程序运行结果】

```
283   992136.9785
```

【实例 2-2-33】 求满足条件的解的个数。

程序功能：统计满足条件 $x^2 + y^2 + z^2 = 2013$ 的所有正整数解的个数(若 a、b、c 是一个解，则 a、c、b 也是一个解)。

源程序(有待完善的程序)：

```
#include <stdio.h>
void main()
{   FILE * fp; long x,y,z,k=0;
    /****考生在以下空白处写入执行语句******/

    /****考生在以上空白处写入执行语句******/
    printf("%ld\n",k);
    fp=fopen("CD1.dat","wb");
    fwrite(&k,4,1,fp);
    fclose(fp);
}
```

【题目分析】

结合题目和源程序分析，源程序算法如下：(1)统计满足条件的所有正整数解的个数，结果放在变量 k 中；(2)输出变量 k。本题只需在源代码空白处填入计算 k 的代码即可。变量 k 的计算思路：对 x、y、z 的所有可能的取值组合进行计算，并根据结果判断取值是否满足条件，如果计算结果满足条件，则 k++。由条件可知，x、y、z 取值范围都是 1～44。根据计算思路选择三重嵌套 for 语句实现具体代码。

【参考代码】

```
for(x=1;x<=44;x++)
    for(y=1;y<=44;y++)
        for(z=1;z<=44;z++)
            if (x * x+y * y+z * z==2013)k++;
```

或者

```
for(x=1;x<=44;x++)
    for(y=1;y<=sqrt(2013-x*x);y++)
    { z=sqrt(2013-x*x-y*y);
      if (x*x+y*y+z*z==2013)k++;
    }
```

【程序运行结果】

24

【实例 2-2-34】 级数求和。

程序功能：计算 $1-\dfrac{1}{3!}+\dfrac{1}{5!}-\dfrac{1}{7!}+\cdots$ 的和，直到末项的绝对值小于 10^{-10} 时为止。

源程序(有待完善的程序)：

```
#include <stdio.h>
#include <math.h>
void main()
{  FILE *fp; double y,t=1;int i=1;
    /****考生在以下空白处写入执行语句******/

    /****考生在以上空白处写入执行语句******/
    printf("%f\n",y);
    fp=fopen("CD1.dat","wb");
    fwrite(&y,8,1,fp);
    fclose(fp);
}
```

【题目分析】

结合题目和源程序分析,源程序算法如下：(1)计算级数的和直到末项的绝对值小于 10^{-10} 时为止,结果放在变量 y 中;(2)输出变量 y。本题只需在源代码空白处填入计算 y 的代码即可。变量 y 的计算思路：对级数的每一项进行计算,并加入变量 y 中,直到末项的绝对值小于 10^{-10} 时为止。级数可表示为 $a_1+a_2+\cdots+a_n+\cdots$。分析后发现存在规律 $a_n=-a_{n-1}/((2n-1)(2n-2))$,其中 $a_1=1$。根据计算思路可选择 do-while 语句实现具体代码。

【参考代码】

```
y=t;
i++;
do {
    t=-t/((2*i-1)*(2*i-2));
    i++;
    y=y+t;
}while(fabs(t)>=1e-10);
```

等价于

```
y=t;
do {
    t=-t/((i+2)*(i+1));
    i=i+2;
    y=y+t;
}while(fabs(t)>=1e-10);
```

【程序运行结果】

0.833333

【实例 2-2-35】 数列——求和。

程序功能：计算并显示表达式 $1+2!+3!+\cdots+12!$ 的值。

源程序(有待完善的程序)：

```
#include <stdio.h>
void main()
{   FILE * fp; long i,y=1,jc=1;
    /****考生在以下空白处写入执行语句******/

    /****考生在以上空白处写入执行语句******/
    printf("%ld\n",y);
    fp=fopen("CD1.dat","wb");
    fwrite(&y,4,1,fp);
    fclose(fp);
}
```

【题目分析】

结合题目和源程序分析,源程序算法如下:(1)用 for 循环从第二项开始从前向后依次计算表达式的项 a_i,a_i 的值存放到变量 jc 中,并累加存入变量 y 中;(2)输出 y。

表达式 $1+2!+3!+\cdots+12!$ 的通项表示为:

$a_i=a_{i-1}*i$,当 $n>1$ 时;$a_i=1$,当 $n=1$ 时。

在源代码空白处填入(1)对应的代码即可。

【参考代码】

```
for(i=2;i<=12;i++)
{   jc=jc * i;
    y=y+jc;
}
```

【程序运行结果】

```
522956313
```

【实例 2-2-36】 数列——求和。

程序功能:求数列 $\dfrac{2}{1},\dfrac{3}{2},\dfrac{5}{3},\dfrac{8}{5},\dfrac{13}{8},\dfrac{21}{13},\cdots$前 40 项的和。

源程序(有待完善的程序):

```
#include <stdio.h>
void main()
{   FILE * fp; double y=2,f1=1,f2=2,f; int i;
    /****考生在以下空白处写入执行语句 ******/

    /****考生在以上空白处写入执行语句 ******/
    printf("%f\n",y);
    fp=fopen("CD1.dat","wb");
    fwrite(&y,8,1,fp);
    fclose(fp);
}
```

【题目分析】

结合题目和源程序分析,源程序算法如下:(1)用 for 循环从第二项开始从前向后依次计算 40 次表达式的项 a_i,并累加 a_i 的值到变量 y 中;(2)输出 y。

数列的通项计算存在规律:

如果 $a_i = f2/f1$，则有 $a_{i+1} = (f1+f2)/f2$；其中第一项即当 $i=1$ 时，$f1=1$，$f2=2$。

在源代码空白处填入(1)对应的代码即可。

【参考代码】

```
for(i=2;i<=40;i++)
{  f=f2;f2=f1+f2;f1=f;          //根据通项计算规律计算下一项的分子和分母
   y=y+f2/f1;
}
```

【程序运行结果】

```
65.020941
```

【实例 2-2-37】 数列——求和。

程序功能：计算 2 的平方根、3 的平方根、……、10 的平方根之和。

要求将计算结果存入变量 y 中，且具有小数点后 10 位有效位数。

源程序(有待完善的程序)：

```
#include <stdio.h>
#include <math.h>
void main()
{  FILE * fp; int i;
   /****考生在以下空白处写入语句 ******/

   /****考生在以上空白处写入语句 ******/
   printf("%.10f\n",y);
   fp=fopen("CD1.dat","wb");
   fwrite(&y,8,1,fp);
   fclose(fp);
}
```

【题目分析】

结合题目和源程序分析，源程序算法如下：(1)用循环计算 2～10 的平方根，并累加到 y 中；(2)输出变量 y。在空白处填入(1)对应的代码即可。变量 y 未定义，题目要求具有小数点后 10 位有效位数，可补充定义为 double 类型变量。

【参考代码】

```
double y=0;
for(i=2;i<=10;i++) y=y+sqrt(i);
```

【程序运行结果】

```
21.4682781862
```

【实例 2-2-38】 数列——求和。

程序功能：数列第 1 项为 81，此后各项均为它前一项的正平方根，统计该数列前 30 项之和。

源程序(有待完善的程序)：

```
#include <stdio.h>
#include <math.h>
void main()
{  FILE * fp; double sum,x; int i;
```

```
/****考生在以下空白处写入执行语句******/

/****考生在以上空白处写入执行语句******/
printf("%f\n",sum);
fp=fopen("CD1.dat","wb");
fwrite(&sum,8,1,fp);
fclose(fp);
}
```

【题目分析】

结合题目和源程序分析,源程序算法如下:(1)计算数列前 30 项的和,结果放在变量 sum 中;(2)输出变量 sum。本题只需要在源代码空白处填入计算变量 sum 的代码即可。变量 sum 的计算思路:可从 81 开始,将当前项加入 sum;同时计算下一项,即当前项的正平方根,并以之替换当前项。重复以上操作 30 次即可得到最终结果 sum。根据计算思路知道循环次数确定,可选择 for 语句实现具体代码。

【参考代码】

```
x=81;
sum=0;
for(i=1;i<=30;i++){
    sum=sum+x;
    x=sqrt(x);
}
```

【程序运行结果】

```
121.335860
```

【实例 2-2-39】 斐波那契数列。

程序功能:求斐波那契数列中前 40 项之和。说明:斐波那契数列前两项为 1,此后各项为其前两项之和。

源程序(有待完善的程序):

```
#include <stdio.h>
void main()
{   FILE * fp; long i,a[40]={1,1},s=2;
    /****考生在以下空白处写入执行语句******/

    /****考生在以上空白处写入执行语句******/
    printf("%d\n",s);
    fp=fopen("CD1.dat","wb");
    fwrite(&s,4,1,fp);
    fclose(fp);
}
```

【题目分析】

结合题目和源程序分析,源程序算法如下:(1)计算斐波那契数列中前 40 项之和,结果放在变量 s 中;(2)输出变量 s。本题只需在源代码空白处填入计算 s 的代码即可。变量 s 的计算思路:根据题目中的说明,当 n=0 或 1 时,$a_n=1$;当 n>1 时,$a_n=a_{n-1}+a_{n-2}$。可以在循环结构中计算下一项数组元素 a[i] 并加入变量 s 中,i 的取值范围为 2~39。根据计算思路可知计算次数,可以选择 for 语句实现具体代码。

【参考代码】

```
for(i=2;i<=39;i++)
{   a[i]=a[i-1]+a[i-2];
    s=s+a[i];
}
```

【程序运行结果】

```
267914295
```

【实例 2-2-40】 数组操作。

程序功能:将数组 a 的每一行均除以该行的主对角元素。说明:第一行都除以 a[0][0],第二行都除以 a[1][1],以此类推。

源程序(有待完善的程序):

```
#include <stdio.h>
#include <math.h>
void main()
{   FILE * fp; double c; int i,j;
    double a[3][3]={{1.3,2.7,3.6},{2,3,4.7},{3,4,1.27}};
    /****考生在以下空白处写入执行语句******/

    /****考生在以上空白处写入执行语句******/
    for(i=0;i<3;i++) {
        for(j=0;j<3;j++) printf("%7.3f ",a[i][j]);
        putchar('\n');
    }
    fp=fopen("CD2.dat","wb");
    fwrite(*a+8,8,1,fp);
    fclose(fp);
}
```

【题目分析】

结合题目和源程序分析,源程序算法如下:(1)循环将数组 a 的每一行均除以该行的主对角元素;(2)输出数组 a 中的数据。本题只需要在源代码空白处填入(1)对应的代码即可。

第 i 行均除以该行的主对角元素 a[i][i] 的具体设计思路:(1)将 a[i][i] 的值记录在变量 c 中;(2)依次将第 i 行各元素除以变量 c。根据计算思路选择二重嵌套 for 语句实现具体代码。

【参考代码】

```
for(i=0;i<3;i++)
{   c=a[i][i];
    for(j=0;j<3;j++)
        a[i][j]=a[i][j]/c;
}
```

【实例 2-2-41】 数组——求平均值 v,对大于或等于 v 的数组元素求和。

程序功能:对数组 a 中的 10 个数求平均值 v,对大于或等于 v 的数组元素求和并存入变量 s 中。

源程序（有待完善的程序）：

```
#include <stdio.h>
void main()
{   FILE * fp;
    double a[10]={1.7,2.3,1.2,4.5,-2.1,-3.2,5.6,8.2,0.5,3.3};
    double v,s; int i;
    /****考生在以下空白处写入执行语句******/

    /****考生在以上空白处写入执行语句******/
    printf("%f %f\n",v,s);
    fp=fopen("CD1.dat","wb");
    fwrite(&s,8,1,fp);
    fclose(fp);
}
```

【题目分析】

结合题目和源程序分析,源程序算法如下:(1)求数组 a 的平均值 v;(2)用 for 循环对数组 a 中大于或等于 v 的元素求和并存入变量 s 中;(3)输出平均值 v 和变量 s。在 main 函数源代码空白处填入对应的代码即可。

【参考代码】

```
s=v=0;
for(i=0;i<10;i++)
    v=v+a[i]/10;
for(i=0;i<10;i++)
    if(a[i]>=v) s=s+a[i];
```

【程序运行结果】

```
2.200000   23.900000
```

【实例 2-2-42】 数组——求平均值 v,找出与 v 相差最小的数组元素。

程序功能:对数组 x 中的 10 个数求平均值 v,找出与 v 相差最小的数组元素存入变量 y 并显示 v、y。

源程序（有待完善的程序）：

```
#include <stdio.h>
#include <math.h>
void main()
{   FILE * fp; int i; double d,v,y;
    double x[10]={1.2,-1.4,-4.0,1.1,2.1,-1.1,3.0,-5.3,6.5,-0.9};
    /****考生在以下空白处写入执行语句******/

    /****考生在以上空白处写入执行语句******/
    printf("%f %f\n",v,y);
    fp=fopen("CD2.dat","wb");
    fwrite(&y,8,1,fp);
    fclose(fp);
}
```

【题目分析】

结合题目和源程序分析,源程序算法如下:(1)计算数组 x 的平均值 v;(2)先设 x[0]为要找的元素,再用 for 循环从第二个元素开始查找 x 数组中剩余元素与平均值 v 相差更小的数组元素值(查找过程中将找到的元素记录在变量 y 中,同时将元素与平均值 v 的差值的绝对值记录在变量 d 中);(3)输出结果 v 和 y 的值。在 main 函数源代码空白处填入对应的代码即可。

【参考代码】

```
v=0;
for(i=0;i<10;i++) v=v+x[i];
v=v/10;                        //求平均值
y=x[0];
d=fabs(x[0]-v);
for(i=1;i<10;i++)
    if(fabs(x[i]-v)<d)         //判断 x[i]是否为与 v 相差更小的数
    {  y=x[i];
       d=fabs(x[i]-v);
    }
```

【程序运行结果】

```
0.120000  1.100000
```

【实例 2-2-43】 统计落在圆内的点。

程序功能:数组元素 x[i]、y[i]表示平面上的某点坐标,统计 10 个点中哪些点、有几个点落在圆心为(1,−0.5)、半径为 5 的圆内。

源程序(有待完善的程序):

```
#include <stdio.h>
#include <math.h>
#define f(x,y) (x-1) * (x-1)+(y+0.5) * (y+0.5)
void main()
{  FILE * fp; long i,k=0;
   float x[10]={1.1,3.2,-2.5,5.67,3.42,-4.5,2.54,5.6,0.97,4.65};
   float y[10]={-6,4.3,4.5,3.67,2.42,2.54,5.6,-0.97,4.65,-3.33};
   /****考生在以下空白处写入执行语句 ******/

   /****考生在以上空白处写入执行语句 ******/
   printf("%d\n",k);
   fp=fopen("CD1.dat","wb");
   fwrite(&k,4,1,fp);
   fclose(fp);
}
```

【题目分析】

结合题目和源程序分析,源程序算法如下:(1)用 for 循环计算 10 个点到点(1,−0.5)的距离,如果距离小于 5 则输出点的坐标信息,同时进行计数,数据放在变量 k 中;(2)输出落在圆心为(1,−0.5)、半径为 5 的圆内的点的数量 k。

计算公式(x−1) * (x−1)+(y+0.5) * (y+0.5)已经通过预处理命令定义为带参数的宏 f(x,y)。可以用宏 f(x,y)来判断坐标(x,y)是否落在圆心为(1,−0.5)、半径为 5 的圆内。

在源代码空白处填入对应的代码即可。

【参考代码】

```
for(i=0;i<10;i++)
    if(f(x[i],y[i])<25)          //判断坐标(x,y)是否落在圆心为(1,-0.5)、半径为5的圆内
    {   printf("坐标(%.2f,%.2f)落在圆内。\n",x[i],y[i]);
        k++;
    }
```

【实例 2-2-44】 计算 5 点间距离总和。

程序功能：计算并显示平面上 5 点间距离总和。程序中 x[i]、y[i] 表示其中一个点的 x、y 坐标。

源程序(有待完善的程序)：

```
#include <stdio.h>
#include <math.h>
void main()
{   FILE * fp; double s,x[5]={-1.5,2.1,6.3,3.2,-0.7};
    double y[5]={7,5.1,3.2,4.5,7.6}; int i,j;
    /****考生在以下空白处写入执行语句******/

    /****考生在以上空白处写入执行语句******/
    printf("%f\n",s);
    fp=fopen("CD1.dat","wb");
    fwrite(&s,8,1,fp);
    fclose(fp);
}
```

【题目分析】

结合题目和源程序分析,源程序算法如下：(1)计算平面上 5 点间距离总和,结果放在变量 s 中；(2)输出变量 s。本题只需要在源代码空白处填入计算 s 的代码即可。变量 s 的计算思路：依次对 5 个点分别计算该点和其余 4 个点的距离,并加入变量 s 中；已经计算过的两点间距离不再计算,可选择计算距离矩阵的上三角或下三角部分。根据计算思路选择二重嵌套 for 语句实现具体代码。

【参考代码】

```
s=0;
for(i=0;i<4;i++)
    for(j=i+1;j<=4;j++)
        s=s+sqrt(pow((x[i]-x[j]),2)+pow((y[i]-y[j]),2));
```

或者

```
s=0;
for(i=0;i<=4;i++)
    for(j=0;j<=4;j++)
        s=s+sqrt(pow((x[i]-x[j]),2)+pow((y[i]-y[j]),2));
s=s/2;
```

【程序运行结果】

```
45.298523
```

【实例 2-2-45】 计算距离总和。

程序功能：x[i]、y[i]分别表示平面上一个点的坐标,累加 10 个点到点(1,1)的距离总和,存入 double 类型变量 s 中。

源程序(有待完善的程序)：

```
#include <stdio.h>
#include <math.h>
void main()
{  FILE * fp; int i;
   double x[10]={1.1,3.2,-2.5,5.67,3.42,-4.5,2.54,5.6,0.97,4.65};
   double y[10]={-6,4.3,4.5,3.67,2.42,2.54,5.6,-0.97,4.65,-3.33};
   /****考生在以下空白处写入执行语句 ******/

   /****考生在以上空白处写入执行语句 ******/
   printf("%f\n",s);
   fp=fopen("CD1.dat","wb");
   fwrite(&s,8,1,fp);
   fclose(fp);
}
```

【题目分析】

结合题目和源程序分析,源程序算法如下:(1)用 for 循环计算并累加 10 个点到点(1,1)的距离总和,存入变量 s 中;(2)输出 s。

在源代码空白处填入对应的代码即可。

【参考代码】

```
double s=0;       //补充 s 的定义
for(i=0;i<10;i++)
    s=s+sqrt(pow(x[i]-1,2)+pow(y[i]-1,2));
```

【程序运行结果】

```
48.981649
```

【实例 2-2-46】 计算各点间的最短距离。

程序功能：数组元素 x[i]、y[i]表示平面上的某点坐标,计算并显示 10 个点中所有各点间的最短距离。

源程序(有待完善的程序)：

```
#include <stdio.h>
#include <math.h>
#define len(x1,y1,x2,y2) sqrt((x2-x1)*(x2-x1)+(y2-y1)*(y2-y1))
void main()
{  FILE * fp; int i,j; double min,d;
   double x[10]={1.1,3.2,-2.5,5.67,3.42,-4.5,2.54,5.6,0.97,4.65};
   double y[10]={-6,4.3,4.5,3.67,2.42,2.54,5.6,-0.97,4.65,-3.33};
   min=len(x[0],y[0],x[1],y[1]);
   /****考生在以下空白处写入执行语句 ******/

   /****考生在以上空白处写入执行语句 ******/
   printf("%f\n",min);
```

```
fp=fopen("CD2.dat","wb");
fwrite(&min,8,1,fp);
fclose(fp);
}
```

【题目分析】

结合题目和源程序分析,源程序算法如下:(1)计算并显示 10 个点中,所有各点中的最短距离,结果放在变量 min 中;(2)输出变量 min。本题只需要在源代码空白处填入计算 min 的代码即可。变量 min 的计算思路:依次对 10 个点分别计算该点和其余各点的距离,经过比较后将较小值放入变量 min 中;已经计算过的两点间距离不再计算,可选择计算距离矩阵的上三角或下三角部分。min 的初值可以假设为两个坐标点($x[0],y[0]$)和($x[1],y[1]$)间距离。根据计算思路选择二重嵌套 for 语句实现具体代码。

【参考代码】

```
for(i=0;i<9;i++)
    for(j=i+1;j<10;j++)
    {   d=len(x[i],y[i],x[j],y[j]);
        if(min>d)min=d;
    }
```

【程序运行结果】

```
1.457944
```

【实例 2-2-47】 数据对。

程序功能:用 for 循环找出所有两个数乘积等于 20 的数据对。

提示:判断 20 能否被 i 整除的条件可以写作 20.0/i==(int)(20/i)。

源程序(有待完善的程序):

```
#include <stdio.h>
void main()
{   FILE * fp; long i,n=0,x[10][2];
    /****考生在以下空白处写入执行语句******/

    /****考生在以上空白处写入执行语句******/
    for(i=0;i<n;i++)
      printf("%ld %ld\n",x[i][0],x[i][1]);
    fp=fopen("CD1.dat","wb");
    fwrite(&x,4,2 * n,fp);
    fclose(fp);
}
```

【题目分析】

结合题目和源程序分析,源程序算法如下:(1)用 for 循环找出所有两个数乘积等于 20 的数据对,找到后存放到二维数组 x 的对应位置,同时进行计数,数据放在变量 n 中;(2)逐行输出二维数组 x 中存放的数据对。

在源代码空白处填入对应的代码即可。

【参考代码】

```
for(i=1;i<=20;i++)
```

```
        if(20%i==0)              //20能被 i 整除,则一定有另一个整数 20/i 存在
                                  //使得两个数乘积等于 20
        {   x[n][0]=i;
            x[n][1]=20/i;
            n++;
        }
```

【实例 2-2-48】 字符串——累加所有非大写英文字母字符的 ASCII 码。

程序功能：累加 a 字符串中所有非大写英文字母字符的 ASCII 码,将累加和存入变量 x 并显示。

源程序(有待完善的程序)：

```
#include <stdio.h>
void main()
{   FILE * fp; long x; int i;
    char a[]="Windows Office 2010";
    /****考生在以下空白处写入执行语句******/

    /****考生在以上空白处写入执行语句******/
    printf("%d\n",x);
    fp-fopen("CD2.dat","wb");
    fwrite(&x,4,1,fp);
    fclose(fp);
}
```

【题目分析】

结合题目和源程序分析,源程序算法如下：(1)循环累加 a 字符串中所有非大写英文字母字符的 ASCII 码,将累加和存入变量 x；(2)输出 x。本题只需要在源代码空白处填入计算 x 的代码即可。x 具体计算思路：循环判断 a 字符串中所有字符是否为非大写字母,不是则将其 ASCII 码累加存入变量 x。x 的初值为 0。根据计算思路可选择 for 语句实现具体代码。

【参考代码】

```
for(x=0,i=0;a[i]!='\0';i++)
    if(!(a[i]>='A' && a[i]<='Z'))x=x+a[i];
```

【程序运行结果】

```
1428
```

【实例 2-2-49】 字符串——排序。

程序功能：将字符串 s 中的所有字符按 ASCII 值从小到大重新排序,然后再显示该字符串。

源程序(有待完善的程序)：

```
#include <stdio.h>
#include <string.h>
void main()
{   FILE * fp; int i,j,k,n;
    char s[]="Windows Office",c;
    n=strlen(s);
    /****考生在以下空白处写入执行语句******/
```

```
        /****考生在以上空白处写入执行语句******/
        puts(s);
        fp=fopen("CD2.dat","wb");
        fwrite(s,1,n,fp);
        fclose(fp);
    }
```

【题目分析】

结合题目和源程序分析,源程序算法如下:(1)将字符串 s 中的所有字符按 ASCII 值从小到大重新排序;(2)显示该字符串。本题只需要在源代码空白处填入排序的代码即可。根据计算思路可选择选择法或者冒泡法实现排序的具体代码。

【参考代码】

选择法参考代码如下:

```
for(i=0;i<n-1;i++)
{   k=i;
    for(j=i+1;j<n;j++)
        if(s[k]>s[j])k=j;
    if(k!=i)
    {   c=s[k];s[k]=s[i];s[i]=c; }
}
```

冒泡法参考代码如下:

```
for(i=0;i<n-1;i++)
    for(j=0;j<n-i-1;j++)
        if(s[j]>s[j+1])
            {   c=s[j];s[j]=s[j+1];s[j+1]=c; }
```

【实例 2-2-50】 字符串——权重计算。

程序功能:计算字符串 s 中每个字符的权重值并依次写入数组。权重值是字符的位置值与该字符 ASCII 码值的乘积。首字符位置值为 1,最后一个字符的位置值为 strlen(s)。

源程序(有待完善的程序):

```
#include <stdio.h>
#include <stdlib.h>
#include <string.h>
void main()
{   FILE * fp; long i,n, * a;
    char s[]="ABCabc$%^,.+- * /";
    n=strlen(s);
    a=(long * )malloc(n * sizeof(long));
    /****考生在以下空白处写入执行语句******/

    /****考生在以上空白处写入执行语句******/
    fp=fopen("CD2.dat","wb");
    fwrite(a,4,n,fp);
    fclose(fp);
}
```

【题目分析】

结合题目和源程序分析,源程序算法如下:(1)循环计算字符串 s 中每个字符的权重值并依次写入动态数组 a 中;(2)输出数组 a。本题只需要在源代码空白处依次填入上述功能对应的代码即可。权重值的计算方法见题目说明。

【参考代码】

```
for(i=0;i<n;i++)
{  a[i]=(i+1) * s[i];     //计算字符 s[i]的权重
   printf("%ld ",a[i]); //输出数组元素 a[i]--的权重值
}
putchar('\n');
```

【实例 2-2-51】 调用函数处理数组。

程序功能:函数 f 将二维数组的每一行均除以该行绝对值最大的元素。函数 main 调用 f 处理数组 a 后按行显示,测试函数 f 正确与否。

源程序(有待完善的程序):

```
#include <stdio.h>
#include <math.h>
double f(double **x,int m,int n)
{  double max; int i,j;
   for(i=0;i<m;i++) {
       max=x[i][0];
       for(j=1;j<n;j++)
           if(fabs(x[i][j])>fabs(max)) max=x[i][j];
       for(j=0;j<n;j++) x[i][j]/=max;
   }
}
void main()
{  FILE * fp;
   double a[3][3]={{1.3,2.7,3.6},{2,3,4.7},{3,4,1.27}};
   double * c[3]={a[0],a[1],a[2]}; int i,j;
   /****考生在以下空白处写入执行语句******/

   /****考生在以上空白处写入执行语句******/
   fp=fopen("CD2.dat","wb");
   fwrite(* a+8,8,1,fp);
   fclose(fp);
}
```

【题目分析】

结合题目和源程序分析,源程序算法如下:(1)调用 f 处理数组 a;(2)按行输出数组 a。本题只需要在源代码空白处依次填入上述功能对应的代码即可。

函数 double f(double **x,int m,int n)的 3 个参数分别是用来传递二维数组每行第一个元素地址的二级指针、二维数组行的规模及列的规模。

【参考代码】

```
f(c,3,3);                       //调用 f 处理数组 a
for(i=0;i<3;i++)                //按行显示数组 a
{  for(j=0;j<3;j++)
```

```
        printf("%lf ",a[i][j]);
    printf("\n");                         //换行
}
```

【实例 2-2-52】 函数——求二维数组中值最大的元素的行下标与列下标。

程序功能：编制函数 f，用于在 m 行 n 列的二维数组中查找值最大的元素的行下标与列下标。函数 main 提供了一个测试用例。

源程序(有待完善的程序)：

```
#include <stdio.h>
void f(int **a,int m,int n,int * mm,int * nn)
{  int i,j,max=a[0][0];
   /****考生在以下空白处写入语句 ******/

   /****考生在以上空白处写入语句 ******/
}
void main()
{  FILE * fp; int ii,jj;
   int b[3][3]={{1,3,4},{2,9,5},{3,7,6}};
   int * c[3]={b[0],b[1],b[2]};
   /****考生在以下空白处写入调用语句 ******/

   /****考生在以上空白处写入调用语句 ******/
   printf("最大值为%d,行号%d,列号%d\n",b[ii][jj],ii,jj);
   fp=fopen("CD2.dat","wb");
   fwrite(&ii,4,1,fp); fwrite(&jj,4,1,fp);
   fclose(fp);
}
```

【题目分析】

结合题目和源程序分析，源程序算法如下：(1)调用函数 f 查找二维数组 b 中值最大的元素的行下标与列下标，分别赋值给变量 ii 和 jj；(2)输出数组 b 中值最大的元素及其行号、列号(即行下标、列下标)。

函数 f，用于在 m 行 n 列的二维数组中查找值最大的元素的行下标与列下标，其算法如下：(1)先假设第一个元素 a[0][0]为最大值，赋值给 max，同时记录行号、列号到变量 * mm 和 * nn 中；(2)依次和二维数组中的其他元素进行比较，如果找到更大的值，则重新记录行号、列号到变量 * mm 和 * nn 中，并记录新的最大值到变量 max 中。

本题只需要在源代码空白处依次填入上述功能对应的代码即可。

函数 void f(int **a,int m,int n,int * mm,int * nn)的 5 个参数分别是用来传递二维数组每行第一个元素地址的二级指针、二维数组行的规模、列的规模及最大值的行号、列号。

【参考代码】

main 函数中填入的参考代码如下：

```
f(c,3,3,&ii,&jj);       //调用函数 f 查找二维数组 b 中值最大的元素的行下标与列下标
```

f 函数中填入的参考代码如下：

```
*mm=*nn=0;                  //假设a[0][0]为最大值,记录相应的行列号
for(i=0;i<m;i++)
    for(j=0;j<n;j++)
        if(a[i][j]>max)
        {   max=a[i][j];    //记录新的最大值
            *mm=i;
            *nn=j;
        }
```

【程序运行结果】

最大值为 9,行号 1,列号 1

【实例 2-2-53】 函数——亲密数。

程序功能:显示 6～5000 所有的亲密数,并显示其数量。其满足的条件是:a 的因子和等于 b,b 的因子和等于 a,且 a 不等于 b。若 a、b 为一对亲密数,则 b、a 也是一对亲密数。关于因子和举例说明:6 的因子和等于 6(即 1+2+3),8 的因子和等于 7(即 1+2+4),7 的因子和就是 1,等等。

源程序(有待完善的程序):

```
#include <stdio.h>
long f(long x)
{   int i,j,y=1;
    for(i=2;i<=x/2;i++)
        if(x%i==0) y=y+i;
    return y;
}
void main()
{   FILE * fp; long a,b,c,k=0;
    /****考生在以下空白处写入执行语句******/

    /****考生在以上空白处写入执行语句******/
    printf("%d\n",k);
    fp=fopen("CD1.dat","wb");
    fwrite(&k,4,1,fp);
    fclose(fp);
}
```

【题目分析】

结合题目和源程序分析,源程序算法如下:(1)查找 6～5000 所有的亲密数,找到一对亲密数就输出,同时进行一次计数,计数的数据放在变量 k 中;(2)输出所有的亲密数的数量 k。本题只需要在源代码空白处填入对应的代码即可。

查找 6～5000 所有的亲密数,其思路如下:循环处理变量 a(取值范围 6～5000),求出 a 的因子和 b,求出 b 的因子和 c;如果 a、b 为一对亲密数,则输出,同时进行一次计数 k++。

x 的因子和的计算和返回是利用函数 f 的调用来完成的。

【参考代码】

```
for(a=6;a<=5000;a++)
{   b=f(a);             //求出 a 的因子和
    c=f(b);             //求出 b 的因子和
    if(a==c && a!=b)    //判断 a、b 是否为一对亲密数
```

```
    {  k++;
       printf("%6d,%6d\n",a,b);
    }
}
```

【实例 2-2-54】 函数——求素数个数及总和。

程序功能：统计并显示 500～800 所有素数的总个数以及总和。

源程序（有待完善的程序）：

```
#include <stdio.h>
#include <math.h>
/**考生在以下空白处写入执行语句 编写函数 f 判断与形参相应的实参是否素数**/

/*****考生在以上空白处编写函数 f *************/
#include <math.h>
void main()
{  FILE * fp; int i; long s=0,k=0;
   /****考生在以下空白处写入执行语句******/

   /****考生在以上空白处写入执行语句******/
   printf("素数个数%d   素数总和%d\n",k,s);
   fp=fopen("CD2.dat","wb");
   fwrite(&k,4,1,fp);fwrite(&s,4,1,fp);
   fclose(fp);
}
```

【题目分析】

结合题目和源程序分析，源程序算法如下：(1)查找 500～800 的所有素数，找到一个就进行一次计数，计数的数据放在变量 k 中，同时进行累加求和，数据放在变量 s 中；(2)输出所有素数的总个数 k 以及总和 s。对数值是否为素数的判断是通过调用函数 f 实现的。在源代码空白处填入对应的代码即可。

函数 f 判断一个整数是否为素数，其返回值设计为 1 或 0，分别代表是或不是素数。函数头设计为 int f(int n)。其算法如下：(1)测试从 2 开始直到 sqrt(n) 间的整数，n 是否能被它整除；(2)如果存在一个数 n 能被它整除，则返回 1，否则返回 0。

【参考代码】

main 函数中填写的参考代码如下：

```
for(i=500;i<=800;i++)
    if(f(i))                    //调用 f 判断数值 i 是否为素数
    {  k++;
       s=s+i;
    }
```

f 函数中填写的参考代码如下：

```
int f(int n)
{  int i;
   for(i=2;i<=sqrt(n);i++)
       if(n%i==0) break;        //n 可以被 i 整除，找到了，跳出循环
   if(i>sqrt(n)) return 1;      //i>sqrt(n)为真代表未找到
```

```
    else return 0;
}
```

【程序运行结果】

```
素数个数 44   素数总和 28542
```

【实例 2-2-55】 函数——多项式求解。

程序功能：编制函数 f，函数原型为 double f(double * ,double,int)，用于计算下列代数表达式的值。

$$a_0 + a_1 x + a_2 x^2 + a_3 x^3 + \cdots + a_{n-1} x^{n-1}$$

函数 main 提供了一个测试用例，计算在 x=1.5 时一元九次代数多项式的值。

源程序(有待完善的程序)：

```
# include <stdio.h>
# include <math.h>
/****考生在以下空白处编写函数 f******/

/****考生在以上空白处写入语句 ******/
void main()
{  FILE * fp; double y;
   double b[10]={1.1,3.2,-2.5,5.67,3.42,-4.5,2.54,5.6,0.97,4.65};
   y=f(b,1.5,10);
   printf("%f\n",y);
   fp=fopen("CD2.dat","wb");
   fwrite(&y,8,1,fp);
   fclose(fp);
}
```

【题目分析】

结合题目和源程序分析，源程序算法如下：(1)调用函数 f 计算在 x=1.5 时一元九次代数多项式的值；(2)输出代数多项式的值 y。

函数原型为 double f(double * ,double,int)，用于计算代数表达式的值，3 个参数分别用来传递多项式系数所在数组首地址、变量 x 及系数数组的大小。其算法如下：(1)从第一项 a_0 开始从前向后循环计算当前项的值，并累加求和；(2)返回累加和。

【参考代码】

f 函数中填写的参考代码如下：

```
double f(double * a,double x,int n)
{  int i;
   double y=0,t=1;
   for(i=0;i<n;i++)
   {  y=y+a[i] * t;              //计算当前项的值,并累加求和
      t=t * x;
   }
   return y;
}
```

或者

```
double f(double * a,double x,int n)
{   int i;
    double y=0;
    for(i=0;i<n;i++)
       y=y+a[i]*pow(x,i);              //计算当前项的值,并累加求和
    return y;
}
```

【程序运行结果】

```
330.788223
```

【实例 2-2-56】 求函数的最大值。

程序功能：x 与函数值都取 double 类型，对 x=1,1.5,2,2.5,…,9.5,10 求函数 f(x)的最大值。

$$f(x)=x-10\cos(x)-5\sin(x)$$

源程序(有待完善的程序)：

```
#include <stdio.h>
#include <math.h>
/****考生在以下空白处声明函数 f ******/

/****考生在以上空白处声明函数 f ******/
void main()
{   FILE * fp; double x,max;
    /****考生在以下空白处写入执行语句******/

    /****考生在以上空白处写入执行语句******/
    printf("%f\n",max);
    fp=fopen("CD2.dat","wb");
    fwrite(&max,8,1,fp);
    fclose(fp);
}
```

【题目分析】

结合题目和源程序分析，源程序算法如下：(1)先假设 f(1)为当前最大值，赋值给 max；(2)用 for 循环依次对 x=1.5,2,2.5,…,9.5,10 求函数 f(x)的值，并和 max 比较。如果 f(x)更大，则替换为新的 max 值；(3)输出最大值 max。在 main 函数源代码空白处填入对应的代码即可。

函数 f 用于求解并返回 x-10cos(x)-5sin(x)的值。函数头设计为 double f(double x)。

【参考代码】

main 函数中填写的参考代码如下：

```
max=f(1);
for(x=1.5;x<=10;x=x+0.5)
    if(max<f(x)) max=f(x);
```

f 函数中填写的参考代码如下：

```
double f(double x)
{  return x-10 * cos(x)-5 * sin(x);
}
```

【程序运行结果】

```
21.110821
```

【实例 2-2-57】 求函数最小值对应的点。

程序功能：x,y 为取值在区间[0,10]的整数,计算并显示函数 f(x,y)在区间内取值的最小点 x1、y1。

$$f(x,y)=3\times(x-5)\times x+x\times(y-6)+(y-7)\times y$$

源程序(有待完善的程序)：

```
#include <stdio.h>
long f(long x,long y) {
    return 3 * (x-5) * x+x * (y-6)+(y-7) * y;
}
void main()
{  FILE * fp; long min,x1,y1,x,y;
    /****考生在以下空白处写入执行语句******/

    /****考生在以上空白处写入执行语句******/
    printf("%d(%d,%d)\n",min,x1,y1);
    fp=fopen("CD2.dat","wb");
    fwrite(&min,4,1,fp);fwrite(&x1,4,1,fp);
    fwrite(&y1,4,1,fp);
    fclose(fp);
}
```

【题目分析】

结合题目和源程序分析,源程序算法如下：(1)先假设 f(0,0)为当前最小值,赋值给 min,并设置记录最小点坐标的变量 x1、y1 都赋值为 0；(2)用二重 for 循环依次对 x 和 y 的各种取值组合求函数 f(x,y)的值,并和 min 比较。如果 f(x,y)更小,则替换为新的 min 值,并设置记录最小点坐标的变量 x1、y1；(3)输出最小值 min,以及最小点坐标 x1、y1。在 main 函数源代码空白处填入对应的代码即可。

函数 f 用于求解并返回 f(x,y)=3×(x−5)×x+x×(y−6)+(y−7)×y 的值。

【参考代码】

```
min=f(0,0);
x1=y1=0;
for(x=0;x<=10;x++)
    for(y=0;y<=10;y++)
        if(f(x,y)<min) {min=f(x,y); x1=x; y1=y; }
```

【程序运行结果】

```
-40(3,2)
```

【实例 2-2-58】 函数求解。

程序功能：编制函数 f 计算下列表达式的值,函数 main 提供了一个测试用例。函数原型为 double f(double *,double,int)。

$$a_0 + a_1 \sin(x) + a_2 \sin(x^2) + a_3 \sin(x^3) + \cdots + a_{n-1} \sin(x^{n-1})$$

源程序(有待完善的程序):

```
#include <stdio.h>
#include <math.h>
/*****考生在以下空白处编写函数 f ******/

/****考生在以上空白处编写函数 f ******/
void main()
{   FILE * fp; int i; double y;
    double a[10]={1.2,-1.4,-4.0,1.1,2.1,-1.1,3.0,-5.3,6.5,-0.9};
    y=f(a,2.345,10);
    printf("%f\n",y);
    fp=fopen("CD2.dat","wb");
    fwrite(&y,8,1,fp);
    fclose(fp);
}
```

【题目分析】

结合题目和源程序分析,源程序算法如下:(1)调用函数 f 计算给定的实例,赋值给 y;
(2)输出 y。

函数 f 用于计算表达式 $a_0 + a_1 \sin(x) + a_2 \sin(x^2) + a_3 \sin(x^3) + \cdots + a_{n-1} \sin(x^{n-1})$ 的值,
其算法如下:(1)逐个计算表达式的当前项,并累加到变量 s 中;(2)返回 s 值。

函数原型为 double f(double *,double,int),3 个参数分别用来传递系数数组的首地
址、x 值、系数数组的大小。

【参考代码】

```
double f(double * a,double x,int n)
{   int i;
    double s=a[0];
    for(i=1;i<=n-1;i++)
        s=s+a[i] * sin(pow(x,i))
    return s;
}
```

【程序运行结果】

```
-3.216420
```

【实例 2-2-59】 求函数最小值对应的点。

程序功能:若 x,y 取值为区间[1,6]的整数,显示使函数 f(x,y)取最小值的 x1、y1。函
数 f 的原型为 double f(int,int)。

$$f(x,y) = (3.14 * x - y)/(x + y)$$

源程序(有待完善的程序):

```
#include <stdio.h>
/****考生在以下空白处声明函数 f ******/

/****考生在以上空白处声明函数 f ******/
void main()
```

```
{   FILE * fp; double min; int i,j,x1,y1;
    /****考生在以下空白处写入执行语句******/

    /****考生在以上空白处写入执行语句******/
    printf("%f %d %d\n",min,x1,y1);
    fp=fopen("CD2.dat","wb");
    fwrite(&min,8,1,fp);
    fclose(fp);
}
```

【题目分析】

结合题目和源程序分析,源程序算法如下:(1)先假设 f(1,1)为当前最小值,赋值给 min,并设置对应的变量 x1、y1 赋值为 1;(2)用二重 for 循环依次对 x 和 y 的各种取值组合求函数 f(x,y)的值,并和 min 比较,如果 f(x,y)更小,则替换为新的 min 值,并重新赋值记录最小值的变量 x1、y1 为 x 和 y;(3)输出最小值 min 和 x1、y1。在 main 函数源代码空白处填入对应的代码即可。

函数 f 用于求解并返回 $f(x,y) = (3.14 * x - y)/(x + y)$ 的值。

【参考代码】

main 函数中填入的参考代码如下:

```
min=f(1,1);
x1=y1=1;
for(i=1;i<=6;i++)
    for(j=1;j<=6;j++)
        if(f(i,j)<min){min=f(i,j);x1=i;y1=j;}
```

f 函数中填入的参考代码如下:

```
double f(int x,int y)
{   return (3.14 * x-y)/(x+y);
}
```

【程序运行结果】

```
-0.408571 1 6
```

【实例 2-2-60】 函数——回文数。

程序功能:编写函数 f 判断与形参相应的实参是否为回文数,是则返回 1,否则返回 0。

源程序(有待完善的程序):

```
#include <stdio.h>
/*****考生在以下空白处编写函数 f ******/

/*****考生在以上空白处编写函数 f ******/
#include <math.h>
void main()
{   FILE * fp; int i; long k=0;
    for(i=11;i<1000;i++)
        if(f(i)) { printf("%5d",i);k++; if(k%10==0) putchar('\n'); }
    putchar('\n');
```

```
    printf("%d\n",k);
    fp=fopen("CD2.dat","wb");
    fwrite(&k,4,1,fp);
    fclose(fp);
}
```

【题目分析】

结合题目和源程序分析,函数 f 判断与形参相应的实参是否为回文数,是则返回 1,否则返回 0,函数头设计为 int f(int n)。其算法如下：(1)计算将参数 n 高低位数据交换位置后得到的数 m；(2)判断 n 和 m 是否相等,相等则实参 n 为回文数,返回 1,否则不是,返回 0。

【参考代码】

```
int f(int n)
{   int t=n,m=0;
    while(t!=0)                  //逐个提取 t 的最低位数,以构造 m
    {   m=m*10+t%10;             //构造 m
        t=t/10;                  //去除 t 的最低位数
    }
    if(n==m) return 1;
    else return 0;
}
```

【实例 2-2-61】 函数——回文数。

程序功能：编写函数 f 判断与形参相应的实参是否是回文数,是则返回 1,否则返回 0；显示 11～999 的所有回文数(各位数字左右对称),并显示总个数。

提示：先判断 n 是两位数还是三位数,再判断 n 是否是回文数。

源程序(有待完善的程序)：

```
#include <stdio.h>
/*****考生在以下空白处编写函数 f ******/

/*****考生在以上空白处编写函数 f ******/
#include <math.h>
void main()
{   FILE * fp; int i; long k=0;
    for(i=11;i<1000;i++)
        if(f(i)) { printf("%5d",i);k++; if(k%10==0) putchar('\n');}
    putchar('\n');
    printf("%d\n",k);
    fp=fopen("CD2.dat","wb");
    fwrite(&k,4,1,fp);
    fclose(fp);
}
```

【题目分析】

结合题目和源程序分析,源程序算法如下：(1)统计并输出 11～999 的回文数,统计的数据放在变量 k 中；(2)输出变量 k。

函数 f 判断与形参相应的实参是否是回文数,是则返回 1,否则返回 0,函数头设计为 int f(int n)。其算法如下：(1)计算将参数 n 高低位数据交换位置后得到的数 m；(2)判断 n 和 m 是否相等,相等则实参 n 是回文数,返回 1,否则不是回文数,返回 0。由题可知,这里要判断的数据只有两位和三位两种情况,编程时可以借助题目提示简化处理。

【参考代码】

f 函数空白处填写代码如下:

```
int f(int n)                        //判断的数据只有两位和三位两种情况
{   if(n<100)                       //两位数
        if(n%10==n/10) return 1;    //第一位和第二位相等
        else return 0;
    else                            //三位数
        if(n%10==n/100) return 1;   //第一位和第三位相等
        else return 0;
}
```

3.1 模拟练习 1

【程序修改题】

一、要求说明

1. 在考生文件夹的 Paper/CM 子文件夹中,已有 CM.c 文件。

2. 该程序中标有"/******1******/""/******2******/""/******3******/""/******4******/"的部分为需要程序改错的标志,其下一行程序语句有错误。考生需根据程序的功能自行改错,并调试运行程序。

3. 单击"回答"按钮后进行程序改错。

二、注意事项

1. 在改错时,不得删除改错标志(如"/******1******/"等),考生在该改错标志下方的下一行,根据程序功能改错;调试运行程序。

2. 不得加行、减行、加句、减句。

三、程序功能

将一个 char 型(字符型)数的高 4 位和低 4 位分离,分别输出,如 22(二进制:00010110)输出为 1 和 6。

源程序(有错误的程序):

```c
#include <stdio.h>
void main()
{   char a,b1,b2,c;
    /****** 1 ******/
    scanf("%d",a);
    /****** 2 ******/
    b1=a<<4;              /* b1 存放高 4 位 */
    c=~(~0<<4);
    /******3 ******/
    b2=a|c;               /* b2 存放低 4 位 */
    /******4 ******/
    printf("%c,%c",b1,b2);
}
```

【程序填空题】

一、要求说明

1. 在考生文件夹的 Paper/CTK 子文件夹中,已有 CTK.c 文件。

2. 该程序中标有"____1____""____2____""____3____""____4____"的部分为需要程序填空的标志,考生需要根据程序的功能自行填充,并调试运行程序。

3. 单击"回答"按钮后进行程序填空。

二、注意事项

1. 在填空时,先删除填空标志(如"____1____"等),再根据程序功能填充;调试运行程序。

2. 不得加行、减行、加句、减句。

三、程序功能

输入一个小写字母,将该字母按字母表顺序循环后移 5 个位置后输出,如'a'变成'f','w'变成'b'。

源程序(有待完善的程序):

```
#include <stdio.h>
void main()
{  char c;
     1
   if(   2   )
      c=c+5;
   else
      if(c>='v' && c<='z')
           3
     4
}
```

【程序设计题 1】

一、要求说明

1. 在考生文件夹的 Paper/CD1 子文件夹中,已有 CD1.c 文件。

2. 该程序中标有

```
/****考生在以下空白处写入执行语句******/

/****考生在以上空白处写入执行语句******/
```

部分为考试需要程序设计部分的标志。考生需根据程序的功能设计编写程序,并调试运行程序。

3. 单击"回答"按钮后进行程序设计。

二、注意事项

1. 在设计时,不得删除设计部分标志。

2. 不得对设计部分标志以外的程序内容进行加行、减行、加句、减句。

三、程序功能

函数 f，求数组中最大值。要求调用函数 f 计算 a 数组中最大值与 b 数组中最大值之差，用变量 y 输出结果。

源程序（有待完善的程序）：

```
#include <stdio.h>
#include <math.h>
/*****考生在以下空白处编写函数 f ******/

/*****考生在以上空白处编写函数 f ******/
void main()
{   float y,a[6]={3,5,9,4,2.5,1},b[5]={3,-2,6,9,1};
    /****考生在以下空白处写入执行语句******/

    /****考生在以上空白处写入执行语句******/
    printf("%.2f\n",y);
}
```

【程序设计题 2】

一、要求说明

1. 在考生文件夹的 Paper/CD2 子文件夹中，已有 CD2.c 文件。

2. 该程序中标有

```
/****考生在以下空白处写入执行语句******/

/****考生在以上空白处写入执行语句******/
```

部分为考试需要程序设计部分的标志。考生需根据程序的功能设计编写程序，并调试运行程序。

3. 单击"回答"按钮后进行程序设计。

二、注意事项

1. 在设计时，不得删除设计部分标志。

2. 不得对设计部分标志以外的部分进行加行、减行、加句、减句。

三、程序功能

编程计算：$1-1/2+1/3-1/4+\cdots+1/99-1/100\cdots$，循环计算至最后一项的绝对值小于 1e-4。结果用变量 s 输出。

源程序（有待完善的程序）：

```
#include <stdio.h>
#include <math.h>
void main()
{   int i;
```

```
        double s,t;
        /****考生在以下空白处写入执行语句******/

        /****考生在以上空白处写入执行语句******/
        printf("%lf",s);
}
```

3.2　模拟练习 2

【程序修改题】

一、要求说明

1. 在考生文件夹的 Paper/CM 子文件夹中,已有 CM.c 文件。

2. 该程序中标有"/******1******/""/******2******/""/******3******/""/******4******/"的部分为需要程序改错的标志,其下一行程序语句有错误。考生需根据程序的功能自行改错,并调试运行程序。

3. 单击"回答"按钮后进行程序改错。

二、注意事项

1. 在改错时,不得删除改错标志(如"/******1******/"等),考生在该改错标志下方的下一行,根据程序功能改错,调试运行程序。

2. 不得加行、减行、加句、减句。

三、程序功能

输入 n(0＜n＜10)后,输出一个数字金字塔。如输入为 4,则输出:

```
   1
  222
 33333
4444444
```

源程序(有错误的程序):

```
#include <stdio.h>
void main()
{   int i,j,n;
    /*****1******/
    scanf("%d",n);
    for(i=1;i<=n;i++){
        /*****2******/
        for(j=1;j<n+1-i;j++) putchar(' ');
            for(j=1;j<=2*i-1;j++)
                /*****3******/
            putchar(i);
```

```
    /****4****/
    putchar(\n);
  }
}
```

【程序填空题】

一、要求说明

1. 在考生文件夹的 Paper/CTK 子文件夹中,已有 CTK.c 文件。

2. 该程序中标有"__1__""__2__""__3__""__4__"的部分为需要程序填空的标志,考生需要根据程序的功能自行填充,并调试运行程序。

3. 单击"回答"按钮后进行程序填空。

二、注意事项

1. 在填空时,先删除填空标志(如"__1__"等),再根据程序功能填充;调试运行程序。

2. 不得加行、减行、加句、减句。

三、程序功能

将输入的十进制正整数 n 通过函数 Dec2Bin 转换为二进制数,并将转换结果输出。

源程序(有待完善的程序):

```
#include <stdio.h>
__1__ Dec2Bin(int m)
{   int bin[32],j;
    for(j=0;m!=0;j++)
    {   bin[j]=__2__;
        m=m/2;
    }
    for(;j!=0;j--)
        printf("%d",__3__);
}
void main()
{   int n;
    scanf("%d",&n);
    __4__
}
```

【程序设计题 1】

一、要求说明

1. 在考生文件夹的 Paper/CD1 子文件夹中,已有 CD1.c 文件。

2. 该程序中标有

```
/****考生在以下空白处写入执行语句******/

/****考生在以上空白处写入执行语句******/
```

部分为考试需要程序设计部分的标志。考生需要根据程序的功能设计编写程序,并调试运行程序。

3. 单击"回答"按钮后进行程序设计。

二、注意事项

1. 在设计时,不得删除设计部分标志。

2. 不得对设计部分标志以外的部分进行加行、减行、加句、减句。

三、程序功能

找出并显示 100～999 所有的 Armstrong 数并统计其个数。所谓 Armstrong 数是指这个三位数各位上数字的立方和等于自身。例如,371＝3＊3＊3＋7＊7＊7＋1＊1＊1,那么 371 就是 Armstrong 数。

源程序(有待完善的程序):

```
#include <stdio.h>
#include <math.h>
void main()
{   int i,a,b,c,k=0;
    /****考生在以下空白处写入执行语句******/

    /****考生在以上空白处写入执行语句******/
    printf("%d",k);
}
```

【程序设计题 2】

一、要求说明

1. 在考生文件夹的 Paper/CD2 子文件夹中,已有 CD2.c 文件。

2. 该程序中标有

```
/****考生在以下空白处写入执行语句******/

/****考生在以上空白处写入执行语句******/
```

部分为考试需要程序设计部分的标志。考生需要根据程序的功能设计编写程序,并调试运行程序。

3. 单击"回答"按钮后进行程序设计。

二、注意事项

1. 在设计时,不得删除设计部分标志。

2. 不得对设计部分标志以外的部分进行加行、减行、加句、减句。

三、程序功能

编程计算:1＊2＊3＋3＊4＊5＋…＋99＊100＊101 的值。结果用变量 s 输出。

源程序(有待完善的程序):

```
#include <stdio.h>
#include <math.h>
void main()
{   int i;
    /****考生在以下空白处写入执行语句******/

    /****考生在以上空白处写入执行语句******/
    printf("%lf",s);
}
```

第 4 章 笔试试题分类精解

笔试部分分为两大题型：第一大题为程序阅读与填空题，一般为 6 个问题，每个问题包含 4 个小题，每小题提供 4 个可选的答案。该题型分为两种类型，一种类型要求应试者阅读完整的程序，并为每一小题选择一个正确的答案作为输出结果(见 4.1 节)。另一种类型是完形填空类试题，每个空格提供了 4 个可选答案，要求应试者从中选择一个正确的答案(见 4.2 节)。

第二大题为编写程序题，一般给两个大问题，要求编写两个程序。一般情况下，第一个程序仅包含 main 函数即可，而第二个程序则要求编写自定义函数(见 4.3 节)。

4.1 程序阅读选择题

1. 阅读下列程序并回答问题，在每小题提供的 4 个可选答案中挑选一个正确答案。
【程序】
程序 1

```
#include <stdio.h>
main()
{  int flag=0,x;
   scanf("%d",&x);
   if(x>0) flag=1;
   else if(x=0) flag=0;
   else flag=-1;
   printf("%d\n",flag);
}
```

程序 2

```
#include <stdio.h>
main()
{  int x,y=0;
   scanf("%d",&x);
   if(x<20)
   if(x<10) y=9;
   else y=20;
   printf("%d\n",y);
}
```

【问题】

(1) 程序 1 运行时，输入 -10，输出_____。

    A. 1   B. 0   C. -1   D. 10

(2) 程序 1 运行时,输入 0,输出_____。

    A. 1   B. 0   C. −1   D. 10

(3) 程序 2 运行时,输入 5,输出_____。

    A. 5   B. 9   C. 10   D. 20

(4) 程序 2 运行时,输入 20,输出_____。

    A. 20   B. 0   C. 9   D. 10

【程序 1 分析】

① 在具有多层 if-else 嵌套的程序中,要清楚 else 与其 if 的配对。根据程序 1 的代码,绘制出其主要流程,如图 2-4-1 所示。

② 当为 x 输入 −10 时,计算第一个 if 的条件表达式 x>0,得值为 0(假)。再计算第二个 if 条件表达式 x=0,这是一个赋值表达式,使 x 变为 0,同时表达式 x=0 的值也为 0(假),执行 flag=−1 语句,使 flag 取值−1。答案为 C。

③ 当为 x 输入 0 时,计算第一个 if 的条件表达式 x>0 的值为 0(假)。再计算第二个 if 条件表达式 x=0,与上述相同,也输出−1。答案为 C。

【程序 2 分析】

① 与程序 1 类似,根据程序 2 的代码,绘制出其主要流程如图 2-4-2 所示。

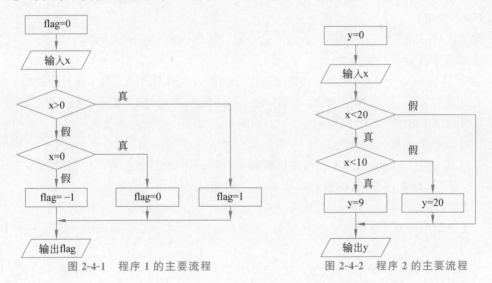

图 2-4-1　程序 1 的主要流程　　　　　　图 2-4-2　程序 2 的主要流程

② 当为 x 输入 5 时,计算第一个 if 条件表达式 x<20,得值为 1(真)。再计算第二个 if 条件表达式 x<10,得值为 1(真),执行"y=9;"语句,使 y 取值 9。答案为 B。

③ 当为 x 输入 20 时,计算第一个 if 条件表达式 x<20 的值为 0(假),y 的值没有被改变,仍然为其初值 0。答案为 B。

【本题答案】

(1) C　　　　(2) C　　　　(3) B　　　　(4) B

2. 阅读下列程序并回答问题,在每小题提供的 4 个可选答案中挑选一个正确答案。

【程序】

```
#include <stdio.h>
```

```
main()
{   int a=5,i=0;
    char s[10]="abcd";
    printf("%d %d\n",1<a<3,!!a);
    printf("%d %d\n",a<<2,a & 1);
    while(s[i++]!='\0')
        putchar(s[i]);
    printf("\n%d\n",i);
}
```

【问题】

(1) 程序运行时,第 1 行输出_____。

    A. 1　1　　　　　B. 0　0　　　　　C. 0　1　　　　　D. 1　0

(2) 程序运行时,第 2 行输出_____。

    A. 20　1　　　　B. 20　5　　　　C. 10　1　　　　D. 10　5

(3) 程序运行时,第 3 行输出_____。

    A. abcd　　　　B. abc　　　　　C. Abcd\0　　　　D. bcd

(4) 程序运行时,第 4 行输出_____。

    A. 4　　　　　　B. 6　　　　　　C. 0　　　　　　D. 5

【程序分析】

① 执行"printf("%d %d\n",1<a<3,!!a);"语句,输出两个表达式 1<a<3 和 !!a 的值。已知整型变量 a 的值为 5。

表达式 1<a<3 变为 1<5<3,先计算 1<5 得 1,再计算 1<3 得 1。表达式!!a 变为!!5,先计算!5 得 0,再计算!0 得 1。因此,第 1 行的输出结果为 1　1。答案为 A。

② 执行"printf("%d %d\n",a<<2,a & 1);"语句,输出两个表达式 a<<2 和 a&1 的值。已知整型变量 a 的值为 5。

表达式 a<<2 的取值为 a 左移 2 位的结果,即 $a*2^2$,即 $5*4$,得 20。表达式 a & 1 变为 5&1,得 1。因此,第 2 行的输出结果为 20　1。答案为 A。

③ 从"char s[10]="abcd";"可知,s[0]、s[1]、s[2]、s[3] 和 s[4]分别存字符'a'、'b'、'c'、'd'和'\0'。i 的初值为 0。现在分析循环语句"while(s[i++]!='\0') putchar(s[i]);"的执行过程:

- 第一次计算循环条件 s[i++]!='\0',即计算 s[0]!='\0',得 1,循环条件为真,执行循环体语句"putchar(s[i]);",此时 i 的值为 1,所以第一次循环输出字符 b。注意 s[i++]中的自增 1 运算 i++。

- 第二次、第三次和第四次所计算的循环条件 s[i++]!='\0'分别为计算 s[1]!='\0'、s[2]!='\0'和 s[3]!='\0',结果都为 1(真),所以分别执行"putchar(s[2]);"、"putchar(s[3]);"和"putchar(s[4]);"(注意,当前循环体执行完之后,i 的值分别是 2、3 和 4),分别输出 c、d 和空字符(不输出)。

- 第五次计算循环条件 s[i++]!='\0'为 s[4]!='\0',即计算'\0'!='\0'得 0(假),退出循环。因为包含 i++,所以循环条件计算之后,i 的值自增 1,变为 5。

最后第 3 行的输出结果为 bcd。答案为 D。

④ "printf("\n%d\n",i);"语句为结束 while 循环之后的语句,此时 i 的值为 5,因此第

4行的输出结果为5。答案为D。

【本题答案】

(1) A   (2) A   (3) D   (4) D

3. 阅读下列程序并回答问题,在每小题提供的4个可选答案中挑选一个正确答案。

【程序】

```
#include <stdio.h>
main()
{ int i, m;
  scanf("%d", &m);
  for(i =2; i <=m/2; i++)
    if (m %i ==0){
      printf("%d#", i);
      break;      /* 第8行 * /
    }
  printf("%d", i);
}
```

(1) 程序运行时,输入5,输出_____。

    A. 3   B. 3♯3   C. 3♯4   D. 3♯5

(2) 程序运行时,输入9,输出_____。

    A. 3   B. 3♯3   C. 3♯4   D. 3♯5

(3) 将第8行改为continue后,程序运行时,输入9,输出_____。

    A. 3   B. 3♯3   C. 3♯4   D. 3♯5

(4) 将第8行改为";"后,程序运行时,输入9,输出_____。

    A. 3   B. 3♯3   C. 3♯4   D. 3♯5

【程序分析】

先给整型变量 m 输入一个值,接着执行 for 循环。循环控制变量 i 的初值为2,循环条件表达式为 $i<=m/2$,循环的增量部分为 i++。

① 当为 m 输入5时,循环条件表达式为 $i<=2$,for 循环的具体执行过程如下:

• 循环控制变量 i 初值等于2时,计算循环条件 $i<=2$ 得1(真),执行循环体:计算 if 条件表达式 m%i==0,即计算5%2==0,变为计算1==0 得0(假),不执行 if 中的语句。

• 执行 i++,使 i 等于3,计算循环条件 $i<=2$ 得0(假),结束 for 循环。

• 执行"printf("%d", i);"语句,输出3。程序执行结束。答案为 A。

② 当为 m 输入9时,循环条件表达式为 $i<=4$,for 循环的具体执行过程如下:

• 循环控制变量 i 初值等于2时,与上述类似,不执行 if 中的语句。

• 执行 i++,使 i 等于3,计算循环条件 $i<=4$ 得1(真),执行循环体:计算 if 条件表达式 m%i==0,得1(真),执行 if 中的语句,输出3♯,并终止 for 循环。

• 执行循环语句下面的"printf("%d", i);"语句,输出3。答案为 B。

③ 将第8行改为"continue;"后,程序运行时,输入9,即 m 为9。根据上述②,当输出3♯后,执行"continue;"语句,转去执行 i++。

• 使 i 为4。计算循环条件 $i<=4$ 得1(真),执行循环体:计算 if 条件表达式

m％i＝＝0,即计算9％4＝＝0变为计算1＝＝0得0(假),不执行if中的语句。

- 执行i++,使i等于5,计算循环条件i≤4得0(假),结束for循环。
- 执行"printf("％d",i);"语句,输出5。程序执行结束。
- 程序输出结果为3♯5。答案为D。

④ 将第8行改为";"后,程序运行时,输入9,使m为9。根据上述③,当输出3♯后,执行空语句";",转去执行i++,使i为4。与上述③相同,程序输出结果为3♯5。答案为D。

【本题答案】

(1) A   (2) B   (3) D   (4) D

4. 阅读下列程序并回答问题,在每小题提供的4个可选答案中挑选一个正确答案。

【程序】

```c
#include <stdio.h>
main()
{   int base,i=0,n,a[32];
    scanf("%d%d",&n,&base);
    while(n!=0){
        if(n%base!=0)
            a[i]=n%base;
        else
            a[i]=0;
        i++;
        n=n/base;
    }
    for(i=i-1;i>=0;i--)
        printf("%d",a[i]);
}
```

【问题】

(1) 程序运行时,输入6 2,输出_____。

　　A. 110   B. 011   C. 11   D. 26

(2) 程序运行时,输入13 2,输出_____。

　　A. 110   B. 1101   C. 132   D. 101

(3) 程序运行时,输入10 8,输出_____。

　　A. 108   B. 21   C. 12   D. 1

(4) 程序运行时,输入8 9,输出_____。

　　A. 9   B. 11   C. 1   D. 8

【程序分析】

程序中定义了一个整型数组a,最多可以存储32个整数。程序运行时首先给整型变量n和base各输入一个值。从while循环体中的语句可知,数组元素a[i]存储当前n除以base的余数。循环控制变量i的初值为0,每执行一次while的循环体,i增1,当while循环结束之后,i的值就是这一系列余数的个数。这些余数依次存储在a[0],a[1],…,a[i-1]中。

for循环的作用是反向输出原余数序列,其结果是后计算的余数先输出,最先计算的余数最后输出。

程序的作用是将十进制数 n 转换为 base 进制数,并将每位数从低位到高位存储在数组 a 中,然后从高位开始输出。

① 程序运行时,输入 6 2,即 n 和 base 分别为 6 和 2。将十进制数转换为二进制数。

- i 的初值为 0。计算 while 循环条件 n!＝0,即计算 6!＝0,得 1(真),执行 while 循环体:计算 if 条件表达式 n％base!＝0,即计算 6％2!＝0 变为计算 0!＝0,得 0(假),执行 else 中的语句"a[i]=0;",使 a[0]为 0。接着,执行"i＋＋;"语句,使 i 等于 1,再执行"n＝n/base;"语句,使 n 等于 3。
- 计算 while 循环条件 3!＝0,得 1(真),执行 while 循环体:与上述过程类似,使 a[1]为 1。i＋＋使 i 等于 2,n＝n/base 使 n 等于 1。
- 再执行 while 循环体,使 a[2]为 1。i＋＋使 i 等于 3,n＝n/base 使 n 等于 0。
- 计算 while 循环条件 n!＝0,即计算 0!＝0,得 0(假),结束 while 循环。此时 a[0]、a[1]和 a[2]依次为 011,i 为 3。
- 执行循环语句"for(i=i−1;i>＝0;i−−) printf("％d",a[i]);",得到输出结果为 110。答案为 A。

② 当程序运行时,输入 13 2,即 n 和 base 分别为 13 和 2。与上述①的分析方法相同,程序的输出结果就是十进制数 13 对应的二进制数,即 1101。答案为 B。

③ 程序运行时,输入 10 8,即 n 和 base 分别为 10 和 8。与上述①的分析方法相同,程序的输出结果就是十进制数 10 对应的八进制数,即 12。答案为 C。

④ 程序运行时,输入 8 9,即 n 和 base 分别为 8 和 9。与上述①的分析方法相同,程序的输出结果就是十进制数 8 对应的九进制数,仍然为 8。答案为 D。

【本题答案】

(1) A　　　　(2) B　　　　(3) C　　　　(4) D

5.阅读下列程序并回答问题,在每小题提供的 4 个可选答案中挑选一个正确答案。

【程序】

```
#include <stdio.h>
main()
{  int i,j;
   static a[4][4];
   for(i=0;i<4;i++){
       for(j=0;j<4;j++){
           if(j==0||j==3)a[i][j]=i;
           if(j==i) a[i][j]=i;
           if(j+i==3) a[i][j]=j;
           if(i==0||i==3)a[i][j]=j;
           printf("%d ",a[i][j]);
       }
       printf("\n");
   }
}
```

【问题】

(1) 程序运行时,第 1 行输出_____。

A. 0 1 2 3　　　　B. 0 0 0 0　　　　C. 0 0 0 3　　　　D. 0 0 1 1

（2）程序运行时，第 2 行输出_____。

A. 1 1 2 1　　　　B. 1 1 0 1　　　　C. 0 0 0 0　　　　D. 1 0 0 1

（3）程序运行时，第 3 行输出_____。

A. 2 0 0 2　　　　B. 0 0 0 0　　　　C. 2 1 2 2　　　　D. 2 0 2 2

（4）程序运行时，第 4 行输出_____。

A. 0 0 0 3　　　　B. 0 0 0 0　　　　C. 0 1 2 3　　　　D. 3 0 0 3

【程序分析】

定义了一个静态的 4 * 4 整型二维数组 a，其所有元素的初值默认为 0，可用来表示一个 4 * 4 的矩阵，a[i][j] 表示第 i+1 行第 j+1 列元素（i，j=0、1、2、3）。

一个二重循环用来修改并输出矩阵中每个元素的值：先修改第 1 行并输出各元素的值，换行；再修改第 2 行并输出各元素的值，换行；以此类推。具体执行过程如下。

① 当外循环 i=0 时，修改第 1 行元素并输出。计算外循环条件 i<4，即计算 0<4，得 1，外循环条件为真，执行外循环体。

- j=0，计算内循环条件 j<4，即计算 0<4，得 1，内循环条件为真，执行内循环体：修改 a[0][0] 的值，之后输出 a[0][0]。

  在内循环中，有 4 条并列的 if 语句，每一条 if 语句的条件表达式都需要依次计算，如果当前条件表达式的值为非 0，执行该 if 中的语句，否则不执行。

  第 1 个 if 的条件表达式：j==0 ‖ j==3，即 0==0 ‖ 0==3。0==0 的值为 1，0==0 ‖ 0==3 的值为 1，条件为真，于是执行语句"a[i][j]=i;"，使 a[0][0] 的值为 0。

  第 2 个 if 的条件表达式：j==i，即 0==0，得 1，条件为真，执行语句"a[i][j]=i;"，使 a[0][0] 为 0。

  第 3 个 if 的条件表达式：i+j==3，即 0+0==3，得 0，条件为假，不执行语句"a[i][j]=j;"。

  第 4 个 if 的条件表达式：i==0 ‖ i==3，即 0==0 ‖ 0==3，得 1，条件为真，执行语句"a[i][j]=j;"，使 a[0][0] 为 0。

  执行"printf("%d ",a[i][j]);"语句，输出结果为 0。完成内循环体的第 1 次执行。

- 执行 j++，使 j 为 1，内循环条件 j<4，即 1<4，得 1，内循环条件为真，执行内循环体：修改 a[0][1] 的值，之后输出 a[0][1]。执行过程的分析与①类似。使 a[0][1] 为 1。

执行"printf("%d ",a[i][j]);"语句，输出结果为 1。完成内循环体的第 2 次执行。

- 执行 j++，使 j 为 2，内循环条件 j<4，内循环条件为真，执行内循环体：修改 a[0][2] 的值，之后输出 a[0][2]。执行过程与①、②类似。使 a[0][2] 为 2。输出结果为 2。

- 执行 j++，使 j 等于 3，内循环条件 j<4，内循环条件为真，执行内循环体：修改 a[0][3] 的值，之后输出 a[0][3] 的值，即 3。

- 执行 j++，使 j 等于 4，内循环条件 j<4，即 4<4，得 0，内循环条件为假，退出内循环体，然后执行外循环中的语句"printf("\n");"，换行，从而可知得到第 1 行的输出

结果为 0 1 2 3。答案为 A。完成外循环体的第 1 次执行。

②计算 i＋＋,使 i 为 1,计算外循环条件 i＜4,即 1＜4,得 1(真),执行外循环体;与上述①类似,内循环 j＝0、1、2 和 3,依次得到并输出 a[1][0]、a[1][1]、a[1][2]和 a[1][3]的值为 1 1 2 1,然后执行"printf("\n");",换行,得到第 2 行的输出结果。答案为 A。

③和④类似于上述①和②。当 i＝2 和 i＝3 时,分别得到第 3 行和第 4 行的输出结果为 2 1 2 2 和 0 1 2 3。答案都为 C。

【本题答案】

(1) A   (2) A   (3) C   (4) C

6. 阅读下列程序并回答问题,在每小题提供的 4 个可选答案中挑选一个正确答案。

【程序】

程序 1

```
#include "stdio.h"
main()
{   int f1,f2,f5,n=12;
    for(f5=3;f5>0;f5--)
        for(f2=10;f2>0;f2--) {
            f1=n-5*f5-2*f2;
            if(f1>0)printf("%d %d %d\n",f5,f2,f1);
        }
}
```

程序 2

```
#include <stdio.h>
main()
{   char str[80];
    int i;
    gets(str);
    for(i=0;str[i]!='\0';i++)
        if(str[i]=='9') str[i]='0';
        else str[i]=str[i]+1;
    puts(str);
}
```

【问题】

(1) 程序 1 运行时,第 1 行输出_____。

    A. 0 6 0   B. 1 1 5   C. 1 3 1   D. 1 2 3

(2) 程序 1 运行时,第 2 行输出_____。

    A. 0 6 0   B. 1 1 5   C. 1 3 1   D. 1 2 3

(3) 程序 2 运行时,输入 2a9,输出_____。

    A. 3b0   B. 2a9   C. a02   D. 3b9

(4) 程序 2 运行时,输入 s13,输出_____。

    A. s13   B. 24t   C. U35   D. t24

【程序 1 分析】

利用一个二重循环来计算 f1,在内循环中,若 f1＞0 为真,则输出 f5、f2 和 f1,换行。具体执行过程如下。

① 外循环控制变量 f5 初值等于 3,计算外循环条件 f5>0,即计算 3>0,得 1,外循环条件为真,执行外循环体。

- 内循环控制变量 f2 初值等于 10,计算内循环条件 f2>0,得 1,内循环条件为真,执行内循环体中"f1=n-5*f5-2*f2;"语句,得 f1 为 -23。计算 if(f1>0)中的表达式 f1>0,得 0,if 条件为假,因此不执行"printf("%d %d %d\n",f5,f2,f1);"语句。第一次内循环不输出。

- 计算内循环增量部分 f2--,使 f2 等于 9,计算内循环条件 f2>0,内循环条件为真,执行内循环体:使 f1 为 -21。与上述相同,不执行"printf("%d %d %d\n",f5,f2,f1);"语句。

  类似于上述过程,当 f2 取 8,7,…,2 和 1 时,f1 都小于 0,if(f1>0)中的表达式的条件都为假,因此都不执行"printf("%d %d %d\n",f5,f2,f1);"语句。

- 当 f2 等于 0 时,内循环条件 f2>0 为假,结束执行内循环体。也就是说,当外循环控制变量 f5 为 3 时,没有输出。

② 计算 f5--,使 f5 等于 2,外循环条件 f5>0 为真,执行外循环体:与上述①类似,当内循环控制变量 f2 取 10,9,8,7,…,2 和 1 时,在内循环体中都不执行"printf("%d %d %d\n",f5,f2,f1);"语句,也没有输出。

③ 计算 f5--,使 f5 等于 1,外循环条件 f5>0 为真,执行外循环体。

与上述①和②类似,当 f2 取 10、9、8、7、6、5 和 4 时,得到 f1 的值都小于 0,无输出。

当 f2 取值 3 时,得到 f1 的值为 1。if(f1>0)变为 if(1),因此执行 if 中的"printf("%d %d %d\n",f5,f2,f1);"语句,得到第 1 行的输出结果为 1 3 1。答案为 C。

当 f2 取 2 时,得到 f1 的值为 3,得到第 2 行的输出结果为 1 2 3。答案为 D。

当 f2 取 1 时,得到 f1 的值为 5,得到第 3 行的输出结果为 1 1 5。

注意:从内循环体语句中可以看出,只有当 n-5*f5-2*f2>0(即 12-5*f5-2*f2>0)时才会有输出。当 f5 取 3 或 2 时,f2 取值从 10 至 1,f1 都小于或等于 0,因为 if 中的条件 f1>0 都为假,所以都没有输出。只有当 f5 取 1 和 f2 依次取 3、2、1 时,f1 的值才能大于 0,才会有第 1 行、第 2 行和第 3 行的输出。

【程序 2 分析】

定义了一个最多可存储 80 个字符的数组 str,首先通过 gets 函数输入一个字符串存入 str 数组。从 for(i=0;str[i]!='\0';i++)的循环体语句中可知,如果当前的 str[i] 是数字字符'9',就改变为数字字符'0',否则改变为按照 ASCII 码表顺序该字符的下一个字符。

for 循环控制变量 i 的初值为 0,表明从字符串的第一个字符开始处理。循环条件为 str[i]!='\0',表明当 str[i] 为结束符'\0'时,结束 for 循环。for 循环控制变量的增量部分为 i++,表明将要对字符串中的每一个字符进行处理。for 循环结束后用"puts(str);"语句输出处理后的字符串。根据前面的分析,可得到如下结果。

① 程序 2 运行时,若输入 2a9,则输出 3b0。答案为 A。

② 程序 2 运行时,若输入 s13,则输出 t24。答案为 D。

【本题答案】

(1) C   (2) D   (3) A   (4) D

7. 阅读下列程序说明和程序,在每小题提供的 4 个可选答案中挑选一个正确答案。

【程序】

程序 1

```
#include <stdio.h>
main()
{   int i, j, a[3] [3]={1,0,0,4,5,0,7,8,9};
    int flag=1;
    for (i=0;i<3;i++)
        for (j=0; j<i; j++)
            flag=a[i][j];
    printf("%d\n", flag);
    for (j=2; j>0; j--)
        for(i=2; i>=j; i--)
            flag=a[i] [j];
    printf("%d\n", flag);
}
```

程序 2

```
#include <stdio.h>
main()
{   char str[10] ="4Ae2E";
    int i;
    for(i=0; str[i] !='\0'; i++)
        if (str[i]>='a' && str[i]<='z')
            putchar(str[i]);
    putchar('\n');
    for(i=0; str[i] !='\0'; i++)
        if (str[i]>='a' && str[i]<='z')
            putchar(str[i] -'a' +'A');
        else if (str[i]>='A' && str[i]<='Z')
            putchar(str[i] -'A' +'a');
    putchar('\n');
}
```

【问题】

(1) 程序 1 运行时,第 1 行输出_____。

    A. 0   B. 1   C. 8   D. 9

(2) 程序 1 运行时,第 2 行输出_____。

    A. 9   B. 7   C. 5   D. 1

(3) 程序 2 运行时,第 1 行输出_____。

    A. AeE   B. a   C. ae   D. e

(4) 程序 2 运行时,第 2 行输出_____。

    A. 4Ae2E   B. 42   C. AeE   D. aEe

【程序 1 分析】

定义了一个 3 * 3 的二维整型数组 a 并赋初值,表示一个三阶方阵:

$$
\begin{matrix}
1 & 0 & 0 \\
4 & 5 & 0 \\
7 & 8 & 9
\end{matrix}
$$

定义了一个整型变量 flag。

① flag 的初值为 1。从第一个二重循环语句可知，flag 变量的值是通过赋值语句"flag＝a[i][j]；"来改变的。该语句在循环体中要执行多遍，当循环结束后，flag 的值是最后一次执行"flag＝a[i][j]；"的结果，此时 i 的值为 2，j 的值为 1，flag 等于 a[2][1] 的值 8。i 和 j 的取值过程如下：

- 当 i 取 0 时，外循环条件 i<3 的值为 1(真)，执行内循环 for：j 取 0 时，内循环条件 j<i 的值为 0(假)，不执行内循环体语句"flag＝a[i] [j]；"。
- 计算外循环 for 中的 i++，使 i 为 1，外循环条件 i<3 为真，执行内循环 for：
  - j 取初值 0，内循环条件 j<i 的值为 1(真)，执行内循环体语句"flag＝a[i] [j]；"，flag 取 a[1][0] 的值 4。
  - 计算内循环 for 中的 j++，使 j 为 1，计算内循环条件 j<i 的值为 0(假)，不执行内循环体语句"flag＝a[i] [j]；"。
- 计算外循环 for 中的 i++，使 i 为 2，外循环条件 i<3 为真，执行内循环 for：
  - j 取初值 0，内循环条件 j<i 的值为 1(真)，执行内循环体语句"flag＝a[i] [j]；"，flag 取 a[2][0] 的值 7。
  - 计算内循环 for 中的 j++，使 j 为 1，计算内循环条件 j<i 的值为 1(真)，执行内循环体语句"flag＝a[i] [j]；"，flag 取 a[2][1] 的值 8。
  - 计算内循环 for 中的 j++，使 j 为 2，计算内循环条件 j<i 的值为 0(假)，不执行内循环体语句"flag＝a[i] [j]；"。
- 计算外循环 for 中的 i++，使 i 为 3，外循环条件 i<3 的值为 0(假)，不执行外循环 for。该二重循环结束，flag 的值为 a[2][1] 的值 8。执行第一个"printf("%d\n"，flag)；"语句，输出 8，即程序 1 的第 1 行输出结果为 8。答案为 C。

② 执行第二个二重循环语句。与上述①的分析类似，按照下列 j 和 i 的取值顺序，依次执行"flag＝a[i][j]；"语句：

j 取 2，i 取 2，flag 等于 a[2][2] 的值；

j 取 1，i 取 2，flag 等于 a[2][1] 的值；

j 取 1，i 取 1，flag 等于 a[1][1] 的值，即 flag 等于 5。

当该二重循环执行结束之后，执行第二个"printf("%d\n"，flag)；"语句。答案为 C。

【程序 2 分析】

"char str[10]="4Ae2E"；"语句定义了一个最多可存储 10 个字符的数组 str，并赋予了初始字符串 4Ae2E。str[0]、str[1]、str[2]、str[3] 和 str[4] 分别存字符'4'、'A'、'e'、'2'和'E'，而从 str[5] 到 str[9] 则都存储空字符'\0'。

① 在第一个循环语句中，从"if (str[i]>='a' && str[i]<='z') putchar(str[i])；"语句可知，如果 str[i] 是小写字母，则输出该小写字母。该 for 循环的执行过程如下：

- 当 i 取初值 0 时，循环条件 str[i] !='\0'，即计算'4' !='\0'，得 1(真)，执行循环体语句：计算 if 语句的条件 str[i]>='a' && str[i]<='z'，即计算'4'>='a' && '4'<='z'，得 0(假)，不执行"putchar(str[i])；"语句，即不输出该字符。
- 计算 for 循环中的 i++，使 i 为 1，循环条件 str[i] !='\0'的值为 1(真)，执行循环体语句：与上述类似，if 的条件 str[i]>='a' && str[i]<='z'为假，不输出该字符。

- i++,使 i 为 2,循环条件 str[i] !='\0'为真,执行循环体语句：if 语句的条件 str[i] >='a' && str[i]<='z'为真,执行"putchar(str[i]);"语句,输出该字符,即小写字母 e。

- i++,使 i 为 3,循环条件 str[i] !='\0' 为真,执行循环体语句：if 语句的条件 str[i] >='a' && str[i]<='z'为假,不输出该字符。

- i++,使 i 为 4,执行循环体语句,不执行"putchar(str[i]);"语句。

- i++,使 i 为 5,循环条件为 str[i] !='\0',即计算'\0' !='\0',得 0(假),不执行循环体语句,结束该 for 循环语句。

执行"putchar('\n');"语句,换行。程序 2 的第 1 行输出结果为 e。答案为 D。

② 执行第二个循环语句。从其中的 if-else 语句可知,如果 str[i] 是小写字母,则执行 "putchar(str[i]−'a' +'A');"语句,输出对应的大写字母(注：str[i] − 'a' + 'A'的结果就是对应的大写字母),否则如果 str[i] 是大写字母,则输出对应的小写字母(注：str[i] − 'A' + 'a'的结果就是对应的小写字母),其他非字母字符则不输出。该 for 循环的执行过程分析与上述(3)类似：

- 当外循环控制变量 i 取初值 0 时,因为两个 if 条件'4'>='a' && '4'<='z'和'4'>='A' && '4'<='Z'都为假,所以没有输出。

- 计算 for 循环中的 i++,使 i 为 1,因为在 else if 中,条件'A' >='A' && 'A'<='Z' 为真,所以执行"putchar(str[i] − 'A' + 'a');"语句,输出字母 a。

- 计算 i++,使 i 为 2,执行循环体中的"putchar(str[i] − 'a' + 'A');"语句,输出字母 E。

- 计算 i++,使 i 为 3,执行循环体语句,但是没有输出。

- 计算 i++,使 i 为 4,执行"putchar(str[i] − 'A' + 'a');"语句,输出字母 e。

- 计算 i++,使 i 为 5,循环条件 str[i] !='\0',即计算'\0' !='\0',得 0(假),不执行循环体语句,结束该 for 循环语句。

执行"putchar('\n');"语句,换行。程序 2 的第 2 行输出结果为 aEe。答案为 D。

【本题答案】

(1) C   (2) C   (3) D   (4) D

8.阅读下列程序并回答问题,在每小题提供的 4 个可选答案中挑选一个正确答案。

【程序】

```
#include <stdio.h>
main()
{ int i,j; char * s[4]={"continue","break","do-while","point"};
    for(i=3;i>=0;i--)
        for(j=3;j>i;j--)
            printf("%s\n",s[i]+j);
}
```

【问题】

(1) 程序运行时,第 1 行输出_____。

　　A. tinue   B. ak   C. nt   D. while

(2) 程序运行时,第 2 行输出_____。

A. uer   B. le   C. ak   D. nt

（3）程序运行时,第 3 行输出_____。

A. ile   B. eak   C. int   D. nue

（4）程序运行时,第 4 行输出_____。

A. tinue   B. break   C. while   D. point

【程序分析】

定义了一个指向字符型（char 型）的指针数组 s,并在定义时赋初值,使 s[0]、s[1]、s[2] 和 s[3]分别指向字符串"continue"、"break"、"do-while"和"point"。

利用一个二重循环来输出不同的字符串或子串。具体执行过程如下。

① 外循环控制变量 i 等于 3 时,计算外循环条件 i≥0,得 1(真),执行外循环体。

内循环控制变量 j 等于初值 3,计算内循环条件 j＞i,即计算 3＞3,得 0,内循环条件为 假,结束内循环。

② 执行 i－－,使 i 等于 2,计算外循环条件 i≥0,得 1(真),执行外循环体:

• 内循环控制变量 j 初值等于 3,内循环条件 j＞i 为真,执行内循环体语句"printf("％ s\n",s[i]+j);",即执行"printf("％s\n",s[2]+3);"。因为 s[2]指向字符串"do- while"的第一个字符 d,s[2]+3 指向"do-while"的第 4 个字符 w,所以从 w 开始输 出,即第 1 行的输出结果为"do-while"的子串"while"。答案为 D。

• 执行 j－－,使 j 等于 2,计算内循环条件 j＞i,即计算 2＞2,得 0(假),结束内循环。

③ 执行 i－－,使 i 等于 1,外循环条件 i≥0 为真,执行外循环体。

• 内循环控制变量 j 初值等于 3,内循环条件 j＞i,即 3＞1,为真,执行内循环体语句 "printf("％s\n",s[i]+j);",即执行"printf("％s\n",s[1]+3);"。因为 s[1]指向 字符串"break"的第一个字符 b,s[1]+3 指向"break"的第 4 个字符 a,所以第 2 行 的输出结果为字符串"ak"。答案为 C。

• 执行 j－－,使 j 等于 2,执行内循环体语句"printf("％s\n",s[i]+j);",即执行 "printf("％s\n",s[1]+2);"。s[1]+2 指向"break"的第 3 个字符 e,所以第 3 行的 输出结果为"eak"。答案为 B。

• 执行 j－－,使 j 等于 1,计算内循环条件 j＞i,即计算 1＞1,得 0(假),结束内循环。

④ 执行 i－－,使 i 等于 0,计算外循环条件 i≥0,得 1(真),执行外循环体。

内循环控制变量 j 的初值等于 3,计算内循环条件 j＞i,即计算 3＞0,得 1(真),执行内 循环体语句"printf("％s\n",s[i]+j);",即执行"printf("％s\n",s[0]+3);"。s[0]指向字 符串"continue"的第一个字符 c,s[0]+3 指向"continue"的第 4 个字符 t,所以第 4 行的输出 结果为"tinue"。答案为 A。

【本题答案】

（1）D   （2）C   （3）B   （4）A

9. 阅读下列程序并回答问题,在每小题提供的 4 个可选答案中挑选一个正确答案。

【程序】

```
#include <stdio.h>
main()
{  int i, j;
```

```
char ch, * p1, * p2, * s[4]={"four","hello","peak","apple"};
for(i=0; i<4; i++){
    p1=p2=s[i];
    ch= * (p1 +i);
    while( * p1!='\0'){
        if( * p1!=ch){
            * p2= * p1;
            p2++;
        }
        p1++;
    }
    * p2='\0';
}
for(i=0; i<4; i++)
    printf("%s\n", s[i]);
}
```

【问题】

(1) 程序运行时,第 1 行输出_____。

    A. our   B. four   C. fur   D. fou

(2) 程序运行时,第 2 行输出_____。

    A. ello   B. hllo   C. heo   D. hell

(3) 程序运行时,第 3 行输出_____。

    A. peak   B. eak   C. pek   D. pak

(4) 程序运行时,第 4 行输出_____。

    A. pple   B. apple   C. ale   D. appe

【程序分析】

程序定义了一个指向字符型(char 型)的指针数组 s,并在定义时赋初值,使 s[0]、s[1]、s[2]和 s[3]分别指向字符串"four"、"hello"、"peak"和"apple"。

程序首先利用一个二重循环对这些字符串进行处理(删除指定的字符),然后用一个单循环输出处理后的字符串。二重循环语句具体执行过程如下。

① 当外循环 for 的循环控制变量 i 等于 0 时,处理由 s[0]指向的字符串"four"。

- 执行"p1=p2=s[i];"赋值语句,使指针变量 p1 和 p2 都等于 s[0],即都指向第 1 个字符串"four"的第 1 个字符 f。
- 执行"ch= * (p1 + i);"语句,即 ch= * (p1 + 0),亦即 ch = * p1,使 ch 等于字符 f。
- 第 1 次,计算内循环 while 的循环条件 * p1 != '\0',即计算'f'!='\0',得 1(真),执行内循环体语句。

  计算 if 语句的条件 * p1 != ch,即计算'f'!='f',得 0(假),不执行 if 语句中的{ * p2= * p1;p2++;}语句,p2 未变,仍指向第 1 个字符串的第 1 个字符 f。

  执行"p1++;"语句,使 p1 指向第 1 个字符串的第 2 个字符 o。

- 第 2 次,计算内循环 while 的循环条件 * p1 != '\0',为真,执行内循环体语句。

  ▪ 计算 if 语句的条件 * p1!=ch,即计算'o'!='f',得 1(真),执行 if 语句中第 1 条语句" * p2= * p1;",使 * p2 等于字符 o,也就是将原字符串"four"中的第 1 个字符换为字符 o,使之变为"oour"。再执行 if 语句中第 2 条语句"p2++;",使 p2 指向第

2个字符o。

- 执行"p1++;"语句,使p1指向第1个字符串"oour"的第3个字符u。

- 第3次,计算内循环语句while的循环条件 * p1 != '\0',即计算'u'!= '\0',得1(真),执行内循环体语句。

    - 计算if语句的条件 * p1 != ch,即计算'u'!= 'f',得1(真),执行if语句中第1条语句" * p2 = * p1;",使 * p2等于字符u,与上述类似,将字符串"oour"中的第2个字符改变为字符u,使之变为"ouur"。再执行"p2++;",使p2指向字符串的第3个字符u。

    - 执行"p1++;"语句,使p1指向"ouur"的第4个字符r。

- 第4次,计算内循环语句while的循环条件 * p1 != '\0',即计算'r'!= '\0',得1(真),执行内循环体语句。

    - 计算if语句的条件 * p1 != ch,得1(真),执行if语句中的语句" * p2 = * p1;",使 * p2等于字符r,也就是将"ouur"的第3个字符改变为字符r,使之变为"ourr"。再执行"p2++;"语句,使p2指向"ourr"的第4个字符r。

    - 执行"p1++;"语句,使p1指向第1个字符串的第5个字符,即空字符。

- 第5次,计算内循环语句while的循环条件 * p1 != '\0',即计算'\0'!= '\0'得0(假),结束本次内循环。

- 执行while循环后的语句" * p2='\0';",将"ourr"的最后一个字符r变为空字符,致使第1个字符串变为"our"。

从①的分析过程可知,通过将后面的字符依次向前移动的方式,删除了原字符串"four"的第1个字符f,最终使s[0]所指向的字符串变为"our"。第1行的输出结果为"our"。答案为A。

② 当i为1时,处理由s[1]所指向的字符串"hello":

- 执行"p1 = p2 = s[i];"语句,使两个指针变量p1和p2都等于s[1],即p1和p2都指向字符串"hello"的第1个字符h。

- 执行"ch = * (p1 + i);"语句,即 ch = * (p1 + 1),使ch等于第2个字符e。与上述①中删除字符串"four"中的第1个字符f类似,此次是删除字符串"hello"中的第2个字符e,其过程是将其后面的字符依次向前移动一个位置,使原字符串"hello"变为"hllo"。因此,第2行的输出结果为"hllo"。答案为B。

③ 同理,当i值为2时,删除了s[2]所指字符串的第3个字符a,使第3个字符串变为"pek"。答案为C。

④ 当i值为3时,删除了s[3]所指字符串的第4个字符l,使第4个字符串变为"appe"。答案为D。

【本题答案】

(1) A   (2) B   (3) C   (4) D

10. 阅读下列程序并回答问题,在每小题提供的4个可选答案中挑选一个正确答案。

【程序】

```
#include <stdio.h>
main()
```

```
{   int s, x1, y1, z1, x2, y2, z2;
    printf("Enter 6 integers:");
    scanf("%d%d%d%d%d%d", &x1, &y1, &z1, &x2, &y2, &z2);
    s = f(x2, y2, z2) - f(x1, y1, z1);
    printf("%d\n", s);
}
f(int x, int y, int z)
{   int k, n;
    int tab[2][13] = { {0, 31, 28, 31, 30, 31, 30, 31, 31, 30, 31, 30, 31},
                       {0, 31, 29, 31, 30, 31, 30, 31, 31, 30, 31, 30, 31} };
    n = (x %4 == 0 && x %100 != 0 || x %400 == 0);
    for(k = 1; k < y; k++)
        z = z + tab[n][k];
    return z;
}
```

(1) 程序运行时,输入 1 0 0 0 0 0,输出_____。

    A. 29   B. 28   C. 0   D. −1

(2) 程序运行时,输入 0 0 1 0 0 0,输出_____。

    A. 29   B. 28   C. 0   D. −1

(3) 程序运行时,输入 2000 2 1 2000 3 1,输出_____。

    A. 29   B. 28   C. 0   D. −1

(4) 程序运行时,输入 1981 2 1 1981 3 1,输出_____。

    A. 29   B. 28   C. 0   D. −1

【程序分析】

① 对 main 函数的分析。

程序执行从 main 函数开始,首先通过执行"printf("Enter 6 integers：");"语句,显示提示输入 6 个整数的信息"Enter 6 integers：";接着执行"scanf("％d％d％d％d％d％d"，&x1，&y1，&z1，&x2，&y2，&z2);"语句,输入 6 个整数,依次给变量 x1、y1、z1、x2、y2 和 z2 赋值;再执行赋值语句"s＝f(x2,y2,z2)−f(x1,y1,z1);",通过两次调用 f 函数得到两个值(调用的过程在下面分析),并将这两个值相减,赋值给变量 s;最后执行"printf("％d\n",s);"语句输出 s 的值。

在赋值语句"s＝f(x2,y2,z2)−f(x1,y1,z1);"中,调用函数 f(x2,y2,z2)的过程如下。

首先将 x2、y2 和 z2 的值作为实参分别传递给 f 函数中的形参 x、y 和 z,相当于将 x2、y2 和 z2 的值分别赋值给 x、y 和 z。然后,执行 f 的函数体语句进行计算。最后,将 z 的值作为函数 f 的值返回,结束本次对 f 函数的调用。

调用函数 f(x1,y1,z1)的过程与调用函数 f(x2,y2,z2)的过程相同。

② 对自定义函数 f 的分析。

- 函数首部。从函数首部 f(int x, int y, int z)可知,函数 f 的类型为整型(int 型,当函数的类型为 int 时可省略),函数带 3 个整型参数 x、y 和 z。

- 函数体。在函数体中定义了一个 2＊13 的二维整型数组 tab,并赋初值。

在赋值语句"n＝(x％4＝＝0＆＆x％100！＝0‖x％400＝＝0);"中,赋值号右边是一个逻辑表达式,取值 0 或 1,因此 n 的值为 0 或 1。

通过循环语句"for(k＝1；k＜y；k＋＋)z＝z＋tab[n][k]；"可知,当 n 为 0 时,将数组 tab 第 1 行的 tab[0][0],tab[0][1],…,tab[0][y－1]累加到变量 z;当 n 为 1 时,将数组 tab 第 2 行的 tab[1][0],tab[1][1],…,tab[1][y－1]累加到变量 z。将 z 的值作为函数 f 的值返回,结束对 f 的执行。

③ 按照所提问题的顺序,程序运行时的输出结果分析如下。

- 程序运行时,输入 1 0 0 0 0 0,使变量 x1 取 1,y1、z1、x2、y2 和 z2 都取 0。

  调用函数 f(x2,y2,z2)时,使形参 x、y 和 z 都取 0。执行赋值语句"n＝(x％ 4 ＝＝ 0 && x ％ 100 !＝ 0 ‖ x ％ 400 ＝＝ 0);",得到 n 的值为 1。因为 y 等于 0,所以由 for(k＝1;k＜y;k＋＋)可知,将不执行该 for 循环体语句。函数 f(x2,y2,z2)返回 z 的值 0。

  调用函数 f(x1,y1,z1)时,使 x 取 1、y 和 z 都取 0。执行过程分析与上述类似,函数 f(x1,y1,z1)返回 0。

  在 main 函数中,执行"s＝f(x2,y2,z2)－f(x1,y1,z1);",得到 s 为 0。执行"printf("％d\n",s);"语句,输出结果为 0。答案为 C。

- 程序运行时,输入 0 0 1 0 0 0,变量 x1 和 y1 都取 0,z1 取 1,x2、y2 和 z2 都取 0。

  与上述分析类似,当调用函数 f(x2,y2,z2)时得到返回值为 0,当调用函数 f(x1,y1,z1)时得到返回值为 1。

  在 main 函数中执行"s＝f(x2,y2,z2)－f(x1,y1,z1);"语句,得到 s 为－1。输出 s 的值－1。答案为 D。

- 程序运行时,输入 2000 2 1 2000 3 1,依次给变量 x1、y1、z1、x2、y2 和 z2。

  调用函数 f(x2,y2,z2)时,使 x、y 和 z 分别取 2000、3 和 1。执行函数体语句,得到 n 的值为 1。因为 y 的值为 3,所以"for(k＝1;k＜y;k＋＋)z＝z＋tab[n][k];"语句将 tab[1][0]、tab[1][1]和 tab[1][2]累加到变量 z,使 z 的值为 61。函数返回 61。

  调用函数 f(x1,y1,z1)时,使 x 取 2000,y 取 2,z 取 1。与上述类似,使 n 的值为 1。将 tab[1][0]和 tab[1][1]累加到变量 z,使 z 的值为 32。函数返回 32。

  在 main 函数中执行"s＝f(x2,y2,z2)－f(x1,y1,z1);"语句,得到 s 为 61－32,即 29。答案为 A。

- 同理,当程序运行输入 1981 2 1 1981 3 1 时,得到输出结果:28。答案为 B。

【本题答案】

(1) C   (2) D   (3)A   (4) B

11. 阅读下列程序并回答问题,在每小题提供的 4 个可选答案中挑选一个正确答案。

【程序】

```
#include <stdio.h>
int k =1;
void Fun();
main ()
{ int j;
    for(j =0; j <2; j++)
        Fun();
        printf("k=%d", k);
```

```
}
void Fun()
{   int k =1;              /* 第 11 行 */
        printf("k=%d,", k);
        k++;
}
```

(1) 程序的输出是_____。

　　A. k=1,k=2,k=3　　　　　　B. k=1,k=2,k=1

　　C. k=1,k=1,k=2　　　　　　D. k=1,k=1,k=1

(2) 将第 11 行改为"static int k = 1;"后,程序的输出是_____。

　　A. k=1,k=1,k=1　　　　　　B. k=1,k=1,k=2

　　C. k=1,k=2,k=1　　　　　　D. k=1,k=2,k=3

(3) 将第 11 行改为"k = 1;"后,程序的输出是_____。

　　A. k=1,k=2,k=1　　　　　　B. k=1,k=1,k=1

　　C. k=1,k=1,k=2　　　　　　D. k=1,k=2,k=3

(4) 将第 11 行改为";"后,程序的输出是_____。

　　A. k=1,k=1,k=2　　　　　　B. k=1,k=2,k=3

　　C. k=1,k=1,k=1　　　　　　D. k=1,k=2,k=1

【程序分析】

程序定义了一个外部整型变量 k,并赋初值 1。程序的第 3 行是声明函数 Fun 的原型。因为在 main 函数中对函数 Fun 进行了调用,而定义 Fun 函数则在 main 函数之后,所以必须在调用之前对 Fun 函数的原型进行声明。

① 在 main 函数中,执行"for(j = 0; j < 2; j++) Fun();"语句,两次调用函数 Fun。

- 当 j 为 0 时,第一次调用 Fun 函数,程序控制转入 Fun 函数体内执行语句。

在 Fun 函数体内,也定义了一个整型变量 k,并赋初值 1(第 11 行)。外部变量 k 在此函数体内被隐藏。执行"printf("k=%d,", k);"语句,得到第一个输出结果"k=1,"。

执行"k++;"语句,使 k 的值为 2。但是,由于此变量 k 是局部变量,因此在 Fun 函数结束返回之后,为此变量 k 分配的存储空间即被释放。

- 当循环控制变量 j 为 1 时,第二次调用 Fun 函数,得到第二个输出结果"k=1,"。

在 for 循环结束之后,执行"printf("k=%d",k);"语句,此变量 k 为外部变量,其值为 1,于是得到第三次的输出结果"k=1"。

程序的输出结果为"k=1,k=1,k=1"。答案为 D。

② 若将第 11 行改为"static int k = 1;"语句,则在 main 函数中执行"for(j = 0; j < 2; j++) Fun();"语句。

- 当 j 取 0 时,第一次调用 Fun 函数,得到第一个输出结果与上述①相同,即"k=1,"。

执行"k++;"语句,使 k 的值为 2。因为此变量 k 是静态变量,在 Fun 函数结束返回之后,为 k 分配的存储空间不会被释放,其中所存放的值将作为下一次调用 Fun 函数时 k 的初值。也就是说,下一次调用 Fun 函数时,k 的初值为 2。

- 当 j 取 1 时,第二次调用 Fun 函数。因为静态变量 k 的值为 2,所以执行"printf("k=

%d,", k);"语句,得到第二个输出结果"k=2,"。

执行"k++;"语句,使 k 的值为 3。虽然在 Fun 函数结束后此变量 k 的存储空间不会被释放,但是只有在下次调用 Fun 函数时,此 k 的值才能被利用,而在其他地方是看不到此 k 的。因此,在 main 函数中执行"printf("k=%d", k);"语句,得到第三次的输出结果"k=1"。程序的输出结果为"k=1,k=2,k=1"。答案为 C。

③ 若将第 11 行改为"k = 1;",则在 Fun 函数中没有再定义变量 k,此 k 就是在程序开始处定义的外部变量 k。在 main 函数中执行"for(j = 0; j < 2; j++) Fun();"语句。

- 当 j 取 0 时,第一次调用 Fun 函数,在程序第 11 行使 k 的值为 1,第一个输出结果"k=1,"。

执行"k++;"语句,使 k 的值为 2。在 Fun 函数结束返回到 main 后,k 的值为 2。

- 当 j 取 1 时,第二次调用 Fun 函数,在第 11 行执行"k=1;"语句,使 k 的值又变为 1,于是得到第二个输出结果"k=1,"。

执行"k++;"语句,使 k 的值为 2。在 Fun 函数结束返回到 main 后,k 的值为 2。

因此,在 main 函数中,执行"printf("k=%d", k);"语句,得到第三个的输出结果"k=2"。程序的输出结果为"k=1,k=1,k=2"。答案为 C。

④ 若将第 11 行改为";",则此行变为空语句,在 Fun 函数中所看到的变量 k 是外部变量 k。

- 在 main 函数中第一次调用 Fun 函数:执行"printf("k=%d,", k);"语句,得到第一个输出结果"k=1,"。

执行"k++;"语句,使 k 的值为 2。在 Fun 函数结束返回到 main 函数后,k 的值为 2。

- 第二次调用 Fun 函数时,执行"printf("k=%d,", k);"语句,得到第二个输出结果"k=2,"。

执行"k++;"语句,使 k 的值为 3。在 Fun 函数结束返回到 main 后,k 的值为 3。

因此,当结束 for 循环的执行后,执行"printf("k=%d", k);"语句,得到第三个输出结果"k=3"。程序的输出结果为"k=1,k=2,k=3"。答案为 B。

【本题答案】

(1) D   (2) C   (3) C   (4) B

12. 阅读下列程序并回答问题,在每小题提供的 4 个可选答案中挑选一个正确答案。

【程序】

```
#include <stdio.h>
#define T(a,b) ((a)!=(b))?((a)>(b)?1:-1):0
int f1(){
    int x=-10;
    return !x==10==0==1;
}
void f2(int n){
    int s=0;
    while(n--)
        s+=n;
    printf("%d %d\n",n,s);
```

```
}
double f3(int n){
    if(n==1) return 1.0;
    else return n * f3(n-1);
}
main()
{ printf("%d %d %d\n",T(4,5),T(10,10),T(5,4));
  printf("%d\n",f1());
  f2(4);
  printf("%.1f\n",f3(5));
}
```

【问题】

(1) 程序运行时,第 1 行输出_____。

    A. 0 1 −1   B. 1 −1 0   C. 1 0 −1   D. −1 0 1

(2) 程序运行时,第 2 行输出_____。

    A. 10   B. −10   C. 0   D. 1

(3) 程序运行时,第 3 行输出_____。

    A. 0 10   B. −1 10   C. −1 6   D. 0 6

(4) 程序运行时,第 4 行输出_____。

    A. 1.0   B. 24.0   C. 120.0   D. 6.0

【程序分析】

① 程序第 2 行利用 #define 命令定义了一个宏 T(a,b)为((a)!=(b))?((a)>(b))?1:−1):0,它由条件运算符"?:"构成。若 a 不等于 b,则 T(a,b)为((a)>(b)?1:−1)。进一步判断,若 a>b,则 T(a,b)为 1,否则 T(a,b)为−1;若 a 等于 b,则 T(a,b)为 0。因此,可得到如下结果:T(4,5)为−1,T(10,10)为 0,T(5,4)为 1。

在 main 函数中,执行第一条语句"printf("%d %d %d\n",T(4,5),T(10,10),T(5,4));"得到第 1 行的输出结果为−1 0 1。答案为 D。

② 在 main 函数中,执行第二条语句"printf("%d\n",f1());",输出函数 f1 的值。在 f1 函数体中,变量 x 的值为−10,从"return !x==10==0==1;"语句可知,逻辑表达式 !x==10==0==1 的计算过程依次如下:

```
!(-10)==10==0==1
   0==10==0==1
      0==0==1
        1==1
          1
```

所以,函数 f1 的值为 1。第 2 行的输出结果为 1。答案为 D。

③ 在 main 函数中,执行第 3 条语句"f2(4);"。执行过程如下:

将 4 作为实参传递给 f2 函数中的形参 n,使 n 的值为 4。执行 f2 函数体中的语句。

给变量 s 赋初值 0。执行"while(n−−) s+=n;"语句,循环条件为 n−−;当循环条件为真(非 0)时,执行循环体,否则结束循环。

从 n−− 的特点可知,首先将 n 的值作为循环条件,然后将 n 的值自动减 1,因此该循环条件的值依次为 4、3、2、1 和 0。其中,前 4 项为真(非 0),执行循环体语句"s+=n;",注意,此时 n 的值依次变为 3、2、1 和 0。

最后一次判断循环条件为 0(假)后,n 由 0 变为 −1。在 while 循环结束后,s 的值为 3+2+1+0,即 6,n 的值为 −1。执行"printf("%d %d\n",n,s);"语句,输出 −1 6。此即第 3 行的输出结果。答案为 C。

④ 在 main 函数中,执行第 4 条语句"printf("%.1f\n",f3(5));",输出函数 f3(1) 的值。f3 函数体中的语句表明,若 n 等于 1,则 f3(n),即 f3(1) 等于 1,否则 f3(n) 就等于 n * f3(n−1)。在 f3 中调用 f3 自身,f3 为递归函数。依次得到如下结果:

f3(2) 等于 2 * f3(1),即 2 * 1 得 2;f3(3) 等于 3 * f3(2),即 3 * 2 得 6;f3(4) 等于 4 * f3(3),即 4 * 6 得 24;f3(5) 等于 5 * f3(4),即 5 * 24 得 120。

执行"printf("%.1f\n",f3(5));"语句后,得到第 4 行的输出结果为 120.0。答案为 C。

【本题答案】

(1) D   (2) D   (3) C   (4) C

13. 阅读下列程序并回答问题,在每小题提供的 4 个可选答案中挑选一个正确答案。

【程序】

```
int f1(int n)
{  if(n==1) return 1;
   else return f1(n-1)+n;
}
int f2(int n)
{  switch(n){
   case 1:
   case 2:return 1;
   default: return f2(n-1)+f2(n-2);
} }
void f3(int n)
{  printf("%d",n%10);
   if(n/10!=0) f3(n/10);
}
void f4(int n)
{  if (n/10!=0) f4(n/10);
   printf("%d", n%10);
}
#include <stdio.h>
main()
{  printf("%d\n",f1(4));
   printf("%d\n",f2(4));
   f3(123);
   printf("\n");
   f4(123);
   printf("\n");
}
```

(1) 程序运行时,第 1 行输出_____。

    A. 10   B. 24   C. 6   D. 1

(2) 程序运行时,第 2 行输出_____。

    A. 1   B. 3   C. 2   D. 4

(3) 程序运行时,第 3 行输出_____。

    A. 123   B. 3   C. 321   D. 1

（4）程序运行时，第 4 行输出＿＿＿＿＿＿＿＿。

    A. 1   B. 123   C. 3   D. 321

【程序分析】

① 在 main 函数中，执行第一条语句"printf("%d\n",f1(4));"，输出函数 f1(4)的值。在 f1 函数体中调用 f1 自己，f1 为递归函数。执行 f1(4)的调用过程如下：

- 将 4 作为实参传递给 f1 函数中的形参 n，使 n 的值为 4。接着，执行 f1 函数体中的 if-else 语句。
- 计算 if 中的条件表达式 n==1，即计算 4==1，得 0(假)。于是执行 else 中的语句 "return f1(n−1)+n;"。由此得知，f1(4)值是 f1(3)+4。也就是说，必须先计算出 f1(3)的值。
- 同理，f1(3)的值等于 f1(2)+3，若要得到 f1(3)的值，必须先计算出 f1(2)。f1(2)的值等于 f1(1)+2，必须先计算出 f1(1)。
- 从"if(n==1) return 1;"可知，f1(1)的值是 1。从而可得 f1(2)的值等于 f1(1)+2，即 f1(2)的值为 3。f1(3)的值等于 f1(2)+3，即 6。f1(4)值等于 f1(3)+4，即 10。该函数 f1(n)的作用是计算 1+2+3+…+n。第 1 行的输出结果为 10。答案为 A。

② 在 main 函数中，执行第二条语句"printf("%d\n",f2(4));"，输出函数 f2(4)的值。在 f2 函数体中调用 f2 自己，f2 也为递归函数。执行 f2(4)的调用过程如下：

将 4 作为实参传递给 f2 函数中的形参 n，使 n 的值为 4。接着，执行 f2 函数体中的 switch 语句。从 switch 体中可知，若 n 为 1 或 2，则返回 1，即 f2(1)和 f2(2)的值都为 1。

当 n>2 时，f2(n)=f2(n−1)+f2(n−2)。于是 f2(4)=f2(3)+f2(2)，f2(3)=f2(2)+f2(1)。因为 f2(1)和 f2(2)的值都为 1，所以 f2(3)等于 2。f2(4)等于 f2(3)+f2(2)，即 f2(4)的值为 3。如果 n>=1，该函数 f2(n)的作用就是计算斐波那契数列中第 n 项。第 2 行的输出结果为 3。答案为 B。

③ 在 main 函数中，执行第 3 条语句"f3(123);"。与上述类似，f3 为递归函数。

- 执行 f3(123)的调用过程：将 123 作为实参传递给 f3 函数中的形参 n，使 n 的值为 123。执行 f3 函数体中的"printf("%d",n%10);"语句，输出 123 除以 10 的余数 3。在"if(n/10!=0) f3(n/10);"语句中，先计算 if 中的条件 n/10!=0，即计算 123/10!=0，得 1，条件为真，调用 f3(n/10)，即调用 f3(12)。
- 调用 f3(12)的过程：将 12 作为实参传递给形参 n，执行 f3(12)函数体中的语句，与执行 f3(123)函数体类似，输出 12%10，即输出 2。 if 中的条件 12/10!=0 为真，调用 f3(n/10)，即调用 f3(12/10)，也就是调用 f3(1)。
- 输出 1%10，即输出 1。之后，因为 if 中的条件 1/10!=0 为假，所以此句无输出。
- 执行 main 中的第 4 条语句"printf("\n");"，换行。该函数 f3(n)的作用是将十进制数 n 的各位逆序输出。第 3 行的输出结果为 321。答案为 C。

④ 在 main 函数中，执行第 5 条语句"f4(123);"。从对 f4 函数的定义可知，f4 也为递归函数。执行 f4(123)的调用过程如下：

将 123 作为实参传递给 f4 函数中的形参 n，使 n 的值为 123。计算 if 中的条件 n/10!=0，得 1，条件为真，调用 f4(n/10)，即调用 f4(12)。

将 12 作为实参传递给 f4 函数中的形参 n,使 n 的值为 12。计算 if 中的条件,得 1(真),调用 f4(n/10),即调用 f4(1)。

将 1 作为实参传递给 f4 函数中的形参 n,使 n 的值为 1。计算 if 中的条件,得 0(假),不执行 if 中的语句。执行"printf("%d",n%10);"语句,输出 1 除以 10 的余数 1。结束对 f4(1)的调用。

执行"printf("%d",n%10);"语句,输出 12 除以 10 的余数 2。结束对 f4(12)的调用。

执行"printf("%d",n%10);"语句,输出 123 除以 10 的余数 3。结束对对 f4(123)的调用。

最后,执行 main 中的第 5 条语句"printf("\n");",换行。函数 f4(n)的作用是将十进制数 n 的各位数按原顺序输出。第 4 行的输出结果为 123。答案为 B。

【本题答案】

(1) A   (2) B   (3) C   (4) B

14. 阅读下列程序并回答问题,在每小题提供的 4 个可选答案中挑选一个正确答案。

【程序】

```
#include <stdio.h>
main()
{  int a =-1, b =1;
   void f1(int x, int y), f2(int * x, int * y);
   void f3(int * x, int * y), f4(int x, int y);
   f1(a, b);
   printf("(%d,%d)\n", a, b);
   a=-1, b=1;
   f2(&a, &b);
   printf("(%d,%d)\n", a, b);
   a=-1, b=1;
   f3(&a, &b);
   printf("(%d,%d)\n", a, b);
   a=-1, b=1;
   f4(a, b);
   printf("(%d,%d)\n", a, b);
}
void f1(int x, int y)
{  int t;
   t=x; x=y; y=t;
}
void f2(int * x, int * y)
{  int t;
   t= * x; * x= * y; * y=t;
}
void f3(int * x, int * y)
{  int * t;
   t=x; x=y; y=t;
}
void f4(int x, int y)
{  int * t=malloc(sizeof(t));
   * t=x; x=y; y= * t;
}
```

(1) 程序运行时,第 1 行输出_____。

    A. (1，−1)   B. (−1，1)   C. (−1，−1)   D. (1,1)

(2) 程序运行时,第 2 行输出_____。

    A. (1，−1)   B. (−1，1)   C. (−1，−1)   D. (1,1)

(3) 程序运行时,第 3 行输出_____。

    A. (1，−1)   B. (−1，1)   C. (−1，−1)   D. (1,1)

(4) 程序运行时,第 4 行输出_____。

    A. (1，−1)   B. (−1，1)   C. (−1，−1)   D. (1,1)

【程序分析】

main 函数中先定义了两个整型变量 a 和 b,并分别赋初值−1 和 1。接着声明函数 f1、f2、f3 和 f4 的原型。然后分别调用这些函数(调用时的实参是 a 和 b,或者是 a 和 b 的地址),并在每次调用前还原 a 和 b 的初值,调用后输出 a 和 b 的值,以检验 a 和 b 的值是否改变。

① 在 main 函数中对函数 f1 的调用语句是"f1(a,b);"。调用的过程如下。

- 将 a 和 b 的值分别传递给形参 x 和 y,使 x 等于−1、y 等于 1。

- 在 f1 函数体内定义了一个整型变量 t,用于 x 和 y 交换值时的中间变量。交换之后,使 x 等于 1、y 等于−1。可以看出,x 和 y 的交换过程并没有影响 main 函数中的变量 a 和 b。

- 当结束对 f1 函数的调用后,执行语句"printf("(%d,%d)\n", a, b);",得到第 1 行的输出结果(−1,1)。答案为 B。

② 在 main 函数中对函数 f2 的调用语句是"f2(&a,&b);"。调用的过程如下。

- 将 a 和 b 的地址分别传递给形参 x 和 y,使 x 等于 a 的地址、y 等于 b 的地址。也就是使 x 指向 a,使 y 指向 b。此时 ∗x 和 ∗y 相当于 a 和 b。

- 在 f2 函数体内定义了一个整型变量 t,用于 ∗x 和 ∗y 交换值时的中间变量。交换后,使 ∗x 等于 1、∗y 等于−1。也就是使变量 a 的值变为 1,b 的值变为−1,从而实现了 main 函数中变量 a 和 b 值的交换。

- 当结束对 f2 函数的调用后,得到第 2 行的输出结果(1,−1)。答案为 A。

③ 在 main 函数中对函数 f3 的调用语句是"f3(&a,&b);"。调用的过程如下。

- 与②相同,使 x 指向 a,y 指向 b。此时 ∗x 和 ∗y 相当于 a 和 b。

- 在 f3 函数体内定义了一个中间指针变量 t。交换后,使 x 等于 b 的地址,y 等于 a 的地址。也就是使 x 指向变量 b,y 指向变量 a。并没有改变 main 中 a 和 b 的值,于是得到第 3 行的输出结果(−1,1)。答案为 B。

④ 在 main 函数中对函数 f4 的调用语句是"f4(a,b);"。调用的过程如下。

- 将 a 和 b 的值分别传递给形参 x 和 y,使 x 等于−1、y 等于 1。

- 在 f1 函数体内定义了一个指针变量 t,调用 malloc 函数分配存储单元并将 t 指向该单元。从"∗t=x; x=y; y=∗t;"语句组可知,∗t 用于 x 和 y 交换值时的中间变量。交换之后,使 x 等于 1、y 等于−1。可以看出,x 和 y 的交换过程并没有影响 main 函数中的变量 a 和 b。第 4 行的输出结果(−1,1)。答案为 B。

（1）B   （2）A   （3）B   （4）B

15. 阅读下列程序并回答问题,在每小题提供的 4 个可选答案中挑选一个正确答案。

【程序】

```
#include <stdio.h>
void f1(int n){
    while(n--) printf("%d ",n);
    printf("%d\n",n);
}
int f2(int n){
    if(n<=2) return 1;
    else return f2(n-1)+f2(n-2);
}
main()
{   int a=4;
    printf("%d %d\n",a!=a,a&&10);
    printf("%d %d\n",~(~a^a),a|1);
    f1(3);
    printf("%d %d\n",f2(4),f2(5));
}
```

【问题】

（1）程序运行时,第 1 行输出_____。
    A. 0 1   B. 1 0   C. 0 4   D. 1 10

（2）程序运行时,第 2 行输出_____。
    A. 1 4   B. 0 5   C. 0 4   D. 0 1

（3）程序运行时,第 3 行输出_____。
    A. 3 2 1 0   B. 3 1   C. 2 1 0 −1   D. 2 1 0

（4）程序运行时,第 4 行输出_____。
    A. 3 4   B. 2 3   C. 5 8   D. 3 5

【程序分析】

① 在 main 函数中,定义了一个整型变量 a,并赋初值 4。执行"printf("%d %d\n", a!=a,a&&10);"语句,分别输出表达式 a!=a 和 a&&10 的值。关系表达式 a!=a 的值为 0,逻辑表达式 a&&10 的值为 1,所以第 1 行的输出结果为 0 1。答案为 A。

② 在 main 函数中,执行"printf("%d %d\n",~(~a^a),a|1);"语句,分别输出表达式 ~(~a^a) 和 a|1 的值。

- 在位运算表达式 ~(~a^a) 中,~a 是 a 的按位取反,~a^a 是表示 ~a 与 a 进行异或运算。因为任何一个数的按位取反数与这个数自身的异或后,结果是各位全为 1,所以 ~a^a 的结果是各位都为 1,~(~a^a) 则是各位全为 0,即十进制数 0。

- 因为 a 的值为 4,其二进制数为 100,所以 a|1 的值为 101,即十进制数 5。第 2 行的输出结果为 0 5。答案为 B。

③ 在 main 函数中,调用函数 f1(3)。将 3 作为实参传递给 f1 函数中的形参 n,使 n 的值为 3。执行 f1 函数体中的语句"while(n--) printf("%d",n);",循环条件为 n--。表达式 n-- 的特点是用 n 的当前值作为表达式的值,然后 n 值再自动减 1。因此在 while(n--)

的一系列判断中,所测试的条件值依次为 3、2、1 和 0,之后 n 的值依次变为 2、1、0 和 −1。在该循环体中,依次执行"printf("%d",n);"语句,输出 2 1 0。

因为最后一次判断循环条件为 0(假),判断之后,n 由 0 变为 −1,所以执行"printf("%d\n",n);"语句,输出 −1。第 3 行的输出结果为 2 1 0 −1。答案为 C。

④ 在 main 函数中,执行"printf("%d %d\n",f2(4),f2(5));"语句,分别输出 f2(4) 和 f2(5)的值。从 f2 的函数体语句中可知,f2 为递归函数。当 n 小于或等于 2 时,函数的值为 1;否则 f2(n)的值等于 f2(n−1)+f2(n−2)。由此可得到 f2(1)、f2(2)、f2(3)、f2(4) 和 f2(5)的值分别为 1、1、2、3 和 5。第 4 行的输出结果为 3 5。答案为 D。

【本题答案】

(1) A   (2) B   (3) C   (4) D

16. 阅读下列程序并回答问题,在每小题提供的 4 个可选答案中挑选一个正确答案。

【程序】

```c
#include <stdio.h>
int f(int a[],int n){
    int i;
    while(n>1){
        for(i=0;i<n-1;i++){
            a[i]=a[i+1]-a[i];
        }
        for(i=0;i<n;i++){
            printf("%d ",a[i]);
        }
        printf("\n");
        n--;
} }
main()
{   static int a[100]={1,3,2,9,4};
    f(a,5);
}
```

【问题】

(1) 程序运行时,第 1 行输出_____。

     A. 1 3 2 9 4   B. 2 −1 7 −5 4   C. 2 −1 7 −5   D. 2 −1 7 −5 −4

(2) 程序运行时,第 2 行输出_____。

     A. −3 8 −12 −5   B. −3 8 −12   C. −3 8 −12 9   D. 2 −1 7

(3) 程序运行时,第 3 行输出_____。

     A. 11 −20   B. −3 8   C. 11 −20 −12 7   D. 11 −20 −12

(4) 程序运行时,第 4 行输出_____。

     A. −31   B. 11 −20   C. −31 20   D. −31 −20

【程序分析】

在 main 函数中定义了一个具有 100 个元素的静态整型数组 a,并赋初值,使 a[0]、a[1]、a[2]、a[3] 和 a[4] 分别为 1、3、2、9 和 4,其他元素均默认为 0。

通过函数调用语句"f(a,5);"完成预定的任务。实参为 a 和 5,也就是将数组 a 的首地址传递给形参 a,将 5 传递给形参 n。

在 f 函数中,通过一个 while 循环修改和输出 a 中的某些元素值。while 的循环条件为 n>1,每循环一次,n 的值都减 1,直至 n 为 0 时结束 while 循环。

在 while 循环体中嵌套着两个并行的 for 循环:第一个 for 循环用于修改元素 a[0],a[1],…,a[n−2];第二个 for 循环用于输出当前的 n 个元素 a[0],a[1],…,a[n−1],然后换行,得到某行的输出结果。

① 当 n 的值为 5 时,执行 while 循环体语句。

- 执行第一个循环语句"for(i=0;i<n−1;i++){a[i]=a[i+1]−a[i];}",依次修改元素 a[0]、a[1]、a[2] 和 a[3] 的值,使之分别为 2、−1、7 和 −5。
- 执行第二个循环语句"for(i=0;i<n;i++){printf("%d",a[i]);}",依次输出元素 a[0]、a[1]、a[2]、a[3] 和 a[4] 的值。于是得到第 1 行的输出结果为 2 −1 7 −5 4。答案为 B。

② 当 n 为 4 时,执行 while 循环体语句。

与①类似,依次修改元素 a[0]、a[1] 和 a[2] 的值为 −3、8 和 −12。再依次输出元素 a[0]、a[1]、a[2] 和 a[3] 的值。第 2 行的输出结果为 −3 8 −12 −5。答案为 A。

③ 当 n 为 3 时,执行 while 循环体语句,依次修改元素 a[0] 和 a[1] 的值为 11 和 −20。再依次输出元素 a[0]、a[1] 和 a[2] 的值。第 3 行的输出结果为 11 −20 −12。答案为 D。

④ 当 n 为 2 时,执行 while 循环体语句,修改元素 a[0] 的值为 −31。再输出元素 a[0] 和 a[1] 的值。第 4 行的输出结果为 −31 −20。答案为 D。

【本题答案】

(1) B   (2) A   (3) D   (4)D

17. 阅读下列程序并回答问题,在每小题提供的 4 个可选答案中挑选一个正确答案。

【程序】

```
#include <stdio.h>
main()
{  char c, s[80]="Happy New Year";
   int i; void f(char * s, char c);
   c=getchar();
   f(s, c);
   puts(s);
}
void f(char * s, char c)
{  int k=0, j=0;
   while(s[k]!='\0'){
       if(s[k]!=c){
           s[j]=s[k];
           j++;
       }
       k++;
   }
   s[j]='\0';
}
```

(1) 程序运行时,输入字母 a,输出_____。

   A. Happy New Year   B. Hppy New Yer

   C. Hay New Year   D. Happy Nw Yar

（2）程序运行时，输入字母 e，输出_____。

    A. Happy New Year   B. Hppy New Yer

    C. Hay New Year   D. Happy Nw Yar

（3）程序运行时，输入字母 p，输出_____。

    A. Happy New Year   B. Hppy New Yer

    C. Hay New Year   D. Happy Nw Yar

（4）程序运行时，输入字母 b，输出_____。

    A. Happy New Year   B. Hppy New Yer

    C. Hay New Year   D. Happy Nw Yar

【程序分析】

在 main 函数中定义了一个具有 80 个元素的字符数组 s，并赋初值"Happy New Year"。数组 s 的状态为

H	a	p	p	y		N	e	w		Y	e	a	r	\0	\0	⋯	\0

语句"void f(char ＊s, char c);"对函数 f 的原型进行声明。语句"c＝getchar();"是输入一个字符给变量 c。语句"f(s, c);"是对函数 f 进行调用。语句"puts(s);"是输出字符串 s。

如图 2-4-3 所示，在 f 函数中定义了两个整型变量 k 和 j，并赋初值都为 0。while 循环中的循环条件为（s[k] != '\0'），表明当 s[k] 不为空字符时，执行循环体语句。每执行循环体一次，都会执行"k＋＋;"语句，使 k 的值增加 1。由此可知，while 循环的作用是在对 s 所指的字符串进行逐个字符检查和处理。

在 while 循环体中，if 语句的作用是，如果当前的 s[k] 不等于字符 c，就执行"s[j]＝s[k];"语句，将 s[k] 复制到 s[j]，然后执行"j＋＋;"，使 j 增加 1。反之，如果 s[k] 等于字符 c，就不执行"s[j]＝s[k];"语句，也就是不复制 c 到 s[j]，j 的值也不会增加。此时与 c

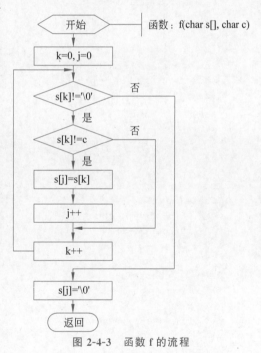

图 2-4-3　函数 f 的流程

相等的 s[j] 会被下一个不等于 c 的 s[k] 覆盖，等于 c 的字符就被删除了。

然后判断下一个字符 s[k] 是否为空字符，如果不为空字符，就进行下一次循环，否则结束循环，表明对字符串中的每一个字符都进行了比较。

①　程序运行时，输入字母 a，即变量 c 的值为字符 a。根据上述分析，得知将字符串中的字符 a 删除，所以输出 Hppy New Yer。答案为 B。

②　程序运行时，输入字母 e。将删除原字符串中的字符 e。答案为 D。

③ 程序运行时,输入字母 p。将删除原字符串中的字符 p。答案为 C。

④ 程序运行时,输入字母 b。因为字符串中无字母 b,所以输出原串。答案为 A。

【本题答案】

(1) B   (2) D   (3) C   (4) A

18. 阅读下列程序并回答问题,在每小题提供的 4 个可选答案中挑选一个正确答案。

【程序】

```
#include <stdio.h>
struct num{int a,b;};
void f(struct num s[], int n)
{   int index, j, k;
    struct num temp;
    for(k=0;k<n-1;k++){
        index=k;
        for(j=k+1;j<n;j++)
            if(s[j].b<s[index].b) index=j;
        temp=s[index];
        s[index]=s[k];
        s[k]=temp;
    }
}
main()
{   int count, i, k, m, n, no;
    struct num s[100], * p;
    scanf("%d%d%d", &n, &m, &k);
    for(i=0;i<n; i++){
        s[i].a=i+1;
        s[i].b=0;
    }
    p=s;
    count=no=0;
    while(no<n){
        if(p->b==0) count++;
        if(count==m){
            no++;
            p->b=no;
            count=0;
        }
        p++;
        if(p==s+n)p=s;
    }
    f(s,n);
    printf("%d: %d\n", s[k-1].b, s[k-1].a);
}
```

(1) 程序运行时,输入 5 4 3,输出_____。

    A. 3:5   B. 2:3   C. 1:2   D. 4:1

(2) 程序运行时,输入 5 3 4,输出_____。

    A. 3:5   B. 1:2   C. 4:3   D. 4:2

(3) 程序运行时,输入 7 5 2,输出_____。

    A. 1:5   B. 6:1   C. 2:3   D. 2:4

（4）程序运行时，输入 4 2 4，输出_____。

  A. 3：3   B. 4：2   C. 2：4   D. 4：1

【程序分析】

说明了一个结构体类型 struct num，它有两个整型成员 a 和 b。

自定义函数 f 的首部为 void（struct num s[]，int n）。从中可以看出，函数 f 带两个参数：一个参数是 struct num 类型的数组 s，另一个是整型的参数 n。

在函数 f 的函数体中，用到了一个二重循环对结构体数组 s 进行处理（排序）。从外循环 for($k=0$；$k<n-1$；$k++$) 以及外循环体可知，外循环控制变量 k 从 0 至 $n-2$，k 每次增加 1。从内循环 for($j=k+1$；$j<n$；$j++$) 以及内循环体可知，内循环控制变量 j 从 $k+1$ 至 $n-1$，j 每次增加 1。

在内循环开始之前，变量 index 的初值为 s[k] 的下标 k。通过执行内循环体语句，将 s[index] 与 s[j] 二者的成员 b（即 s[index].b 与 s[j].b）进行比较，若 s[index].b 大于 s[j].b，则使 index 等于 j，即用 index 保存原 s[index].b 与 s[j].b 中较小者的下标（$j=k+1,k+2,\cdots,$ $n-1$）。当内循环结束时，index 的值就是 s[k].b，s[k+1].b，$\cdots$，s[n-1].b 中最小者的下标。

内循环执行完毕，将 s[index] 与 s[k] 进行交换，使 s[k] 保存 s[k].b，s[k+1].b，$\cdots$，s[n-1].b 中最小者的结构体元素。

这样，若 k 为 0，则 s[0] 保存所有元素中成员 b 最小的那个元素。若 k 为 1，则 s[1] 保存成员 b 次小的那个元素。按照 k 的取值顺序，以此类推，s[n-1] 则保存所有元素中成员 b 最大的那个元素。由此可知，函数 f 采用选择排序法，将数组 s 中的所有元素按照其成员 b 升序排列。

在 main 函数中，定义了一个可存 100 个元素的结构体类型 struct num 数组 s，并定义了一个指向该结构体类型的指针 p。

① 程序运行时，输入 5 4 3，使 main 函数中的变量 n、m 和 k 分别等于 5、4 和 3。

- 执行循环语句“for($i=0$；$i<n$；$i++$)｛s[i].a=i+1；s[i].b=0；｝”得到 s[0]、s[1]、s[2]、s[3] 和 s[4] 的成员 a 分别为 1、2、3、4 和 5，所有元素的成员 b 都为 0。

- 执行“p=s；”语句，使 p 指向 s[0]。执行“count=no=0；”语句，将 count 和 no 都置为 0。

- 从 while(no<n) 循环可知，count 用于统计成员 b 为 0 的结构体元素个数。如果 count 等于 m（这里即等于 4），就将 no 增 1，p 所指的成员 b 置为 no 的值，同时将 count 清零。

执行“p++；”语句，使 p 指向下一个元素。如果 p 指向 s[n]（这里即指向 s[5]），就使 p 指向 s[0]。从而可知，在执行 while 循环语句的过程中，p 依次循环指向 s[0]，s[1]，s[2]，s[3]，s[4]，s[0]，s[1]，s[2]，$\cdots$

在该 while 循环结束时，s[0]、s[1]、s[2]、s[3] 和 s[4] 各自的两个成员（a,b）依次为 (1,5)、(2,4)、(3,2)、(4,1) 和 (5,3)。

- 执行函数调用语句“f(s,n)；”，将按照 s 数组元素的成员 b 由小到大进行排序，因此得到 s[0]、s[1]、s[2]、s[3]、s[4] 各自的两个成员（a,b）依次为 (4,1)、(3,2)、(5,3)、(2,4)、(1,5)。

因为 k 为 3，所以得到输出结果为 3：5。答案为 A。

② 程序运行时，输入 5 3 4，使 main 函数中的变量 n、m 和 k 分别等于 5、3 和 4。分析

方法与①相同。

- 当 while 循环结束时,s[0]、s[1]、s[2]、s[3]和 s[4]各自的两个成员(a,b)依次为 (1,2)、(2,4)、(3,1)、(4,5)和(5,3)。
- 执行函数调用语句"f(s,n);",得到 s[0]、s[1]、s[2]、s[3]和 s[4]各自的两个成员 (a,b)依次为(3,1)、(1,2)、(5,3)、(2,4)和(4,5)。

因为 k 为 4,所以得到输出结果为 4:2。答案为 D。

③ 程序运行时,输入 7 5 2,使 main 函数中的变量 n、m 和 k 分别等于 7、5 和 2。分析方法与①相同。

- 当 while 循环结束时,s[0]、s[1]、s[2]、s[3]、s[4]、s[5]和 s[6]各自的两个成员(a,b)依次为(1,6)、(2,3)、(3,2)、(4,4)、(5,1)、(6,7)和(7,5)。
- 执行函数调用语句"f(s,n);",得到 s[0]、s[1]、s[2]、s[3]、s[4]、s[5]和 s[6]各自的两个成员(a,b)依次为(5,1)、(3,2)、(2,3)、(4,4)、(7,5)、(1,6)和(6,7)。

因为 k 为 2,所以得到输出结果为 2:3。答案为 C。

④ 程序运行时,输入 4 2 4,使 main 函数中的变量 n、m 和 k 分别等于 4、2 和 4。分析方法与①相同。

- 当 while 循环结束时,s[0]、s[1]、s[2]和 s[3]各自的两个成员(a,b)依次为(1,4)、(2,1)、(3,3)和(4,2)。
- 执行函数调用语句"f(s,n);",得到 s[0]、s[1]、s[2]和 s[3]各自的两个成员(a,b)依次为(2,1)、(4,2)、(3,3)和(1,4)。

因为 k 为 4,所以得到输出结果为 4:1。答案为 D。

【本题答案】

(1) A   (2) D   (3) C   (4) D

19. 阅读下列程序并回答问题,在每小题提供的 4 个可选答案中挑选一个正确答案。

【程序】

```c
#include <stdio.h>
struct st{
    char c;
    char s[80];
};
char * f(struct st t);
main()
{ int k;
    struct st a[4]={{'1',"123"},{'2',"321"},{'3',"123"},{'4',"321"}};
    for(k=0; k<4; k++)
    printf("%s\n", f(a[k]));
}
char * f(struct st t)
{ int k=0;
    while(t.s[k]!='\0'){
        if(t.s[k]==t.c) return t.s+k;
        k++;
    }
    return t.s;
}
```

（1）程序运行时，第 1 行输出_____。

    A. 321   B. 21   C. 123   D. 12

（2）程序运行时，第 2 行输出_____。

    A. 21   B. 12   C. 3   D. 1

（3）程序运行时，第 3 行输出_____。

    A. 3   B. 123   C. 1   D. 321

（4）程序运行时，第 3 行输出_____。

    A. 123   B. 1   C. 3   D. 321

【程序分析】

声明了一个结构体类型 struct st。它有两个成员 c 和 s，其中 c 的类型为 char，s 为可存 80 个字符的 char 型数组。

在 main 函数前，通过"char * f(struct st t);"语句对函数 f 进行了声明。由此可知，函数 f 带一个 struct st 类型的参数，返回指向 char 型的指针。

在 main 函数中，定义了一个 struct st 类型的结构体数组 a，并赋初值，使各元素的第一个成员 a[0].c、a[1].c、a[2].c 和 a[3].c 分别为数字字符 1、2、3 和 4，各元素的第二个成员（即 char 型数组)a[0].s、a[1].s、a[2].s 和 a[3].s 分别存字符串"123"、"321"、"123"和"321"。

在 main 函数中，通过 for 循环执行"printf("%s\n", f(a[k]));"语句(k 依次取 0、1、2 和 3)，其中函数 f(a[k]) 返回指向字符串的指针，由 printf 输出该字符串。

下面分别对 main 函数中的 k 取 0、1、2 和 3 时调用 f(a[k]) 的过程进行分析。

① 调用 f(a[0])：将 a[0] 的值传递给形参 t，使 t.c 为字符 1，使 t.s 数组存字符串 "123"。从 t.s 指向"123"可知，t.s[0]、t.s[1]、t.s[2] 和 t.s[3] 分别为字符'1'、'2'、'3'和空字符。

在 f 的函数体中，定义了一个整型变量 k，其初值为 0。执行 while 循环语句。

- 第一次判断的循环条件为 t.s[0]!='\0'，即'1'!='\0'，其值为 1(真)，执行 while 循环体语句。计算 if 条件 t.s[0]==t.c，即'1'=='1'条件为真，执行 return 语句，返回 t.s+k，即返回 t.s(因为 k 为 0)，也就是返回指向字符串"123"的指针。因此，在 main 函数中执行"printf("%s\n", f(a[0]));"语句，得到输出结果 123。答案为 C。

② 调用 f(a[1])：将 a[1] 的值传递给形参 t，使 t.c 为字符 2，使 t.s 指向字符串"321"。在 f 的函数体中，执行 while 循环语句。

- 第一次计算循环条件.s[0]!='\0'，得值为 1(真)，执行 while 循环体语句。计算 if 条件 t.s[0] == t.c，为假，不执行 return 语句。执行"k++;"语句，使 k 为 1。
- 第二次判断的循环条件为 t.s[1]!='\0'为真，执行 while 循环体语句。计算 if 条件 t.s[1] == t.c，为真，执行 return 语句，返回 t.s+1，即返回指向子字符串"21"的指针。因此，在 main 函数输出结果为 21。答案为 A。

③ 调用 f(a[2])：将 a[2] 的值传递给形参 t，使 t.c 为字符 3，使 t.s 指向字符串"123"。在 f 的函数体中，执行 while 循环语句，最后返回 t.s+2，即返回指向子字符串"3"的指针。得到输出结果 3。答案为 A。

④ 调用 f(a[3])：将 a[3] 的值传递给形参 t，使 t.c 为字符 4，使 t.s 指向字符串"321"。最后返回 t.s，即返回指向字符串"321"的指针。输出结果 321。答案为 D。

【本题答案】

(1) C   (2) A   (3) A   (4) D

4.2 程序填空选择题

本节所分析的是程序阅读填空题的另一种类型。该类型题给出带有 4 个空格的程序，并为每一个空格提供 A、B、C 和 D 4 个选项。要求应试者根据题意阅读和分析程序，为每一个空格挑选一个正确的答案以便完成程序。

1. 阅读下列程序说明和程序，在每小题提供的 4 个可选答案中挑选一个正确答案。

【程序说明】

输入一批整数（以零或负数为结束标志），求最大值。

运行示例：

```
Enter integers:9 33 69 10 31 -1
max=69
```

【程序】

```
#include <stdio.h>
main()
{   int x,max;
    printf("Enter integers:");
    scanf("%d",&x);
     (1)  ;
    while(  (2)  ){
       if(max<x) max=x;
        (3)  ;
    }
    printf("max=  (4)  \n",max);
}
```

【供选择的答案】

(1) A. max=x   B. x=max   C. max=0   D. max=10000

(2) A. x>=0   B. x>0   C. x!=0   D. x<0 || x==0

(3) A. scanf("%d",x)   B. scanf("%d",&x)

    C. x=max   D. max=x

(4) A. max   B. %.0f   C. %d   D. %x

【程序分析】

在一批数中找最大值，首先假设第一个数是最大值，然后将第二个数与该最大值进行比较，如果比该最大值大，就将第二个数作为新的最大值，否则最大值不变。将第三个数与当前最大值进行比较，如果比当前最大值大，就将第三个数作为新的最大值，否则当前最大值不变。按照这种方法，依次比较第四个数、第五个数……倒数第二个数和最后一个数，即可得到最大值。因为从比较第二个数开始到比较最后一个数结束，其方法都是相同的，是重复的过程，所以可用循环语句实现。

① 程序中用变量 max 保存最大值,用 x 保存当前输入的整数。程序执行第一条 printf 语句,输出"Enter integers:",用于提示输入数据。接着,用 scanf 输入一个整数给 x,此 x 的值为一个输入的整数。按照上述的分析思路,应该假设此时 x 的值为最大值,因此空格(1)的答案为 A。

② 接着用 while 循环依次处理后面所有的数。根据题意"以零或负数为结束标志"可知,while 循环的条件是 x>0,因此空格(2)的答案为 B。

③ 在 while 循环体中,"if(max<x) max=x;"语句表明,如果当前的 x 比 max 大,就使此 x 的值作为最大值。于是,max 就保存着所有已经比较了的数中的最大数。下面应该是输入一个新的值给 x,为下一次循环做准备。因此,空格(3)的答案为 B。

④ while 循环结束后,max 中保存的就是最大值。因为 max 为 int 型变量,所以输出时的格式符应该用%d。空格(4)的答案为 C。

【本题答案】

(1) A　　　　　(2) B　　　　　(3) B　　　　　(4) C

2. 阅读下列程序说明和程序,在每小题提供的 4 个可选答案中挑选一个正确答案。

【程序说明】

输入一个正整数 n,计算 1!+2!+3!+…+n!。

运行示例:

```
Enter n:3
1!+…+3!=9
Enter n:5
1!+…+5!=153
```

【程序】

```
#include <stdio.h>
main()
{  int i,n;
   double fact,sum;
   printf("Enter n:");
   scanf("%d",&n);
     (1)   ;
   for(i=1;  (2)  ; i++){
       (3)   ;
      sum=sum+fact;
   }
   printf("1!+…+  (4)  =%.0f\n",n,sum);
}
```

【供选择的答案】

(1) A. sum=0　　　　　　　　B. fact=0,sum=0

　　 C. fact=n　　　　　　　　D. fact=1,sum=0

(2) A. i<n　　　　　B. i<=100　　　　C. i<=n　　　　D. i>0

(3) A. fact=fact * n　B. fact=1　　　C. fact=sum * i　D. fact=fact * i

(4) A. %d!　　　　　B. %f!　　　　　C. %d　　　　　D. 5!

【程序分析】

根据题意,程序执行时首先输入一个整数给 n,然后计算并输出 1!+2!+3!+…+n!。程序中利用一个单循环 for 来求这 n 个阶乘的和,求和变量为 sum。对于整数 i(i=1,2,3,…,n)来说,其阶乘 i!等于(i-1)! * i。若 fact 等于(i-1)!,则 i!等于 fact * i。

① 程序执行第一条 printf 语句,输出"Enter n:",用于提示输入整数 n。接着应该给变量 sum 和 fact 赋初值,为 for 循环作准备。因此,空格(1)的答案为 D。

② 从该 for 语句可以看出,循环控制变量 i 的初值为 1,每次循环后 i 递增 1,循环体中计算 i 的阶乘,并累加到 sum,需要循环 n 次才可,所以循环条件为 i<=n,空格(2)的答案为 C。

③ 在 for 循环体中,首先计算 i 的阶乘,即 fact 等于 fact * i,然后再将 fact 累加到 sum。因此,空格(3)的答案为 D。

④ for 循环结束后,sum 中保存的就是 1!+2!+3!+…+n!,在输出显示时,要根据 n 的取值不同而不同。因为 n 为整型变量,所以输出 n 时的格式符用%d。综合考虑,空格(4)的答案为 A。

【本题答案】

(1) D   (2) C   (3) D   (4) A

3. 阅读下列程序说明和程序,在每小题提供的 4 个可选答案中挑选一个正确答案。

【程序说明】

输入正整数 n,计算并输出 1/2+2/3+3/5+5/8+…的前 n 项之和,保留两位小数。该序列从第 2 项起,每一项的分母是前一项分子与分母的和,分子是前一项的分母。

【程序】

```
#include <stdio.h>
void main()
{ int i,n;
  double denominator,numerator,sum,temp;
  scanf("%d",&n);
  numerator=1;
  denominator=2;
  sum=0;
  for(i=1;  (1)  ;i++){
      sum=sum+  (2)  ;
      temp=denominator;
       (3)  ;
       (4)  ;
  }
  printf("sum=%.2f\n",sum);
}
```

【供选择的答案】

(1) A. i<=n   B. i<n   C. i>=n   D. i>n

(2) A. denominator/numerator   B. numerator/denominator

     C. denominator   D. numerator

(3) A. numerator=numerator+denominator

     B. denominator=numerator

C. denominator＝numerator＋denominator

D. denominator＝temp

（4）A. denominator＝temp   B. denominator＝numerator

C. numerator＝denominator   D. numerator＝temp

【程序分析】

① 程序首先通过 scanf 输入一个整数给 n，然后执行 3 个赋值语句，分别给变量 numerator、denominator 和 sum 赋初值 1、2 和 0。根据题意，可知程序利用 for 循环语句实现 n 个分数之和。从该 for 循环语句的具体情况可得出循环条件为 i＜＝n，所以空格（1）的答案为 A。

② 因为第一个分数的分子为 1，分母为 2，且从该 for 循环体中第一个语句可知 sum 为求和变量，所以进而可知 numerator 为分子，denominator 为分母。于是，可得到空格（2）的答案为 B。

③ 根据题意，从第 2 个分数起，每一项的分母是前一项分子与分母的和，分子是前一项的分母。为了下一次循环，分子变量 numerator 和分母变量 denominator 都要在本次循环中改变。for 循环体中的第二条语句"temp＝denominator；"的作用是用 temp 暂存分母 denominator 的值，接下来就应该是改变 denominator 的语句，所以（3）的答案是 C。

④ 下一次循环的分母 denominator 确定后，再确定下一次循环的分子 numerator，也就是原分母的值，即 temp 的值。所以空格（4）的答案为 D。

【本题答案】

（1）A   （2）B   （3）C   （4）D

4. 阅读下列程序说明和程序，在每小题提供的 4 个可选答案中挑选一个正确答案。

【程序说明】

输入一行字符，分别统计并输出其中英文字母、数字和其他字符的个数。

运行示例：

```
Enter characters: f(x,y)＝3x+5y-10
letter=5, digit=4, other=6
```

【程序】

```
#include <stdio.h>
main()
{ int digit, i, letter, other;
   (1)  ch;
  digit=letter=other=0;
  printf("Enter characters: ");
  while(  (2)  !='\n')
     if(  (3)  )
        letter ++;
      (4)  (ch >='0' && ch <='9')
        digit ++;
     else
        other ++;
  printf("letter=%d, digit=%d, other=%d\n", letter, digit, other);
}
```

【供选择的答案】

(1) A. *　　　　　　B. float　　　　　C. double　　　　　D. char

(2) A. (ch＝getchar())　　　　　　　B. ch＝getchar()

　　　C. getchar(ch)　　　　　　　　D. putchar(ch)

(3) A. (ch >= 'a' && ch <= 'z') && (ch >= 'A' && ch <= 'Z')

　　　B. (ch >= 'a' && ch <= 'z') ‖ (ch >= 'A' && ch <= 'Z')

　　　C. ch >= 'a' && ch <= 'Z'

　　　D. ch >= 'A' && ch <= 'z'

(4) A. if　　　　　　B. else　　　　　C. else if　　　　　D. if else

【程序分析】

① 通过观察该程序可知,所输入的每一个字符都使用变量 ch 临时存储,因此 ch 的类型是字符型(char)。空格(1)的答案为 D。

② 程序利用 while 循环对所输入的每一个字符进行判断和统计,直到输入换行符'\n'为止。在 while 循环语句前,字符变量 ch 的值不确定,所以在 while 循环条件表达式中应该包含赋值表达式 ch＝getchar()。考虑到赋值运算符＝比关系运算符!＝的优先级低,空格(2)的正确答案应该是 A。

③ 在 while 循环语句前执行赋值语句"digit＝letter＝other＝0;",使 letter、digit 和 other 这 3 个变量都为 0。再观察 while 循环体中的语句可知,letter、digit 和 other 这 3 个变量为计数器。进一步分析可知,other 为其他字符的计数器,digit 为数字字符计数器,letter 为英文字母计数器。因此空格(3)处是判断当前字符是否为英文字母的表达式,答案是 B。

④ 在空格(4)处为 ch 不是英文字母时的进一步判断,所以是 else if。答案为 C。

【本题答案】

(1) D　　　　(2) A　　　　(3) B　　　　(4) C

5. 阅读下列程序说明和程序,在每小题提供的 4 个可选答案中挑选一个正确答案。

【程序说明】

输入一个字符串和一个正整数 m,将该字符串中的前 m 个字符复制到另一个字符串中,再输出后一个字符串。

运行示例 1:

```
Enter a string: 103+895=?
Enter an integer: 6
The new string is 103+89
```

运行示例 2:

```
Enter a string: 103+895=?
Enter an integer: 60
The new string is 103+895=?
```

运行示例 3:

```
Enter a string: 103+895=?
Enter an integer: 0
The new string is
```

【程序】

```
#include <stdio.h>
#include < __(1)__ >
main()
{  char s[80], t[80], i, m;
   printf("Enter a string:");
   gets(s);
   printf("Enter an integer:");
   scanf("%d", &m);
       for(i =0;  __(2)__ ; i++)
           __(3)__ ;
   __(4)__
   printf("The new string is ");
   puts(t);
}
```

【供选择的答案】

(1) A. ctype.h   B. math.h   C. stdio.h   D. string.h

(2) A. i < m   B. s[i] != '\0'

　　 C. s[i] != '\0' && i < m   D. s[i] != '\0' ‖ i < m

(3) A. *s++ = *t++   B. t[i] = s[i]

　　 C. *t++ = *s++   D. s[i] = t[i]

(4) A. t[i] = '\0';   B. ;

　　 C. *++s = '\0';   D. *++t = '\0';

【程序分析】

① 在空格(1)的 4 个可选项都是 ANSI C 标准的头文件,其中 ctype.h 是对字符处理函数原型的声明,math.h 是对数学函数原型的声明,stdio.h 是对标准输入输出函数原型的声明,string.h 是对字符串处理函数原型的声明。观察该程序可知,没有调用字符处理函数和数学函数,所以不需要在程序的开头包含 ctype.h 和 math.h 头文件。程序中所调用的函数为 gets 和 puts,它们分别用于输入字符串和输出字符串,这两个函数的原型是在 stdio.h 中声明的,而在程序的第 1 行已经包含了 stdio.h 头文件。但是,在程序的开始处包含多余的头文件并不会影响程序的编译和执行,又因为此程序是关于字符串处理的程序,所以在空格(1)处填写 string.h 头文件比较合理。空格(1)的最佳答案为 D。

② 程序中定义了两个字符数组 s 和 t。通过"gets(s);"语句,键盘输入字符串存储到数组 s 中,通过 scanf 语句为 m 输入一个整数。根据题意和程序中的语句可知,for 循环语句的作用是将 s 中的前 m 个字符复制到字符数组 t 中,所以 for 循环中的循环条件应该为 s[i]!='\0' && i<m。它考虑到了当 m 大于 s 字符串的长度时的情况。空格(2)的正确答案是 C。

③ 通过执行 for 循环语句,将 s 中前面的 m 个字符(当 s 字符串的长度小于 m 时,将 s 中所有字符)复制到数组 t 中。空格(3)的 4 个选项中,A 和 C 有语法错误,因为 s 和 t 是数组名,是指针常量,所以不能进行++或--运算。答案是 B。

④ for 循环语句结束时,数组 t 保存着 s 中前面的 m 个字符(当 s 字符串的长度小于 m 时,t 则保存着 s 中空字符'\0'之前的所有字符),所以应该在 t 中最后一个字符的后面添加

一个空字符'\0',以作为该新字符串的结束符。空格(4)的答案为 A。

【本题答案】

(1) D   (2) C   (3) B   (4) A

6. 阅读下列程序说明和程序,在每小题提供的 4 个可选答案中挑选一个正确答案。

【程序说明】

输入一个整数,求它的各位数字之和及位数。例如,17 的各位数字之和是 8,位数是 2。
运行示例:

```
Enter an integer:-153
sum=8, count=3
```

【程序】

```
#include <stdio.h>
main()
{   int count=0, in, sum=0;
    printf("Enter an integer:");
    scanf("%d", &in);
    if(   (1)   ) in=-in;
    do{
        sum=sum +   (2)   ;
         (3)   ;
        count++;
    }while(   (4)   );
    printf("sum=%d, count=%d\n", sum, count);
}
```

【供选择的答案】

(1) A. in==0   B. in>0   C. in!=0   D. in<0

(2) A. in/10   B. in mod 10   C. in%10   D. in

(3) A. in=in%10   B. in/10   C. in=in/10   D. in%10

(4) A. in%10!=0   B. in!=0   C. !in   D. in/10!=0

【程序分析】

① 程序通过 scanf 输入一个整数给变量 in,为了方便后面取出 in 的各位数字,应该使 in 为非负整数,所以空格(1)的答案为 D。

② 通过 do-while 循环累加 in 的各位数字之和到变量 sum,并用变量 count 累加 in 的位数。空格(2)所在的行是累加当前 in 的个位数到 sum,所以答案是 C。(注:C 语言无选项 B 中的 mod 运算符,而 mod 在某些语言中用于取余数,不要混淆。)

③ 在累加当前 in 的个位数之后,应该截掉当前 in 的个位数再赋值给 in,以便下一次循环,所以答案是 C。

④ 若 in 不等于 0(或 in 大于 0),则表明还需进一步取 in 的个位数字,即需要进行下一次循环,所以循环条件为 in!=0(或 in>0),空格(4)的答案为 B。

【本题答案】

(1) D   (2) C   (3) C   (4) B

7. 阅读下列程序说明和程序,在每小题提供的 4 个可选答案中挑选一个正确答案。

【程序说明】

输出 10～99 的各位数字之和为 12 的所有整数。要求定义和调用函数 sumdigit(n) 来计算整数 n 的各位数字之和。

运行示例:

```
39 48 57 66 75 84 93
```

【程序】

```
#include <stdio.h>
main()
{  int i; int sumdigit(int n);
   for(i=10;i<=99;i++)
       if(   (1)   )
           printf("%d",i);
   printf("\n");
}
int sumdigit(int n){
    int sum;
     (2)
    do{
     (3)
     (4)
    }while(n!=0);
    return sum;
}
```

【供选择的答案】

(1) A. sumdigit(i)==12   B. sumdigit(i)==i

     C. sumdigit(n)==n   D. sumdigit(n)==12

(2) A. sum=sum;   B. sum=0;   C. ;   D. sum=n;

(3) A. sum=0;   B. sum=sum+n;

     C. sum=sum+n%10;   D. sum=sum+n/10;

(4) A. n=n * 10;   B. n=n%10;   C. n=n−10;   D. n=n/10;

【程序分析】

① 在 main 函数中主要是一个 for 循环语句(循环控制变量 i 取值为 10～99),用于输出满足条件的整数 i。条件是 i 的各位数字之和为 12。因为在程序中定义了函数 sumdigit(n),用于求 n 的数字之和,所以空格(1)的答案为 A。

② 在 sumdigit 函数中,定义了一个整型变量 sum,该 sum 的值在 do-while 循环结束后通过 return 语句返回。sum 是求和变量,是整数 n 各位数字之和。空格(2)选择 B,给变量 sum 赋初值 0。

③ 空格(3)选择 C,取当前 n 的个位数 n%10,并将其累加到 sum。

④ 空格(4)选择 D,表达式 n/10 是去掉 n 的个位数,再赋值给 n,以准备下一次循环。

【本题答案】

(1) A   (2) B   (3) C   (4) D

8. 阅读下列程序说明和程序,在每小题提供的 4 个可选答案中挑选一个正确答案。

【程序说明】

输入 x,求下列算式的值,要求精确到最后一项的绝对值小于 10^{-4}。要求定义和调用函数 fun(x,e) 计算下列算式的值,e 为精度。

$$s = 1 - \frac{x^2}{2!} + \frac{x^4}{4!} - \frac{x^6}{6!} + \cdots + (-1)^n \frac{x^{2n}}{(2n)!}$$

运行示例:

```
Enter: 1.57
S=0.00
```

【程序】

```
#include <stdio.h>
#include <math.h>
main()
{ double s,x;
  double fun(double x,double e);
  printf("Enter x:");
  scanf("%lf",&x);
  s=  (1)  ;
  printf("s=%.2f\n",s);
}
double fun(double x,double e){
  int i=1;
  double item=1,sum=1;
  while(  (2)  ){
      item=  (3)  ;
      sum=sum+item;
      i++;
  }
    (4)  ;
}
```

【供选择的答案】

(1) A. fun(0.0001,x)   B. fun(x,0)

    C. fun(x,1E-4)   D. fun(x,0.001)

(2) A. |item|<e   B. fabs(item)<e

    C. item>e   D. fabs(item)>=e

(3) A. item * x * x/((i-1) * i)   B. item * x * x/((2 * i-1) * (2 * i))

    C. -item * x * x/(2 * i-1)/(2 * i) D. -item * x * x/(2 * i-1) * (2 * i)

(4) A. return   B. return sum   C. return item   D. return sum+1

【程序分析】

① 在 main 函数中定义了两个 double 型变量 s 和 x,其中 x 通过 scanf 输入获得一个值,s 的值通过空格(1)调用函数 fun 获得,再用 printf 输出该 s 的值。因为定义函数 fun 是在 main 函数之后,所以在空格(1)之前用"double fun(double x,double e);"语句声明 fun 函数。

函数 fun 的作用是通过依次传入参数 x 和精度值 10^{-4} 对算式进行计算,直至满足精度要求,返回所计算的和。在空格(1)处,选项 A 中所传入参数的顺序有错误,选项 B 和选项

D 所传入的精度值有错误,选项 C 符合要求。

② 根据题意,累加和中包含所有绝对值大于或等于精度值 10^{-4} 的项,累加和的最后一项的绝对值小于 10^{-4}。该算式的特点是第 i 项的绝对值比其后一项的绝对值大。

在 fun 函数中,变量 i 表示第 i 项,其初值为 1。变量 item 保存第 i 项的值,其初值为 1(第 1 项的值)。变量 sum 为求累加和的变量,其初值为 1,表明已经将第 1 项的值累加到 sum 之中,在 while 循环中求累加和应该从第 2 项开始。当第 i 项的绝对值大于或等于精度值 10^{-4} 时,就累加第 i+1 项的值,所以空格(2)处的选项 D 符合要求,其中 fabs 是求绝对值的函数,它的原型在 math.h 头文件中声明。

③ 根据上述分析,第 1 项的值作为 sum 的初值已经累加,所以第 1 次 while 循环应该累加第 2 项的值。以此类推,第 i 次 while 循环是累加第 i+1 项的值,空格(3)所在的语句是计算第 i+1 项的值,根据第 i 项与第 i+1 项的关系可知,空格(3)处的答案是 C。

④ 函数 fun 的作用是求算式中满足条件的各项之和,当 while 循环结束时,变量 sum 保存着该和,而空格(4)处的语句是在 while 循环结束之后的语句,根据这 4 个可选项的特点可知,选项 B 是正确的答案,它表示结束函数 fun,并将 sum 的值作为函数 fum 的值返回。

【本题答案】

(1) C   (2) D   (3) C   (4) B

9. 阅读下列程序说明和程序,在每小题提供的 4 个可选答案中挑选一个正确答案。

【程序说明】

输出 50~70 的所有素数。要求定义和调用函数 isprime(m)来判断 m 是否为素数,若 m 为素数,则返回 1,否则返回 0。素数是只能被 1 和自身整除的正整数,1 不是素数,2 是素数。

运行示例:

```
53 59 61 67
```

【程序】

```c
#include <stdio.h>
#include <math.h>
main()
{   int i; int isprime(int m);
    for(i=50; i<=70; i++)
        if(  (1)  )
            printf("%d ", i);
}
int isprime(int m){
    int i, k;
    (2)
    k=(int)sqrt((double)m);
    for(i=2; i<=k; i++)
        if(m%i==0)  (3)  ;
    (4)  ;
}
```

【供选择的答案】

(1) A. isprime(m) != 0　　　　　　　B. isprime(i) != 0

　　 C. isprime(m) == 0　　　　　　　D. isprime(i) == 0

(2) A. if(m != 1) return 1;　　　　　B. if(m == 1) return 0;

　　 C. ;　　　　　　　　　　　　　　D. if(m == 1) return 1;

(3) A. return 0　　　　B. return 1　　　C. return i <= k　　D. return

(4) A. return 1　　　　B. return 0　　　C. return　　　　　　D. return i <= k

【程序分析】

① 在 main 函数中用"int isprime(int m);"语句对自定义函数 isprime 进行了声明,该函数的作用是判断整数 m 是否为素数。如果是素数,就返回 1,否则返回 0。main 函数中的 for 循环作用是判断 50~70 的所有整数是否为素数,如果是素数就输出,否则就不输出。空格(1)处是调用函数 isprime 判断 i 是否为素数,如果 i 是素数,就用 printf 输出 i 的值,所以在空格(1)处选项 B 是正确的。在其他几个选项中,A 是实参 m,D 是关系运算符 ==,C 是实参和关系运算符,都是错误的。

② 根据题意,若 m 等于 1,则 m 不是素数,函数 isprime 要返回 0,所以从空格(2)的 4 个可选项中可直接得出 B 是正确答案。

③ 在 isprime 函数中,for 循环语句的作用是从 2 到 k 依次判断是否能除尽 m,若其中某数能除尽 m,则说明 m 不是素数,结束进一步的判断,可直接返回 0。从空格(3)所在行可知,若 m%i 等于 0,表明当前的 i 能除尽 m,m 就不是素数,函数 isprime 的值为 0,选项 A 是正确的答案。

④ 空格(4)处的语句是在正常结束 for 循环后的语句,也就是当 i 等于 k+1 时,使循环条件为假,此时表明从 2 到 k 的所有整数都不能除尽 m,可以证明从 k+1 到 m−1 的所有整数也都不能除尽 m,因此 m 是素数,函数 isprime 的值为 1。答案为 A。

【本题答案】

(1) B　　　　(2) B　　　　(3) A　　　　(4) A

10. 阅读下列程序说明和程序,在每小题提供的 4 个可选答案中挑选一个正确答案。

【程序说明】

输入一个正整数 n1,再输入第一组 n1 个数,这些数已按从小到大的顺序排列,然后输入一正整数 n2,随即输入第二组 n2 个数,也按从小到大的顺序排列。要求将这两组数合并,合并后的数应按从小到大的顺序排列。要求定义和调用函数 merge(list1,n1,list2,n2,list,n),其功能是将数组 list1 的前 n1 个数和数组 list2 的前 n2 个数共 n 个数合并存入数组 list,其中 list1 的前 n1 个数和 list2 的前 n2 个数分别按从小到大的顺序排列,合并后的数组 list 的前 n 个数也按从小到大的顺序排列。

运行示例:

```
Enter n1:6
Ente 6 integers:2 6 12 39 50 99
Enter n1:5
Ente 5 integers:1 3 6 10 35
Merged:1 2 3 6 6 10 12 35 39 50 99
```

【程序】

```
#include <stdio.h>
void merge(int list1[],int n1,int list2[],int n2,int list[],   (1)   ){
    int i,j,k;
      (2)
    while(i<n1&&j<n2){
        if(   (3)   ) list[k]=list1[i++];
        else list[k]=list2[j++];
        k++;
    }
    while(i<n1) list[k++]=list1[i++];
    while(i<n2) list[k++]=list1[j++];
      (4)   ;
}
main()
{   int i,n1,n2,n,list1[100],list2[100],list[100];
    printf("Enter n1:");
    scanf("%d",&n1);
    printf("Ente %d integers:",n1);
    for(i=0;i<n1;i++)
        scanf("%d",&list1[i]);
    printf("Enter n2:");
    scanf("%d",&n2);
    printf("Ente %d integers:",n2);
    for(i=0;i<n2;i++)
        scanf("%d",&list2[i]);
    merge(list1,n1,list2,n2,list,&n);
    printf("Merged:");
    for(i=0;i<n;i++)
        printf("%d ",list[i]);
    printf("\n");
}
```

【供选择的答案】

(1) A. int &n   B. int n   C. n   D. int * n

(2) A. i=j=0；   B. i=j=k=1；   C. i=j=k=0；   D. k=0；

(3) A. list1[k]<list2[j]   B. list1[i]<list2[j]

     C. list1[i]<list2[k]   D. list1[i]>list2[j]

(4) A. * n=k   B. return n1+n2   C. n=k   D. return k

【程序分析】

① 在 main 函数中定义了 3 个一维数组 list1、list2 和 list，然后分别为数组 list1 输入 n1 个数和 n2 个数，且这两组数都是由小到大排列的。

接着执行函数调用语句"merge(list1,n1,list2,n2,list,&n);"，其中实参依次是数组名 list1、数组 list1 中元素的个数 n1、数组名 list2、数组 list2 中元素的个数 n2、数组名 list 和整型变量 n 的地址。因此，在定义函数 merge 时的空格(1)处应该填写一个指向整型(int 型)变量 n 的指针参数，选项 D 符合要求。

根据 main 函数中最后一个循环语句"for(i=0;i<n;i++)printf("%d ",list[i]);"可知，该循环语句依次输出 list 中的元素。根据题意，list 中存储着合并 list1 和 list2 后的元

素,且 list 与 list1 和 list2 一样,其元素也是从小到大排列的。在调用函数 merge 之前,n 的值不确定,而在调用函数 merge 后,变量 n 存放着数组 list 中元素的个数,即 n1+n2 的值。

② 合并 list1 和 list2 都是从第一个元素开始的。从 merge 的函数体中可知,变量 i、j 和 k 分别存储数组 list1、list2 和 list 中当前元素的下标,初值都为 0,所以在空格(2)处选择 C 是正确的。

③ 在 merge 函数中,从第一个 while 循环的循环条件 i<n1&&j<n2 可知,如果 i<n1 且 j<n2,就执行该 while 的循环体语句。它表明 list1 和 list2 中都还有剩余的没有合并到 list 中的元素,当前待合并的分别是 list1[i] 和 list2[j],应该选择其中小的赋给 list[k]。空格(3)所在行是将 list1[i] 赋值给 list[k],表明 list1[i] 比 list2[j] 小,所以应该选择 B,此 if 语句的条件是 list1[i]<list2[j]。

④ 在 merge 函数中,第一个 while 循环语句结束后,i=n1 或 j=n2,表明 list1 或 list2 中还有未合并到 list 中的元素。执行第二个循环语句“while(i<n1) list[k++]=list1[i++];”,是将 list1 中还未合并的元素合并到 list 中,而执行第三个循环语句“while (i<n2) list[k++]=list1[j++];”则是将 list2 中还未合并的元素合并到 list 中。最后,k 的值就是 list 中元素的个数,在空格(4)处选择 A,用于保存合并后 list 中元素的个数。因为函数为 void 类型,所以选项 B 和 D 都是错误的,而在选项 C 中赋值是不合法的。

【本题答案】

(1) D　　　　(2) C　　　　(3) B　　　　(4) A

11. 阅读下列程序说明和程序,在每小题提供的 4 个可选答案中挑选一个正确答案。

【程序说明】

输入 6 个整数,找出其中最小的数,将它和最后一个数交换,然后输出这 6 个数。要求定义和调用函数 swap(x, y),该函数交换指针 x 和 y 所指向单元的内容。

运行示例:

```
Enter 6 integers: 6 1 8 2 10 97
After swaped: 6 97 8 2 10 1
```

【程序】

```
void swap(int * x, int * y)
{  int t;
    (1)  ;
}
main()
{  int i, index, a[10];
   for(i=0; i<6; i++)
      scanf("%d", &a[i]);
    (2)  ;
   for(i=1; i<6; i++)
      if(a[index]>a[i])
          (3)  ;
    (4)  ;
   printf("After swaped:");
   for(i=0; i<6; i++)
      printf("%d ", a[i]);
```

```
    printf("\n");
}
```

【供选择的答案】

(1) A. t=＊x,＊x=＊y,＊y=t   B. t=x,x=y,y=t

    C. ＊t=＊x,＊x=＊y,＊y=＊t   D. &t=x,x=y,y=&t

(2) A. index = 0   B. index = 5   C. index = index   D. index = 1

(3) A. a[index] = a[i]   B. i = index

    C. a[i] = a[index]   D. index = i

(4) A. swap(a[index], a[5])   B. swap(＊a[index], ＊a[5])

    C. swap(a[＊index], a[＊5])   D. swap(&a[index], &a[5])

【程序分析】

① 根据题意,自定义函数 swap(int ＊x, int ＊y)的作用是交换指针 x 和 y 所指向单元的内容。在空格(1)的 4 个选项中,只有 A 中的语句符合要求,而 B、C 和 D 中的语句都有错误。

② 在 main 函数中,第一个 for 循环是为数组 a 输入 6 个整数。通过执行第二个 for 循环语句,找到最小元素。因为在第二个 for 循环中,循环控制变量 i 从 1 到 5,每个 a[i]都与 a[index]比较,而变量 index 在执行该 for 循环时还未赋初值。在空格(2)的 4 个选项中,A 是正确答案。变量 index 用于记录最小元素的下标,使 index 等于 0 是在开始时假设 a[0] 最小。

③ 在"if(a[index]>a[i])"语句中,若 a[index]>a[i]为真,则当前 a[i]比当前最小的元素还要小,需要修改 index,使其为 i 的当前值,D 是空格(3)的正确答案。

④ 空格(4)处是在第二个 for 循环结束后的语句,此时 index 的值是最小元素的下标。根据题意,需要将最小元素(即 a[index])与最后一个元素(即 a[5])交换。因为 swap 函数的两个参数是指针,所以两个实参是 a[index]和 a[5]的地址。选择 D。

【本题答案】

(1) A   (2) A   (3) D   (4) D

12. 阅读下列程序说明和程序,在每小题提供的 4 个可选答案中,挑选一个正确答案。

【程序说明】

输入一个整数,将它逆序输出。要求定义并调用函数 reverse(long number),它的功能是返回 number 的逆序数。例如,reverse(12345)的返回值是 54321。

运行示例:

```
Enter an integer: -123
After reversed: -321
```

【程序】

```
#include <stdio.h>
main()
{ long in;
  long reverse(long number);
  printf("Enter an integer:");
```

```
    scanf("%ld", &in);
    printf("After reversed:%ld\n",  __(1)__ );
}
long reverse(long number)
{   int flag;
    __(2)__ ;
    flag=number < 0 ? -1 : 1;
    if( __(3)__ ) number =-number;
    while(number!=0){
        res = __(4)__ ;
        number /=10;
    }
    return flag * res;
}
```

【供选择的答案】

(1) A. reverse( )　　　B. in　　　C. reverse(in)　　　D. reverse

(2) A. res = 0　　　B. long res　　　C. long res = 0　　　D. res

(3) A. number > 0　　　B. number < 0　　　C. number != 0　　　D. number == 0

(4) A. number%10　　　　　　B. res * 10＋number%10

　　C. number/10　　　　　　D. res * 10＋number/10

【程序分析】

① 自定义函数 reverse 返回值的类型为 long,形参 number 的类型也为 long,该函数的作用是求出 number 的逆序数并返回。在 main 函数中,通过 scanf 输入一个整型数给 long 型变量 in,然后通过 printf 输出 in 的逆序数。在空格(1)处调用 reverse 函数,实参为 in,返回 in 的逆序数。答案是 C。

② 在函数 reverse 中,因为在空格(2)前没有定义变量 res,所以此处应该选择 B 或 C 对变量 res 进行定义,选项 C 是在定义 res 的同时赋初值 0,而选项 B 没有为 res 赋初值。观察 reverse 函数体中的语句可知,res 变量的作用是保存|number|的逆序数,每次循环时 res 都要在其当前值的基础上改变,因此在循环语句前必须赋初值,正确的案是选项 C。

③ 通过执行"flag ＝ number < 0 ? -1 : 1;"语句,变量 flag 保存着 number 的正或负符号,空格(3)选择 B 使 number 成为一个非负整数。

④ 在 while 循环中,空格(4)处将当前 number 的个位数 number%10 累加到 res 中,所以选择 B,使 number%10 成为 res 的新的个位数。

【本题答案】

(1) C　　　　(2) C　　　　(3) B　　　　(4) B

13. 阅读下列程序说明和程序,在每小题提供的 4 个可选答案中挑选一个正确答案。

【程序说明】

输入 10 个整数,将它们从大到小排序后输出。

运行示例:

```
Enter 10 integers:10 98 -9 3 6 9 100 -1 0 2
After sorted:100 98 10 9 6 3 2 0 -1 -9
```

【程序】

```
#include <stdio.h>
    (1)
void sort(   (2)   )
{   int i,index,k,t;
    for(k=0;k<n-1;k++){
        index=k;
        for(i=k+1;i<n;i++)
            if(a[i]>a[index]) index=i;
        (3)   ;
    }
}
void swap(int * x,int * y)
{   int t;
    t= * x; * x= * y; * y=t;
}
main()
{   int i,a[10];
    printf("Enter 10 integers:");
    for(i=0;i<10;i++)
        scanf("%d",&a[i]);
      (4)   ;
    printf("After sorted:");
    for(i=0;i<10;i++)
        printf("%d  ",a[i]);
    printf("\n");
}
```

【供选择的答案】

(1) A. void swap(int * x,int * y)   B. ;

  C. void swap(int * x,int * y);   D. void swap(int * x, * y)

(2) A. int &a,int n   B. int * a,int * n

  C. int * a,int n   D. int a,int * n

(3) A. swap(* a[index], * a[k])   B. swap(a[index],a[k])

  C. swap(index,k)   D. swap(&a[index],&a[k])

(4) A. sort(a)   B. sort(a[10])   C. sort(a[],10)   D. sort(a,10)

【程序分析】

① 因为函数 swap 是调用在先,定义在后,需要在调用之前先对其原型进行声明,所以空格(1)处应该选择 C。选项 B 是空语句,选项 A 缺少分号";",选项 D 形参列表中的 * y 之前需要 int,所以选项 A、B 和 D 都不对。

② 根据题意,sort 函数的作用是对一组数从大到小排序。空格(2)处是定义函数 sort 时其首部的形参列表,它们应该是被排序的数组名和数组中元素的个数。结合空格(2)的 4 个选项和 sort 函数体中的语句,可以确定该数组名为 a,数组元素个数为 n,因此空格(2)处的正确答案为 C。

③ 在 sort 函数中,当内循环 for 结束时,当前待排序的数据中第一个元素为 a[k],最大元素的下标记录在 index 之中,现在需要将 a[index]与 a[k]的值进行交换。从空格(3)的 4

个选项可知,这两个元素的值进行交换是通过调用函数 swap 实现的,只有选项 D 才是正确的调用格式。

④ 在 main 函数中,第一个 for 循环是输入 10 个整数到数组 a,第二个 for 循环是输出排序后数组 a 中的 10 个元素。很明显在空格(4)处是调用函数 sort 对数组 a 中的 10 个元素进行排序,只有选项 D 是正确的调用格式。

【本题答案】

(1) C   (2) C   (3) D   (4) D

14. 阅读下列程序说明和程序,在每小题提供的 4 个可选答案中挑选一个正确答案。

【程序说明】

输入一个以回车结束的字符串(少于 80 个字符),删除其中除英文字母和数字字符以外的其他字符,再判断新字符串是否对称(不区分大小写字母)。

运行示例 1:

```
Enter a string: Madam I'm Adam
Yes
```

运行示例 2:

```
Enter a string: elephant
No
```

【程序】

```c
#include <stdio.h>
#include <   (1)   >
main()
{  int flag, i, k, length;
   char str[80];
   printf("Enter a string: ");
   gets(str);
   i=k=0;
   while(str[i]!='\0'){
       if(isupper(str[i]))str[i]=tolower(str[i]);
       if(isdigit(str[i])||isalpha(str[i])){
            (2)
           k++;
       }
       i++;
   }
    (3)
   length=k;
   flag=1;
   for(k=0; k<=length/2; k++)
       if(str[k] !=str[length-1-k]){
            (4)
           break;
       }
       if(flag) printf("Yes\n");
       else printf("No\n");
}
```

【供选择的答案】

(1) A. ctype.h   B. string.h   C. stdlib.h   D. math.h

(2) A. i++;   B. str[k]=str[i];

     C. str[i]=str[k]   D. ;

(3) A. str[i]='\0';   B. str[i−1]='\0';

     C. str[k]='\0';   D. ;

(4) A. flag=1;   B. flag=0;   C. ;   D. continue;

【程序分析】

① 因为在程序中调用了字符处理函数 isupper、tolower 和 isdigit 等,这些函数的原型在头文件 ctype.h 中声明,所以空格(1)处应该选择 A。

② 因为要删除字符串中除英文字母和数字字符以外的所有其他字符,删除后的新字符串可能比原字符串短,因此在 while 循环前,两个指示器变量 i 和 k 都为 0。从 while 循环的条件"str[i]!='\0'"和循环体内的语句可知,i 指示着原字符串中的当前字符,k 指示着当前新字符串的末尾。while 循环体内的第一条 if 语句的作用是如果当前字符 str[i]是大写英文字母,就将其转换为对应的小写字母。第二条 if 语句的作用是如果当前字符 str[i]是英文字母或数字字符,就将 str[i]复制到 k 所指示的单元,或者说将 str[i]移动到 k 所指示的单元,即执行赋值语句"str[k]=str[i];",因此空格(2)处的正确答案为 B。

③ while 循环结束时,str[i]等于'\0',表示对原字符串中的每一个字符都进行了处理,而 k 则指示着最终新字符串的末尾,应该执行"str[k]='\0';"语句,使空字符'\0'作为新字符串的结束符。空格(3)的答案是 C。此时,k 的值是新字符串的长度。

④ 在得到新字符串 str 之后,用 for 循环判断它是否对称。在执行 for 语句前,先假设它对称(设标志变量 flag 为 1),然后在执行 for 循环的过程中用 if 语句判断两个对应的字符(即 str[k]和 str[length−1−k])是否不相同,若不相同则表明该字符串不对称,应该置 flag 为 0(通过程序末尾的 if-else 语句可知),同时用"break;"语句终止执行 for 语句。空格(4)处的答案是 B。

【本题答案】

(1) A   (2) B   (3) C   (4) B

15. 阅读下列程序说明和程序,在每小题提供的 4 个可选答案中挑选一个正确答案。

【程序说明】

输入一个字符串(少于 80 个字符),将其两端分别加上括号后组成一个新字符串。要求定义和调用函数 cat(s,t),该函数将字符串 t 连接到字符串 s。

运行示例:

```
Enter a string:hello
After:(hello)
```

【程序】

```
#include <stdio.h>
void cat(char * s,char * t){
    int i,j;
    i=0;
    while(s[i]!='\0')
```

```
        i++;
    ____(1)____
    while(t[j]!='\0')
    {
        ____(2)____ ;
        j++;
    }
    ____(3)____
}
main()
{   char s[80]="(",t[80];
    printf("Enter a string:");
    gets(t);
    ____(4)____
    cat(s,")");
    printf("After:");
    puts(s);
}
```

【供选择的答案】

(1) A. j=0;　　　　　B. s[i]='\0';　　C. i－－;j=0;　　D. j=i;

(2) A. s[i]=t[j];　　B. t[j]=s[i];　　C. s[i+j]=t[j];　　D. t[i]=s[j];

(3) A. t[j]='\0';　　B. s[i+j]= '\0'; C. s[j]= '\0';　　D. t[i]= '\0';

(4) A. cat("(",t);　　B. cat(t,s);　　C. cat("(",t,")");　　D. cat(s,t);

【程序分析】

① 根据题意,函数 cat(s,t)的作用是将字符串 t 连接到字符串 s 的末尾,使 s 成为包含自身和字符串 t 的一个新字符串。在 cat 函数中,首先执行第一个 while 循环语句,使 i 记住字符串 s 的末尾位置。然后执行第二个 while 循环语句,将字符串 t 追加到字符串 s 的末尾,其中利用另一个变量 j 记住 t 中当前待追加字符的位置,应该为 j 赋初值 0。在空格(1)处应该选择 A。

② 第二个 while 循环的作用是依次将字符串 t 中的字符追加到字符串 s 的末尾。s 的末尾由 i 指示,t 中当前待追加的字符由 j 指示,执行赋值语句"s[i+j]=t[j];",则将 t[j]复制到 s[i+j],因此空格(2)处的正确答案为 C。

③ 当第二个 while 循环结束时,字符串 t 内空字符前的所有字符都已经追加到字符串 s 中,此时应该在其末尾(由 i+j 所指示)添加一个空字符,执行"s[i+j]='\0';"语句即可。空格(3)的答案是 B。

④ 程序的功能是输入一个字符串 t,再将其两端添加一对圆括号,然后存到新字符串 s。在 main 函数中定义字符数组 s,并为其赋初始字符串"(",将左括号直接放在 s 的开始位置。

执行 gets 输入一个字符串给 t,因为在空格(4)后是函数调用语句"cat(s,")");",其作用是将右括号")"添加到 s 的末尾,所以在空格(4)处应该调用函数 cat 将字符串 t 连接到字符串 s,正确答案是 D。

【本题答案】

(1) A　　　　(2) C　　　　(3) B　　　　(4) D

16. 阅读下列程序说明和程序,在每小题提供的 4 个可选答案中挑选一个正确答案。

【程序说明】

设已有一个 10 个元素的整型数组 a,且按值从小到大排序。输入一个整数 x,在数组中查找 x,如果找到,输出相应的下标,否则,输出 Not Found。

运行示例 1:

```
Enter x:8
Index is 7
```

运行示例 2:

```
Enter x:71
Not Found
```

【程序】

```c
#include <stdio.h>
int Bsearch(int p[],int n,int x);
main()
{  int a[10]={1,2,3,4,5,6,7,8,9,10};
   int m,x;
   printf("Enter x:");
   scanf("%d",&x);
   ___(1)___;
   if(m>=0) printf("Index is %d\n",m);
   else printf("Not Found \n",m);
}
int Bsearch(int p[],int n,int x)
{  int high,low,mid;
   low=0;high=n-1;
   while(low<=high){
      ___(2)___;
      if(x==p[mid]) break;
      else if(x<p[mid]) ___(3)___;
      else low=mid+1;
   }
   if(low<=high) ___(4)___;
   else return -1;
}
```

【供选择的答案】

(1) A. Bsearch(a,10,x)   B. m=Bsearch(a,10,x)

　　C. m=Bsearch(p,n,x)   D. Bsearch(p,n,x)

(2) A. mid=low/2   B. mid=high/2

　　C. mid=(low+high)/2   D. mid=(high-low)/2

(3) A. mid=high-low   B. high=mid-1

　　C. high=low   D. low=high

(4) A. return high   B. return low   C. return 0   D. return mid

【程序分析】

① 空格(1)的 4 个选项都是在调用函数 Bsearch。从对函数 Bsearch 的定义可知,第一

个形参为整型数组名 p,第二个形参为数组中元素的个数 n,第三个形参是待查找的数值 x。
函数 Bsearch 的作用是在一个有序的数组中查找 x,并返回 x 在数组中的位置,如果不存在
x,就返回−1。在 main 函数中的空格(1)处调用函数 Bsearch,将数组名 a 传递给形参 p,将
数组中元素的个数 10 传递给形参 n,将 x 值传递给形参 x。接着执行 Bsearch 的函数体语
句,最后返回一个值。空格(1)下面的语句是根据 m 的值输出 x 的位置,不存在时输出 Not
Found。选项 A 和 D 没有使用函数 Bsearch 的返回值,选项 C 中的实参 n 在 main 函数中没
有定义,只有选项 B 正确。

② 根据题意,数组中的元素从小到大排序。从 Bsearch 函数体中的变量和语句可知,
查找采用的是二分查找算法,变量 low 记录当前待查找区间第一个元素的位置(其初值为
0),变量 high 记录当前待查找区间最后一个元素的位置(其初值为 n−1),变量 mid 记录当
前待查找区间中间元素的位置,mid 等于(low+high)/2,空格(2)的正确答案是 C。

③ 若待查找的 x 等于中间元素 p[mid],则已经找到,用"break;"语句直接中止 while
循环,否则若 x 小于中间元素 p[mid],则下次查找的区间应该在 p[mid]之前,所以应该修
改 high,使之等于 mid−1。空格(3)正确的答案是 B。

④ 在 Bsearch 函数中,结束 while 循环有两种可能,一种是找到了 x,通过"break;"语句
结束,此时 low 小于或等于 high;另一种是循环条件为假时结束,此时 low>high。如果找
到了 x 就返回其在数组中的位置 mid,否则返回−1。空格(4)的正确答案是 D。

【本题答案】

(1) B   (2) C   (3) B   (4) D

17. 阅读下列程序说明和程序,在每小题提供的 4 个可选答案中挑选一个正确答案。

【程序说明】

输入 10 个整数,将它们从大到小排序后输出。

运行示例:

```
Enter 10 integers: 1 4 -9 99 100 87 0 6 5 34
After sorted: 100 99 87 34 6 5 4 1 0 -9
```

【程序】

```c
#include <stdio.h>
main()
{   int i, j, t, a[10];
    printf("Enter 10 integers: ");
    for(i=0; i<10; i++)
        scanf(   (1)   );
    for(i=1; i<10; i++)
        for(   (2)   ;   (3)   ; j++)
            if(   (4)   ){
                t=a[j];
                a[j]=a[j+1];
                a[j+1]=t;
            }
    printf("After sorted: ");
    for(i=0; i<10; i++)
        printf("%d ", a[i]);
```

```
        printf("\n");
    }
```

【供选择的答案】

(1) A. "%f", a[i]   B. "%lf", &a[i]

    C. "%s", a   D. "%d", &a[i]

(2) A. j = 0   B. j = 1   C. j = i   D. j = i − 1

(3) A. j > i   B. j < 9 − i   C. j < 10 − i   D. j > i − 1

(4) A. a[i−1] < a[i]   B. a[j+1] < a[j+2]

    C. a[j] < a[j+1]   D. a[i] < a[j]

【程序分析】

① 待排序的 10 个整数存入一维整型数组 a,这 10 个整数通过第一个 for 循环体内的
scanf 输入。根据 scanf 的格式要求可知,空格(1)的答案是 D。

② 排序是采用起泡法,将这 10 个数从大到小排序。采用二重循环对数组 a 进行排序,
外循环 for 的循环控制变量 i 从 1 到 9,用于控制排序的趟数。当 i 等于 1 时为第 1 趟,从待
排序的 10 个数中将最小的数交接至最后一个元素 a[9];当 i 等于 2 时为第 2 趟,从待排序
的 9 个数中将最小的数交接至 a[8];当 i 等于 3 时为第 3 趟,从待排序的 8 个数中将最小的
数交接至 a[7];以此类推,当 i 等于 9 时为第 9 趟,从待排序的 2 个数中将较小的数交接至
a[1],较大的则存于 a[0](即数组中最大数)。

每一趟都是从待排序的第一个元素开始与其下一个(即第二个)元素比较,如果比其下
一个元素小就将二者交换。之后,第二个元素也与其下一个(即第三个)元素比较,如果比其
下一个元素小就将二者交换。以此类推,将最小的数交换至当前待排序数据的末尾。这是
一个重复的过程,用内循环 for 实现。空格(2)是给内循环控制变量 j 赋初值。从空格(4)下
面的交换语句可知,j 的初值为 0,表示每一趟都是从第一个元素 a[0]开始比较的,所以空格
(2)应该选择 A。

③ 根据上述分析,空格(3)应该选择 C。

④ 空格(4)下面的交换语句是交换 a[j]与 a[j+1],这说明交换之前 a[j]小于 a[j+1],
因此空格(4)应该选择 C。

【本题答案】

(1) D   (2) A   (3) C   (4) C

18. 阅读下列程序说明和程序,在每小题提供的 4 个可选答案中挑选一个正确答案。

【程序说明】

输入一个 4 行 4 列的矩阵,计算并输出该矩阵除 4 条边以外的所有元素之和 sum1,再
计算和输出该矩阵主对角线以上(含主对角线)的所有元素之和 sum2,主对角线为从矩阵的
左上角至右下角的连线。

运行示例 1:

```
Enter an array:
1    2    3    4
5    6    7    8
9    10   11   12
13   14   15   16
```

```
sum1=34
sum2=70
```

【程序】

```
#include <stdio.h>
main()
{   int j, k, sum;
    int a[4][4];
    printf("Enter an array:\n");
    for(j=0; j<4; j++)
        for(k=0; k<4; k++)
            scanf("%d", &a[j][k]);
    sum=0;
    for(j=0; j<4; j++)
    for(k=0; k<4; k++)
        if(  (1)  )
            sum +=a[j][k];
    printf("sum1=%d\n", sum);
      (2)
    for(j=0; j<4; j++)
    for(  (3)  ;  (4)  ; k++)
        sum +=a[j][k];
    printf("sum2=%d\n", sum);
}
```

【供选择的答案】

(1) A. j != 3 && k != 3 && j != 0 && k != 0

 B. j != 3 && k != 3 ‖ j != 0 && k != 0

 C. j != 3 ‖ k != 3 && j != 0 ‖ k != 0

 D. j == 3 && k == 3 ‖ j == 0 && k == 0

(2) A. sum1 = 0;   B. sum = 0;   C. sum2 = 0;   D. ;

(3) A. k = 0   B. k = j   C. k = 1   D. k = 3

(4) A. k <= j   B. k > 0   C. k > j   D. k < 4

【程序分析】

① 程序用二维数组 a[4][4]存储 4 * 4 矩阵。该矩阵的 4 条边上的元素分别为行下标为 0 的元素、行下标为 3 的元素、列下标为 0 的元素和列下标为 3 的元素。程序中第二个二重循环的作用是计算除了 4 条边以外的所有元素之和，j 为行下标，k 为列下标，它们都不能取 0 和 3，因此空格(1)的答案是 A。

② 在程序的第二个二重循环中，用 sum 变量求和，而在第三个二重循环中用 sum 变量求主对角线以上(包括主对角线)元素之和，因此在第三个二重循环之前应该首先将 sum 清零。空格(2)应该选择 B。

③ 因为 j 和 k 为行列下标，在内循环中 k 的初值应该等于 j，所以空格(3)选择 B。

④ 因为是累加主对角线以上(包括主对角线)的元素，所以 k 的最大值应该是 3，空格(4)应该选择 D。

【本题答案】

(1) A   (2) B   (3) B   (4) D

19. 阅读下列程序说明和程序,在每小题提供的 4 个可选答案中挑选一个正确答案。

【程序说明】

输入一个以回车结束的字符串(少于 80 个字符),判断该字符串中是否包含 Hello。要求定义和调用函数 in(s,t),该函数判断字符串 s 是否包含 t,若满足条件则返回 1,否则返回 0。

运行示例:

```
Enter a string: Hello world!
"HelloWorld!" includes "Hello"
```

【程序】

```
#include <stdio.h>
int in(char * s,char * t){
    int i,j,k;
    for(i=0;s[i]!='\0';i++){
        ___(1)___
        if(s[i]==t[j]){
            for(k=i;t[j]!='\0';k++,j++)
                if(___(2)___) break;
            if(t[j]=='\0')  ___(3)___  ;
        }
    }
    return 0;
}
main()
{ char s[80];
  printf("Enter a string:");
  gets(s);
  if(___(4)___)
      printf("\"%s\" includes \"Hello\"\n",s);
  else
      printf("\"%s\" doesn't includes \"Hello\"\n",s);
}
```

【供选择的答案】

(1) A. j=i;   B. j=0;   C. i=j;   D. ;

(2) A. s[k]!=t[j]   B. s[k]==t[j]   C. s[i]==t[k]   D. s[i]!=t[j]

(3) A. break   B. return 1   C. continue   D. return 0

(4) A. in(char * s,char * t)   B. in(s,"Hello")

     C. in(* s, * t)   D. in(s,t)

【程序分析】

① 根据题意,函数 in(s,t)用于判断字符串 s 是否包含 t,若包含则返回 1,否则返回 0。从 in 的函数体语句可知,变量 i 记录字符串 s 中与字符串 t 比较的第一个字符的位置,变量 j 记录字符串 t 中当前参与比较的字符的位置,j 的初值为 0,空格(1)的答案为 B。

② 内循环 for(k=i;t[j]!='\0';k++,j++)的执行过程:从 s[k]开始的字符依次与从 t[j]开始的字符进行比较(其中,k 和 j 的初值分别为 i 和 0),如果 s[k]与 t[j]不相等,就用"break;"语句退出内循环,否则 k 和 j 都增加 1,然后再比较这两个字符串的下一个字符。由此可知,空格(2)的答案为 A。

③ 结束内循环 for(k=i;t[j]!='\0';k++,j++)方法有两种,一是用"break j"语句,另一种是循环条件 t[j]!='\0'为假。若 t[j]!='\0'为假,则说明存在从 s[i]开始与字符串 t 相同的子串,根据题意应该返回 1,所以空格(3)的答案是 B。

④ 空格(4)处是调用函数 in,用于判断字符串 s 中是否存在字符串 Hello。若存在则函数值为 1,否则为 0,所以空格(4)的答案为 B。

【本题答案】

(1) B   (2) A   (3) B   (4) B

4.3　程序设计题

1. 输入 100 个学生的计算机成绩,统计优秀(大于或等于 90 分)学生的人数。

【分析】

输入并统计计算机成绩大于或等于 90 分的人数,共有 100 个学生的计算机成绩需要判断处理。对第 i(1≤i≤100)个学生的成绩处理过程:首先通过键盘输入第 i 个学生的成绩,然后判断该成绩是否大于或等于 90,若是,则优秀的人数增加 1。接着再输入和判断下一个学生的成绩。对每个学生的成绩处理过程都是相同的,用循环语句实现。

【数据】

设置一个整型变量 x,用于存放当前输入的学生计算机成绩,再设置两个整型变量 i 和 count,其中 i 用于统计计算机成绩已经被输入和处理的学生人数,count 用于统计大于或等于 90 分的学生人数。

【算法】

第 1 步:赋初值 count=0,i=1。

第 2 步:若 i<=100,则执行第 3 步,否则转至第 5 步。

第 3 步:输入一个学生成绩给 x,若 x>=90,则 count=count+1。

第 4 步:i=i+1,转至第 2 步。

第 5 步:输出优秀(大于或等于 90 分)学生的人数 count。

第 6 步:结束。

【参考程序】

```
#include <stdio.h>
main()
{  int x,i,count=0;
   for(i=1;i<=100;i++){
       scanf("%d",&x);
       if(x>=90) count++;
   }
   printf("优秀学生的人数是%d\n",count);
}
```

2. 编写程序,输入 100 个整数,将它们存入数组 a,求数组 a 中所有奇数之和。

【分析】

通过键盘依次输入 100 个整数存入数组 a,在输入某整数后立即判断它是否为奇数,若是,则奇数的个数增加1。判断整数 i 是否为奇数的条件是 i%2==0,如果 i%2==0 的值为 1(真),i 就是奇数,否则是偶数。这个过程需要用一个循环语句实现。

【数据】

设置一个可存储 100 个整型数的数组 a,设置变量 i 为当前数组元素 a[i] 的下标,再设置一个用于求奇数之和的变量 sum。

【算法】

第1步:赋初值 sum=0,i=0。

第2步:若 i<100,则执行第 3 步,否则转至第 6 步。

第3步:输入一个整数给 a[i]。

第4步:若 a[i] 为奇数,即 a[i]%2 不等于 0,则 sum=sum+a[i]。

第5步:i=i+1,转至第 2 步。

第6步:输出这 100 个整数中奇数之和 sum。

第7步:结束。

【参考程序】

```
#include <stdio.h>
main()
{   int a[100],i,sum=0;
    for(i=0;i<100;i++){
        scanf("%d",&a[i]);
        if(a[i]%2==1) sum+=a[i];
    }
    printf("奇数之和是%d\n",sum);
}
```

3. 输入 100 个整数,将它们存入数组 a 中,先查找数组 a 中的最大值 max,再统计数组 a 中与 max 值相同的元素的个数,最后输出最大值及个数。

【分析】

在一组数据中查找最大值的常用方法:先假设第一个数是当前最大的,然后将当前最大值与第二个数比较,若小于第二个数,则将第二个数作为新的最大值。接着,再将当前最大值与第三个数比较,若小于第三个数,则将第三个数作为新的最大值。以此类推,将当前最大值与最后一个数比较,若小于最后一个数,则将最后一个数作为最大值。至此,找到了最大值。这个过程需要用一个循环语句实现。在找到最大值后再统计最大值的个数,统计的过程与前两题类似。

【数据】

设置一个可存储 100 个整型数的数组 a,其他变量的设置:i 为当前数组元素 a[i] 的下标,max 为最大值,count 为与最大值相同的元素的个数。

【算法】

第1步:输入第一个整数给 a[0],并设其为最大值,即赋初值 max=a[0]。

第2步:赋初值 i=1。

第3步:若 i>=100,则转至第 7 步。

第4步:输入一个整数给 a[i]。

第5步:若 a[i] 大于 max,则 max=a[i]。

第 6 步：i＝i＋1,转至第 3 步。

第 7 步：i＝0,count＝0。

第 8 步：若 i>＝100,则转至第 11 步。

第 9 步：若 a[i]等于 max,则 count＝count＋1。

第 10 步：i＝i＋1,转至第 8 步。

第 11 步：输出最大值 max 及其个数 count。

第 12 步：结束。

【参考程序】

```
#include <stdio.h>
main()
{   int a[100],i,max,count=0;
    scanf("%d",&a[0]);
    max=a[0];
    for(i=1;i<100;i++){
        scanf("%d",&a[i]);
        if(a[i]>max) max=a[i];
    }
    count=0;
    for(i=0;i<100;i++)
        if(a[i]==max) count++;
    printf("最大值及其个数分别是%d 和%d\n",max,count);
}
```

4. 输入两个正整数 m 和 n(1≤m≤6,1≤n≤6),然后输入矩阵 a(m 行 n 列)中的元素,计算和输出所有元素的平均值,再统计和输出大于平均值的元素的个数。

【分析】

首先用一个二重循环输入和累加矩阵的各元素之和,然后求所有元素的平均值,最后再统计大于平均值的元素的个数。

【数据】

因为 m 行 n 列矩阵的行列数均不超过 6,所以可设置一个 6 行 6 列的二维数组 a 来存储矩阵中的元素。设置变量：sum 用于求矩阵中所有元素的和,ave 用于存储所有元素的平均值,count 用于统计所有大于平均值的元素的个数。

【算法】

第 1 步：输入矩阵的行列数分别给 m 和 n(1≤m≤6,1≤n≤6)。

第 2 步：赋初值 sum＝0。

第 3 步：用一个二重循环依次输入矩阵的 i 行 j 列元素,存入数组元素 a[i][j],并累加到 sum,即 sum＝sum＋a[i][j],其中 i 从 0 到 m－1,j 从 0 到 n－1。

第 4 步：求平均值 ave＝sum/(m * n)。

第 5 步：赋初值 count＝0。

第 6 步：用一个二重循环依次将矩阵的 i 行 j 列元素 a[i][j]与平均值 ave 比较,若 a[i][j]>ave,则 count＝count＋1,其中 i 从 0 到 m－1,j 从 0 到 n－1。

第 7 步：输出大于平均值的元素的个数 count。

【参考程序】

```
#include <stdio.h>
main()
{   int a[6][6],i,j;
    int sum,ave,count;
    do{
        printf("Input m,n(1≤m≤6,1≤n≤6): ");
        scanf("%d%d", &m, &n);
    }while(!(m>=1 && m<=6 && n>=1 && n<=6));
    sum=0;
    for(i=0;i<m;i++)
        for(j=0;i<n;j++){
            scanf("%d", &a[i][j]);
            sum=sum+a[i][j];
        }
    ave=sum/(m * n);
    count=0;
    for(i=0;i<m;i++)
        for(j=0;i<n;j++)
            if(a[i][j]>ave) count++;
    printf("大于平均值的元素的个数是%d\n",count);
}
```

5. 输入一个整数,将它逆序输出。例如,输入 123,输出 321;输入－123,输出－321;输入 0,输出 0。

【分析】

所输入的整数可能是正数,也可能是负数,因此应该先记下这个整数的正负号,然后利用这个整数的绝对值进行逆序转换。转换后再恢复原来的符号。

设这个整数为 $d_n d_{n-1} \cdots d_2 d_1 d_0$,则逆序转换的过程是,依次取出这个整数的个位数数字、十位数数字和百位数数字等各位数字 $d_0, d_1, d_2, \cdots, d_{n-1}, d_n$,然后按照顺序分别将这些数字乘以 $10^{n-1}, 10^{n-2}, 10^{n-3}, \cdots, 10^1, 10^0$,这些乘积的和就是原数的逆序数。例如 1234,依次取出 4、3、2 和 1,其逆序数就是 $4 * 10^3 + 3 * 10^2 + 2 * 10^1 + 1 * 10^0 = 4321$。$d_0 * 10^{n-1} + d_1 * 10^{n-2} + d_2 * 10^{n-3} + \cdots + d_{n-1} * 10^1 + d_n = (((d_0 * 10 + d_1) * 10 + d_2) * 10 + \cdots + d_{n-1}) * 10 + d_n$,这正是下面逆序转换算法的依据。

【数据】

设置一个标志变量 flag,若 n 为非负整数,则 flag 取 1,否则取－1,默认取 1。再设一个整型变量 m,用于存储 n 的逆序数。

【算法】

第 1 步:赋初值 flag=1,m=0。

第 2 步:输入一个整数给 n。

第 3 步:若 n 小于 0,则使 flag=－1,并使 n=－n。

第 4 步:若 n 不等于 0,则执行第 5 步,否则转至第 7 步。

第 5 步:m=m * 10＋n%10,n=n/10。

第 6 步:转至第 4 步。

第 7 步:若 flag 为－1,则使 m 为负数。

第8步：输出 n 的逆序数 m。

【参考程序】

```
#include <stdio.h>
main()
{   int n,m=0,flag=1;
    printf("Input n: ");
    scanf("%d", &n);
    if(n<0){
        flag=-1;
        n=-n;
    }
    while(n){
        m=m*10+n%10;
        n=n/10;
    }
    m=m*flag;
    printf("%d 的逆序数为%d\n",n,m);
}
```

6. 按下面要求编写程序：

(1) 定义函数 fun(x) 计算 $x^2-6.5x+2$，函数返回值类型是 double。

(2) 输出一张函数表（如下所示），x 的取值范围是 $[-3,3]$，每次增加 0.5，$y=x^2-6.5x+2$。要求调用函数 fun(x) 计算 $x^2-6.5x+2$。

x	y
−3.00	30.50
−2.50	24.50
⋮	⋮
2.50	−8.00
3.00	−8.50

【分析】

在定义函数时，需要注意函数的类型（即函数返回值的类型）、函数名称、形式参数（简称形参）的名称和类型，还要注意在用 return 语句返回时，应该保证与函数的类型相一致。在本程序中，所定义的函数 fun 的类型为 double，形参 x 的类型为 double。用 return 语句返回算式 $x^2-6.5x+2$ 的值的类型也为 double。

在调用函数时，需要注意实际参数（简称实参）与形参的对应和传递关系，要正确地使用实参。在本程序的 main 函数中，要求在区间 $[-3,3]$ 内依次取若干 x 值，分别调用函数 fun，并按照题目的要求输出 x 和 fun(x) 值对应的列表。此过程需要利用一个循环控制语句实现。

【数据】

在 fun(x) 的函数体中，设置一个 double 型的变量 y，用于存储表达式 $x^2-6.5x+2$ 的值。

在 main 函数中，设置变量 x，其取值范围是 $[-3,3]$，每次增加 0.5；设置变量 y，其值由调用函数 fun(x) 得到。

【算法】

（1）根据题意，函数首部定义为 double fun(double x)。fun 函数体的执行步骤如下所示。

第 1 步：y＝x * x－6.5 * x＋2。

第 2 步：返回 y 的值，函数结束。

（2）main 函数的步骤如下所示。

第 1 步：输出列表中两列的首部：x   y。

第 2 步：赋初值：x＝－3。

第 3 步：若 x＞3，则转至第 8 步。

第 4 步：y＝fun(x)。

第 5 步：输出 x 和 y 的值。

第 6 步：x＝x＋0.5。

第 7 步：转至第 3 步。

第 8 步：结束。

【参考程序】

```
#include <stdio.h>
double fun(double x){
    double y;
    y=x * x-6.5 * x+2;
    return y;
}
main()
{  double x,y;
    printf(" x\t\t y\n");
    for(x=-3;x<=3;x=x+0.5){
        y=fun(x);
        printf("%.2f\t\t%.2f\n",x,y);
    }
}
```

7. 按下面要求编写程序：

（1）定义函数 f(n) 计算 n＋(n+1)＋…＋(2n－1)，函数返回值类型是 double。

（2）定义函数 main()，输入正整数 n，计算并输出下列算式的值。要求调用函数 f(n) 计算 n＋(n+1)＋…＋(2n－1)。

$$s=1+\frac{2+3}{2}+\frac{3+4+5}{3}+\cdots+\frac{n+(n+1)+\cdots+(2n-1)}{n}$$

【分析】

自定义函数 f(n) 返回 n＋(n+1)＋…＋(2n－1) 的值，这是一个求累加和的过程。用一个循环语句实现求和，并用 return 语句返回该和。

通过分析算式 s 中的各项可知，如果是第 i(1≤i≤n) 项，那么该项即可表示为 f(i)/i，其中 f(i) 为调用函数 f，实参为 i。因为函数值的类型为 double，所以 f(i)/i 计算的结果为 double 型。在 main 函数中，n 的值通过键盘输入。计算 s 各项和用一个循环语句即可实现。

【数据】

在 f(n) 的函数体中，设置一个 double 型的变量 sum，用于求累加和，i 表示第 i 项

(n+i),i 从 1 到 n-1。

在 main 函数中,设置变量:s 为求算式中各项的累加和,n 为累加和中的项数,i 为第 i 项(i+(i+1)+⋯+(2i-1))/i。

【算法】

(1) 根据题意,函数首部定义为 double f(int n)。f 函数体的执行步骤如下所示。

第 1 步:赋初值:sum=n,i=1。

第 2 步:若 i>n-1,则转至第 5 步。

第 3 步:sum=sum+n+i。

第 4 步:i=i+1,转至第 2 步。

第 5 步:返回累加和 sum 的值。函数结束。

(2) main 函数的步骤如下所示。

第 1 步:输入一个正整数给 n。

第 2 步:赋初值:s=1.0,i=2。

第 3 步:若 i>n,则转至第 6 步。

第 4 步:s=s+f(i)/i。

第 5 步:i=i+1,转至第 3 步。

第 6 步:输出求和变量 s 的值。

第 7 步:结束。

【参考程序】

```
#include <stdio.h>
double f(int n){
    int i;
    double sum=n;
    for(i=2;i<=n;i++)
        sum=sum+n+i-1;
    return sum;
}
main()
{ int n,i;
    double s;
    do {
        printf("Input n:"); scanf("%d",&n);
    }while(n<=0);
    for(s=1.0,i=2;i<=n;i++)
        s=s+f(i)/i;
    printf("s=%lf\n",s);
}
```

8. 按下面要求编写程序:

(1) 定义函数 fact(n)计算 n!,函数返回值类型是 double。

(2) 定义函数 main(),输入正整数 n,计算并输出下列算式的值。要求调用函数fact(n)计算 n!。

$$s=n+\frac{n-1}{2!}+\frac{n-2}{3!}+\cdots+\frac{1}{n!}$$

【分析】

自定义函数 fact(n)返回 n!的值,函数返回值的类型为 double。用一个循环语句实现求 n 的阶乘,最后用 return 语句返回该乘积。

在上述算式 s 中,如果是第 i(1≤i≤n)项,那么该项即可表示为(n−i+1)/fact(i),其中fact(i)为调用函数 fact,实参为 i,表示求 i 的阶乘。因为函数值的类型为 double,所以(n−i+1)/fact(i)计算的结果为 double 型。在 main 函数中,n 的值由键盘输入,累加所有(n−i+1)/fact(i)项的和的过程可用一个循环语句来实现。

【数据】

在 fact(n)的函数体中,设置一个 double 型的变量 f,用于求 n 的阶乘,变量 i 表示阶乘中的第 i 项,i 从 1 到 n。

在 main 函数中,设置变量:s 为求算式中各项的累加和,n 为累加和中的项数,i 为第 i项(n−(i−1))/i!,即(n−(i−1))/fact(i)。

【算法】

(1) 根据题意,函数首部定义为 double fact(int n)。f 函数体的执行步骤如下所示。

第 1 步:赋初值:f=1,i=1。

第 2 步:若 i>n,则转至第 5 步。

第 3 步:f=f*i。

第 4 步:i=i+1,转至第 2 步。

第 5 步:返回乘积 f 的值。函数结束。

(2) main 函数的步骤如下所示。

第 1 步:输入一个正整数给 n。

第 2 步:赋初值:s=n,i=2。

第 3 步:若 i>n,则转至第 6 步。

第 4 步:s=s+(n−(i−1))/fact(i)。

第 5 步:i=i+1,转至第 3 步。

第 6 步:输出求和变量 s 的值。

第 7 步:结束。

【参考程序】

```c
#include <stdio.h>
double fact(int n){
    int n,i;
    double f=1.0;
    for(i=1;i<=n;i++) f=f*i;
    return f;
}
main()
{ int n,i;
    double s;
    printf("Input n:");
    while(scanf("%d",&n),n<=0);
    for(s=n,i=2;i<=n;i++) s=s+(n-(i-1))/fact(i);
    printf("s=%f\n",s);
}
```

9. 按下面要求编写程序:

(1) 定义函数 power(x,n)计算 x 的 n 次幂(即 x^n),函数返回值类型是 double。

(2) 定义函数 main(),输入正整数 n,计算并输出下列算式的值。要求调用函数 power(x,n)计算 x 的 n 次幂。

$$s=2+2^2+2^3+\cdots+2^n$$

【分析】

自定义函数 power(x,n)的作用是计算 x^n。计算 x^n 可以调用库函数 pow(x,n)完成。在这里使用一个循环语句实现,它将 n 个 x 相乘,最后返回其乘积。

在 main 函数中,首先通过键盘输入一个正整数给 n,然后通过一个循环语句计算上述算式 s 中各项的和。设 $1 \leqslant i \leqslant n$,则第 i 项为 2^i,即 power(2,i)。

【数据】

在 power(x,n)的函数体中,设置一个 double 型的变量 p,用于求 x 的 n 次方,变量 i 表示第 i 次乘以 x,i 从 1 到 n。

在 main 函数中,设置变量:s 为求算式中各项的累加和,n 为累加和中的项数,i 为第 i 项 2^i。

【算法】

(1) 根据题意,函数首部定义为 double power(double x,int n)。power 函数体的执行步骤如下所示。

第 1 步:赋初值:p=1,i=1。

第 2 步:若 i>n,则转至第 5 步。

第 3 步:p=p*x。

第 4 步:i=i+1,转至第 2 步。

第 5 步:返回乘积 p 的值。函数结束。

(2) main 函数的步骤如下所示。

第 1 步:输入一个正整数给 n。

第 2 步:赋初值:s=2,i=2。

第 3 步:若 i>n,则转至第 6 步。

第 4 步:s=s+power(2,i)。

第 5 步:i=i+1,转至第 3 步。

第 6 步:输出求和变量 s 的值。

第 7 步:结束。

【参考程序】

```c
#include <stdio.h>
double power(double x,int n)
{   int i;
    double p=1;
    for(i=1;i<=n;i++)
        p=p*x;
    return p;
}
```

```
main()
{   int n,i; double s=0;
    printf("Enter n:");
    while(scanf("%d",&n),n<=0);
    s=2;
    for(i=2;i<=n;i++)
      s+=power(2,i);
    printf("s=%.0f\n",s);
}
```

10. 按下面要求编写程序:

(1) 定义函数 fact(n) 计算 n 的阶乘: n! = 1 * 2 * … * n, 函数返回值类型是 double。

(2) 定义函数 cal(e) 计算下列算式的值, 直到最后一项的绝对值小于 e, 函数返回值类型是 double。

$$s = 1 + \frac{1}{2!} + \frac{1}{3!} + \frac{1}{4!} + \cdots$$

(3) 定义函数 main(), 输入正整数 n, 当精度 e 分别取值为 $10^{-1}, 10^{-2}, 10^{-3}, \cdots, 10^{-n}$ 时, 分别计算并输出上述算式的值, 直到最后一项的绝对值小于精度 e, 以比较不同精度下计算出的结果, 要求调用函数 cal(e) 计算上述算式的值。

【分析】

通过自定义函数 fact(n) 计算 n!, 用一个循环语句即可实现。

在上述算式 s 中, 第 i 项为 1/i!, 即 1/fact(i), 其中 i = 1, 2, 3, …, 最后一项的绝对值小于精度值 e。自定义函数 cal(e) 的作用是累加算式 s 中所有不小于 e 的项, 直到最后一项小于 e 为止。此过程用一个循环语句实现, 循环条件为 1/fact(i)≥e。

在 main 函数中, 通过键盘输入正整数 n, 然后依次取精度 e 为 $10^{-1}, 10^{-2}, 10^{-3}, \cdots, 10^{-n}$, 分别调用函数 cal(e) 求算式的和, 并输出不同的 e 和对应的求和值。这个过程用一个循环语句实现。

【数据】

在 fact(n) 的函数体中, 设置一个 double 型的变量 f, 用于求 n 的阶乘, 变量 i 表示阶乘中的第 i 项, i 从 1 到 n。

在 cal(e) 的函数体中, 设置一个 double 型的变量 s, 用于求算式中各项的累加和, 变量 i 表示第 i 项 t = 1/i!, 即 t = 1/fact(i), i 从 1 开始, 直至最后一项的绝对值小于 e。

在 main 函数中, 设置整型变量 n 以表示精度值的个数; 设置 double 型变量 e 以表示当前的精度值, e 取值依次为 $10^{-1}, 10^{-2}, 10^{-3}, \cdots, 10^{-n}$。整型变量 i 表示根据第 i 个精度值进行计算, i 取值依次为 1, 2, …, n。

【算法】

(1) 根据题意, 函数首部定义为 double fact(int n)。算法参考前面第 8 题。

(2) 根据题意, 函数首部定义为 double cal(double e)。cal 函数体的执行步骤如下所示。

第 1 步: 赋初值: s = 1, i = 1, t = 1。

第 2 步: 若 t < e, 则转至第 6 步。

第 3 步: i = i + 1。

第 4 步：t＝1/fact(i)。

第 5 步：s＝s＋t。转至第 2 步。

第 6 步：返回求和变量 s 的值。函数结束。

（3）main 函数的步骤如下所示。

第 1 步：输入一个正整数给 n。

第 2 步：赋初值：e＝1E－1，i＝1。

第 3 步：若 i＞n，则转至第 7 步。

第 4 步：s＝cal(e)。

第 5 步：输出精度值 e 及求和 s。

第 6 步：i＝i＋1，转至第 3 步。

第 7 步：结束。

【参考程序】

```c
#include <stdio.h>
#include <math.h>
double fact(int n);
double cal(double e);
main()
{  int i,n; double e,s;
   printf("Enter n:");
   while(scanf("%d",&n),n<=0);
   for(i=1;i<=n;i++) {
       e=e/10; printf("e=%lf,s=%lf\n",e,cal(e));
   }
}
double fact(int n){
    double f=1; int i;
    for(i=1;i<=n;i++) f=f*i;
    return f;
}
double cal(double e){
    double s=1,t=1; int i=1;
    while(t>=e) {
        i=i+1; t=1.0/fact(i); s=s+t;
    }
    return s;
}
```

第 5 章 笔试模拟试题

本章给出两套模拟试题,供读者练习。为了节省篇幅,在此省略了每套试题的说明。

5.1 模拟试题 1

一、程序阅读与填空(24 小题,每小题 3 分,共 72 分)

1. 阅读下列程序说明和程序,在每小题提供的 4 个可选答案中挑选一个正确答案。

【程序说明】

输入两个正整数 m 和 n(m≤n),输出 m 和 n 之间的所有偶数,每行输出 5 个数,再输出这些偶数的和。

【程序】

```
#include <stdio.h>
int main()
{   int i,m,n,sum,count=0;
    printf("Please enter m and n:");
    scanf("%d%d",&m,&n);
      (1)  ;
    for(i=m;   (2)   ;i++){
        if(   (3)   ){
            printf("%6d",i);
              (4)  ;
            count++;
        }
        if(count %5 ==0)
            printf("\n");
    }
    printf("\nsum=%d\n",sum);
}
```

【供选择的答案】

(1) A. i=0   B. sum=0   C. sum=1   D. m=0

(2) A. i<=n   B. i>=n   C. i<n   D. i>n

(3) A. i%2!=0   B. i%2==0   C. (i−m)%2==0   D. (i+1)%2==0

(4) A. sum=+i   B. sum=sum+i   C. sum=sum+m   D. sum=sum+n

2. 阅读下列程序说明和程序,在每小题提供的 4 个可选答案中挑选一个正确答案。

【程序说明】

输入一个正整数 m(1<m≤6),根据下式生成一个 m * m 的方阵:

$$a[i][j]=i*m-j-1(0\leqslant i\leqslant m-1,0\leqslant j\leqslant m-1)$$

再将该方阵行列互换后输出。

【程序】

```
#include <stdio.h>
main()
{  int a[6][6],i,j,m,tmp;
   printf("Enter m:");
   scanf("%d",&m);
   for(i=0;i<m;i++)
       for(j=0;j<m;j++)
         __(5)__ ;
   for(i=0;i<m;i++)
       for(__(6)__)
         __(7)__
   for(i=0;i<m;i++){
       for(j=0;j<m;j++)
           printf("%6d",a[i][j]);
     __(8)__ ;
     }
}
```

【供选择的答案】

(5) A. scanf("%d",& a[i][j])　　　　　B. a={1,2,3,4,5,6,7,8,9,10,11,12}

　　C. a[i][j]=0　　　　　　　　　　D. a[i][j]= i*m-j-1

(6) A. j=0;j<m;j++　　　　　　　　　B. j=i+1;j<m;j++

　　C. i=0;i<j;i++　　　　　　　　　D. i=0;i<m;i++

(7) A. tmp=a[i][j]; a[j][i]=tmp; a[i][j]=a[j][i];

　　B. tmp=a[i][j]; a[i][j]=a[j][i]; a[j][i]=tmp;

　　C. {tmp=a[i][j]; a[j][i]=tmp; a[i][j]=a[j][i]; }

　　D. {tmp=a[i][j]; a[i][j]=a[j][i]; a[j][i]=tmp;}

(8) A. putchar('')　　B. getchar()　　　　C. printf("\n")　　　　D. printf("\0")

3. 阅读下列程序说明和程序,在每小题提供的 4 个可选答案中挑选一个正确答案。

【程序说明】

输入一个少于 20 个字符的字符串,生成相应的回文字符串。要求定义和调用函数 fun(str),该函数将字符串 str 转换为回文字符串。

【程序】

```
#include <stdio.h>
void fun(char * str);
main()
{  char s[40];
   printf("Input:");
   gets(s);
     __(9)__ ;
   printf("Output: ");
   puts(s);
}
```

```
void fun(char * str)
{   char * p, * q;
    q=str;
    while( * q!='\0')
        q++;
    p=q-1;
    while(   (10)   ){
        * q= * p;
        q++;
        p--;
    }
    ___(11)___ ;
    ___(12)___ ;
}
```

【供选择的答案】

(9) A. fun(s)   B. s   C. fun   D. fun(str)

(10) A. p--!=str   B. --p!=str

    C. p!=str   D. p!=s

(11) A. * p= * str   B. * (--q)= * str

    C. * q= * str   D. * (++q)= * str

(12) A. * p='\0'   B. * (--q)='\0'

    C. * str='\0'   D. * (++q)='\0'

4. 阅读下列程序并回答问题,在每小题提供的 4 个可选答案中挑选一个正确答案。

【程序】

```
#include <stdio.h>
#define B(x) (x==x==x)
int fun1()
{   int a;
    return a=18%5;
}
void fun2(int n)
{   int i;
    for(i=1;i<=n;i++)
        printf("%2d",i%3);
    printf("\n");
}
double fun3(int n)
{   double t;
    if(n==1) t=1.0;
    else t=n * fun3(n-1);
    return t;
}
main()
{   printf("%d %d\n", B(1),B(15));
    printf("%d\n",fun1());
    fun2(5);
    printf("%.1f\n",fun3(4));
}
```

(13) 程序运行时,第 1 行输出_____。

    A. 0 0   B. 0 1   C. 1 0   D. 1 1

(14) 程序运行时,第 2 行输出_____。

    A. 1   B. 2   C. 3   D. 4

(15) 程序运行时,第 3 行输出_____。

    A. 1 2 0 1 0   B. 1 2 0 1 2   C. 0 2 1 0 2   D. 0 1 2 0 1

(16) 程序运行时,第 4 行输出_____。

    A. 8.0   B. 16.0   C. 24. 0   D. 48.0

5. 阅读下列程序并回答问题,在每小题提供的 4 个可选答案中挑选一个正确答案。

【程序】

程序 1

```c
#include <stdio.h>
main()
{ int i, j, temp, a[3][4]={1,2,3,4,5,6,7,8,9,10,11,12};
   for(i=0; i<3; i++)
      for(j=i/2; j>=0; j--){
         temp=a[i][j], a[i][j]=a[i][4-j], a[i][4-j]=temp;
      }
   printf("%d\n", a[1][0]);
   printf("%d\n", a[2][3]);
}
```

程序 2

```c
#include <stdio.h>
main()
{ char s[20]="39"; int i, n=0;
   for(i=0; s[i]!='\0'; i++)
      if(s[i]>='0' && s[i]<='9')
         n=n*16+s[i]-'0';
   printf("%d\n", n);
   for(i=0; s[i]!='\0'; i++)
      if(s[i]>='0' && s[i]<='7')
         n=n*8+s[i]-'0';
   printf("%d\n", n);
}
```

【问题】

(17) 程序 1 运行时,第 1 行输出_____。

    A. 7   B. 8   C. 9   D. 10

(18) 程序 1 运行时,第 2 行输出_____。

    A. 9   B. 10   C. 11   D. 12

(19) 程序 2 运行时,第 1 行输出_____。

    A. 42   B. 93   C. 75   D. 57

(20) 程序 2 运行时,第 2 行输出_____。

    A. 459   B. 319   C. 247   D. 189

6. 阅读下列程序并回答问题,在每小题提供的 4 个可选答案中挑选一个正确答案。

【程序】

```
#include <stdio.h>
main()
{   int i,j;
    char * str[4]={"hello","fine","goodbye","welcome"};
    for(i=0;i<4;i++)
        for(j=i;j<5-i;j++)
            printf("%s\n",str[i]+j);
}
```

【问题】

(21) 程序运行时,第 1 行输出_____。

    A. hello   B. fine   C. goodbye   D. welcome

(22) 程序运行时,第 2 行输出_____。

    A. ine   B. oodbye   C. ello   D. elcome

(23) 程序运行时,第 3 行输出_____。

    A. come   B. bye   C. ne   D. llo

(24) 程序运行时,第 4 行输出_____。

    A. lo   B. ye   C. me   D. ine

二、程序编写(每题 14 分,共 28 分)

1. 输入两个正整数 m 和 n(1≤m≤5,1≤n≤6),然后输入 m * n 个整数给数组 a,请按照 m 行 n 列输出矩阵 a,并输出各行元素的和。

2. 按下面要求编写程序:

(1) 定义函数 f(n)计算 n!,函数返回值类型是 double。

(2) 定义函数 main(),输入正整数 n,计算并输出下列算式的值。要求调用函数 f(n)计算 n!。

$$\frac{3}{2!}+\frac{4}{3!}+\cdots+\frac{n+2}{(n+1)!}$$

5.2　模拟试题 2

一、程序阅读与填空(24 小题,每小题 3 分,共 72 分)

1. 阅读下列程序说明和程序,在每小题提供的 4 个可选答案中挑选一个正确答案。

【程序说明】

输入 10 个整数,将它们从小到大排序后输出。

【程序】

```
#include <stdio.h>
main()
{   int i,j,n,t,a[10];
    printf("Enter 10 integers:");
```

```
    for(i=0;i<10;i++)
        scanf("%d",  (1)  );
    for(i=0;  (2)  ;i++)
        for(j=0;  (3)  ;j++)
            if(  (4)  ) {
                t=a[j];a[j]=a[j+1];a[j+1]=t;
            }
    printf("After sorted:");
    for(i=0;i<10;i++)
        printf("%d ",a[i]);
    printf("\n") ;
}
```

【供选择的答案】

(1) A. a[i]　　　　　B. &a[i]　　　　　C. * a[i]　　　　　D. a[n]

(2) A. i<10　　　　　B. i<9　　　　　　C. i<8　　　　　　D. i>9

(3) A. j<10−i−1　　B. j<10−i　　　　C. j<10−i+1　　　D. j<=10

(4) A. a[j]>a[j+1]　　　　　　　　　　B. a[j]>a[j−1]

　　C. a[j]<a[j+1]　　　　　　　　　　D. a[j−1]>a[j+1]

2. 阅读下列程序说明和程序,在每小题提供的 4 个可选答案中挑选一个正确答案。

【程序说明】

输入一个正整数 n,从中找出最大的数字,然后用该数字组成一个与原数的位数相同的新整数。

运行示例:

```
Enter an integer:3895
The new integer:9999
```

【程序】

```
#include <stdio.h>
main()
{   int count=0,i,max,n,n1;
    max=  (5)  ;
    do{
        printf("Enter an integer:");
        scanf("%d", &n);
    }while(n<=0);
    do{
      if(n%10>max)  (6)  ;
          n=n/10;
          count++;
    }while(n!=0);
    n1=0;
    for(i=1;  (7)  ;i++)
        n1=  (8)  ;
    printf("The new integer:%d\n",n1);
}
```

【供选择的答案】

(5) A. 0　　　　　　B. 1　　　　　　　C. 9　　　　　　　D. 10

(6) A. n＝max   B. max＝n％10   C. n－－   D. n＝n％10

(7) A. i＜＝count   B. i＜count   C. i＜n1   D. i＜n

(8) A. n1＋max   B. n1＋max＊10   C. n1＊10＋max   D. max

3. 阅读下列程序说明和程序,在每小题提供的 4 个可选答案中挑选一个正确答案。

【程序说明】

输入一个少于 40 个字符的字符串(回车结束输入),将其逆序输出。函数 reverse(s)的作用是将字符串 s 逆序存放。

【程序】

```
#include <stdio.h>
#include <string.h>
void reverse(char * s)
{  int i,j,n=0; char temp;
   n=strlen(s);
   for(i=0, j=n-1;  __(9)__ ;  __(10)__ ) {
       temp=s[j];s[j]=s[i];s[i]=temp;
   }
}
main()
{  int i=0;
   char str[40];
   printf("Enter a string:");
   while(  __(11)__  )
       i++;
   str[i]='\0';
   __(12)__ ;
   printf("After reversed:");
   puts(str);
}
```

【供选择的答案】

(9) A. j!＝0   B. i!＝n   C. i＜j   D. i＞j

(10) A. i＋＋,j＋＋   B. i＋＋,j－－   C. i－－,j＋＋   D. i－－,j－－

(11) A. str[i]＝getchar()   B. str[i]!＝'\0'

        C. (str[i]＝getchar())!＝'\n'   D. (str[i]＝getchar())!＝'\0'

(12) A. reverse(str)   B. reverse(s)   C. reverse(&str)   D. reverse(＊str)

4. 阅读下列程序并回答问题,在每小题提供的 4 个可选答案中挑选一个正确答案。

【程序】

```
#include <stdio.h>
main()
{  int flag=0,i,a[10]={8,9,7,9,2,9,7,10,2,6};
   for(i=0;i<9;i++)
       if(a[i]==9){
           flag=i%10;
           break;
       }
   printf("%d\n",flag);
   flag=-1;
```

```
for(i=9;i>=0;i--)
    if(a[i]==6){
        break;
        flag=i/2;
    }
printf("%d\n",flag);
flag=9;
for(i=0;i<10;i++)
    if(a[i]==7){
        printf("%d",i);
    }
printf("\n");
flag=0;
for(i=0;i<10;i++)
    if(a[i]==2) flag=i;
printf("%d\n", flag);
}
```

(13) 程序运行时,第 1 行输出_____。

    A. 0   B. 1   C. 9   D. 10

(14) 程序运行时,第 2 行输出_____。

    A. 4   B. 5   C. 0   D. −1

(15) 程序运行时,第 3 行输出_____。

    A. 77   B. 23   C. 64   D. 26

(16) 程序运行时,第 4 行输出_____。

    A. 4   B. 48   C. 8   D. 9

5. 阅读下列程序并回答问题,在每小题提供的 4 个可选答案中挑选一个正确答案。

【程序】

程序 1

```
#include <stdio.h>
main()
{ char s[80]; int i;
  gets(s);
  for(i=0;s[i]!='\0';i++)
      if(s[i]>='a' && s[i]<='z')
          s[i]='a'+'z'-s[i];
  puts(s);
}
```

程序 2

```
#include <stdio.h>
#define N 5
main()
{ int i,j;
  for(i=3;i<=N;i++){
      for(j=1;j<i;j++)
          printf("%d",i);
```

```
    putchar('\n');
    }
}
```

【问题】

（17）程序 1 运行时，输入 WORD，输出_____。

  A. word   B. WORD   C. dliw   D. DROW

（18）程序 1 运行时，输入 xyz，输出_____。

  A. xyz   B. XYZ   C. abc   D. cba

（19）程序 2 运行时，第 2 行输出_____。

  A. 3   B. 444   C. 222   D. 333

（20）程序 2 运行时，第 3 行输出_____。

  A. 3   B. 4444   C. 5555   D. 555

6. 阅读下列程序并回答问题，在每小题提供的 4 个可选答案中挑选一个正确答案。

【程序】

程序 1

```
#include <stdio.h>
main()
{   int n,s=10;
    scanf("%d",&n);
    while(n!=0){
        s-=n%10;
        n/=10;
    }
    printf("%d\n",s);
}
```

程序 2

```
#include <stdio.h>
main()
{   char ch;
    while((ch=getchar())!='0'){
    switch(ch){
        case '1':
        case '2':continue;
        case 'A':
        case 'B':putchar('a');
                continue;
        default:putchar(ch);
        }
    }
}
```

【问题】

（21）程序 1 运行时，输入 4321，输出_____。

  A. 0   B. 1   C. -10 D. -24

（22）程序 1 运行时，输入 0，输出_____。

A. 0   B. 1   C. −10   D. 10

(23) 程序 2 运行时,输入 2015a,输出_____。

     A. 2015a   B. 5a   C. a   D. 无输出

(24) 程序 2 运行时,输入 ZA1230,输出_____。

     A. ZA1230   B. ZA123   C. Za3   D. Z3

二、程序编写(每题 **14** 分,共 **28** 分)

1. 输入 20 个职工的基本工资,统计低于 1000 元工资的职工的人数。

2. 按下面的要求编写程序:

(1) 定义函数 f(x) 计算 $(x+1)^2$,函数返回值类型是 double。

(2) 输出一张函数表(如下所示),x 的取值范围是 [−1,1],每次增加 0.1,
y＝$(x+1)^2$。要求调用函数 f(x) 计算 $(x+1)^2$。

x	y
−1.0	0.00
−0.9	0.01
⋮	⋮
0.9	3.61
1.0	4.00

 机试试题模拟练习参考答案

附录 A

A.1　模拟练习 1 参考答案

【程序修改题】

① scanf("%d",&a)；　　② b1=a<<4；　　③ b2=a&c；
④ printf("%d,%d",b1,b2)；

【程序填空题】

① c=getchar()；　　　　② c>='a' && c<='v'
③ c=c−'v'+'a'；　　　④ putchar(c)；

【程序设计题 1】

f 函数中填写的参考代码如下：

```
float f(float * x,int n)
{  float max;
   int i;
   max=x[0];
   for(i=1;i<n;i++) if(x[i]>max) max=x[i];
   return max;
}
```

main 函数中填写的参考代码如下：

```
y=fabs(f(a)−f(b));
```

【程序设计题 2】

main 函数中填写的参考代码如下：

```
s=0;
i=1;
do
```

```
{   if(t%2==1) t=(double)1/i;
    else t=-(double)1/i;
    s=s+t;
    i++;
}while (fabs(t)>=1e-4);
```

A.2　模拟练习 2 参考答案

【程序修改题】

① scanf("%d",&n);　　　② for(j=1;j<=n+1-i;j++) putchar(' ');
③ putchar('1'+i-1);　　　④ putchar('\n');

【程序填空题】

① void　　　　② m%2　　　③ bin[j-1]　　　④ Dec2Bin(n);

【程序设计题 1】

```
for(i=100;i<=999;i++){
    a=i/100;
    b=(i/10)%10;
    c=i%10;
    if(pow(a,3)+pow(b,3)+pow(c,3)==i)
    {   k++;
        printf("%d is a Armstrong number!\n",i);
    }
}
```

【程序设计题 2】

```
double s=0;
for(i=1;i<=99;i++)
    s=s+i*(i+1)*(i+2);
```

笔试模拟试题参考答案

B.1 模拟试题 1 参考答案

一、程序阅读与填空

1	2	3	4	5	6	7	8	9	10	11	12
B	A	B	B	D	B	D	C	A	C	C	D

13	14	15	16	17	18	19	20	21	22	23	24
C	C	B	C	C	B	D	A	A	C	D	A

二、程序编写

1.

```c
#include <stdio.h>
main()
{ int m,n,i,j,a[5][6],s[5]={0};
  do
  { printf("Enter m and n:");
    scanf("%d%d",&m,&n);
  }while(!(m>=1&& m<=5)||!( n>=1&& n<=6));
  printf("Enter %d integers:",m*n);
  for(i=0;i<m;i++)
     for(j=0;j<n;j++)
        scanf("%d",&a[i][j]);
  for(i=0;i<m;i++)
  { for(j=0;j<n;j++){
       s[i]+=a[i][j];
       printf("%4d",a[i][j]);
     }
     printf("\n");
  }
  for(i=0;i<m;i++)
     printf("第%d行元素之和为%d\n",i+1,s[i]);
}
```

2.

```c
#include <stdio.h>
double f(int n)
```

```
{  double fact=1; int i;
   for(i=2;i<=n;i++)
       fact=fact * i;
   return fact;
}
main()
{  int n,i; double sum=0;
   do
   {  printf("输入正整数:");
      scanf("%d",&n);
   }while(n<=0);
   for(i=1;i<=n;i++)
       sum+=(i+2)/f(i+1);
   printf("sum=%lf\n",sum);
}
```

B.2　模拟试题 2 参考答案

一、程序阅读与填空

1	2	3	4	5	6	7	8	9	10	11	12
B	B	A	A	A	B	A	C	C	B	C	A

13	14	15	16	17	18	19	20	21	22	23	24
B	D	D	C	B	D	B	C	A	D	D	C

二、程序编写

1.

```
#include <stdio.h>
int main()
{  int zg[20],i,count=0;
   for(i=0; i<20; i++)
   {  scanf("%d", &zg[i]);
      if(zg[i]<1000) count++;
   }
   printf("工资低于 1000 元的职工的人数:%d\n",count);
}
```

2.

```
#include <stdio.h>
double f(double x)
{  return (x+1) * (x+1);
}
main()
{  double x=-1,y;
```

```
    printf("x\t y\n");
    while(x<=1)
    {   y=f(x);
        printf("%.1f\t%.2f\n",x,y);
        x=x+0.1;
    }
}
```

参 考 文 献

[1] 朱艳辉. C 语言程序设计实验教程[M]. 北京：电子工业出版社,2024.

[2] 周圣杰、林耿亮. 你好,C 语言[M]. 北京：清华大学出版社,2023.

[3] K.N.金(K. N. King). C 语言程序设计 现代方法·修订版[M]. 吕秀锋,黄倩,译. 2 版. 北京：人民邮电出版社,2021.

[4] 虞歌,邵艳玲. C 语言程序设计实验指导[M]. 北京：中国铁道出版社,2020.

[5] 金龙海,刘威. C 语言程序设计实验指导与习题解答[M]. 北京：中国铁道出版社,2020.

[6] 李忠. C 语言非常道[M]. 北京：电子工业出版社,2019.

[7] HORTON. C 语言入门经典[M]. 杨浩,译. 4 版. 北京：清华大学出版社,2013.

[8] KERNIGHAN, RITCHIE. C 程序设计语言[M]. 徐宝文,李志,译. 2 版. 北京：机械工业出版社,2009.

[9] HANLY, KOFFMAN. 问题求解与程序设计 C 语言版[M]. 朱剑平,译. 4 版. 北京：清华大学出版社,2007.

[10] KOCHAN. C 语言编程[M]. 张小潘,译. 3 版. 北京：电子工业出版社,2006.

[11] 颜晖,张泳. C 语言程序设计实验与习题指导[M]. 2 版. 北京：高等教育出版社,2020.

[12] 谭浩强. C 程序设计上机实验指导[M]. 4 版. 北京：清华大学出版社,2010.

[13] 全国计算机等级考试命题研究组. 二级 C 语言程序设计[M]. 天津：南开大学出版社,2008.

[14] 田淑清. 全国计算机等级考试二级教程——C 语言程序设计[M]. 北京：高等教育出版社,2007.

[15] 徐立辉,刘冬莉. C 程序设计与应用实验指导及习题[M]. 2 版. 北京：清华大学出版社,2014.

[16] 崔武子,等. C 程序设计辅导与实训[M]. 2 版. 北京：清华大学出版社,2009.